遥感诊断系列专著

环境健康遥感诊断系统

Systems on Diagnosis of Environmental Health by Remote Sensing

曹春香　徐　敏　陆诗雷　陈　伟　尹　航／著

科学出版社
北京

内 容 简 介

本书是“遥感诊断系列专著”的第四部。全书共分为8章。第1章回顾环境健康遥感诊断的基本概念及其理念的落地思路，介绍环境健康遥感诊断系统的主要组成部分。第2章为环境健康遥感诊断系统的相关技术理论，包括环境健康遥感诊断相关技术、海量数据组织技术、环境健康数据共享技术等。第3章为环境健康遥感诊断数据框架及标准。第4章是环境健康遥感诊断系统计算平台的设计及信息可视化方法。第5、6、7章分别以全球定量遥感专题产品生产系统、环境综合评价技术系统、传染病多维可视化预测预警系统为例，详细介绍环境健康遥感诊断系统的案例应用。第8章对环境健康遥感诊断系统的研究方法、设计方案、应用等进行了总结及展望。

本书可供地理信息系统、定量遥感、环境健康、生态安全、公共卫生等交叉学科领域的科研人员参考阅读，也可作为高等院校遥感类与环境学科类专业本科生及研究生的教材。

图书在版编目(CIP)数据

环境健康遥感诊断系统/曹春香等著. —北京：科学出版社，2018.11
(遥感诊断系列专著)

ISBN 978-7-03-059369-6

Ⅰ. ①环…　Ⅱ. ①曹…　Ⅲ. ①环境遥感　Ⅳ. ①X87

中国版本图书馆CIP数据核字(2018)第251626号

责任编辑：彭胜潮　赵　晶/责任校对：樊雅琼
责任印制：肖　兴/封面设计：黄华斌

科学出版社 出版
北京东黄城根北街16号
邮政编码：100717
http://www.sciencep.com

中国科学院印刷厂 印刷

科学出版社发行　各地新华书店经销

*

2018年11月第 一 版　开本：787×1092　1/16
2018年11月第一次印刷　印张：14 1/4
字数：320 000

定价：138.00元

(如有印装质量问题，我社负责调换)

序

环境健康问题一直是各国政府和科学家关注的首要问题之一。尽管21世纪以来，各个国家采取了一系列面向环境监测及改善环境的措施，但收效甚微。面对日益恶化的环境问题，中国科学院遥感与数字地球研究所曹春香研究员所带领的团队提出了“环境健康”的概念，把对待环境问题提到像对待人类健康问题一样的重视高度。

当前，虽然随着系列专著《环境健康遥感诊断》《环境健康遥感诊断指标体系》《环境健康遥感诊断关键技术》的出版，读者对“环境健康遥感诊断”的概念、理论框架、指标体系和关键技术等都有了基本的认知，但是围绕环境健康遥感诊断的一系列关键技术如何转化成为生产力，如何为社会经济可持续发展作贡献，还需要通过实现业务化系统的运行，才有可能适时满足国家环境安全和生态健康等工作的实际需求，因此，研发环境健康遥感诊断业务化运行系统势在必行。

曹春香研究员在日本获得博士学位后，全身心地投入祖国建设；在短短十余年就建立了一支敢于拼搏的环境健康遥感诊断研究队伍，并在该学科发表 SCI 论文 100 余篇，主持或参与了国家重大专项、973、863、国防科工局预研、中国科学院重点部署项目、行业专项等项目。她带领项目承担人员一起研发的“典型脆弱区生态环境遥感综合评价系统”已在青海省生态环境遥感监测中心部署运行；研发的“全球生态环境遥感监测与诊断专题产品生产体系”也已部署在国家环保部门支撑业务化试运行，并为全球环境健康遥感诊断提供了20种生态环境专题产品。

环境健康遥感诊断系统是基于天空地多源遥感卫星数据和主被动协同反演、数据同化及数据融合三大关键技术的综合性应用系统，它以多尺度生态环境定量遥感专题产品模型与标准化生产技术流程规范为基础，结合遥感数据处理系统、遥感产品生产系统、数据管理系统、地理信息系统、专家系统等行业管理与应用系统的特点，集环境健康遥感共性产品生产、技术指标分析、产品可视化于一体，可广泛应用于全球、全国、区域等多尺度森林、农田、湿地等生态系统的环境健康诊断，并能为国家制定环境评价、污染治理、灾害监测、应急响应等环保决策提供及时、准确、有效的科学支撑。

在此，我非常高兴地向读者推荐《环境健康遥感诊断系统》这本专著，希望该书能够为从事环境、健康、遥感和软件开发等研究工作的读者提供帮助。衷心祝贺这本凝聚着曹春香研究员创建的首支“环境健康遥感诊断”优秀团队成果的专著早日问世，同时期待后续环境健康遥感诊断系列专著的出版。

中国科学院院士
中国工程院院士

2016年11月6日

前　言

《环境健康遥感诊断系统》是继《环境健康遥感诊断》《环境健康遥感诊断指标体系》和《环境健康遥感诊断关键技术》之后“遥感诊断系列专著”的第四部。本书主要依据第一部提出的环境健康遥感诊断理论框架，按照第二部的指标体系生成系统后，选择了一些全球或区域尺度代表性案例，将环境健康遥感诊断的阈值化指标参数或产品面向国民经济市场服务于社会。

全书共 8 章。第 1 章为环境健康遥感诊断系统概念的提出，沿着环境健康遥感诊断的基本概念及其理念的落地思路，介绍环境健康遥感诊断系统的主要组成部分。第 2 章为构建环境健康遥感诊断系统的相关技术理论，包括环境健康遥感监测与评价技术、海量数据组织和管理技术、环境健康数据共享技术等。第 3 章为环境健康遥感诊断数据框架及标准，介绍数据框架的元数据集、基础地理数据集、社会经济数据集、环境监测数据集、遥感数据集、知识库数据集等数据的特点和管理方法，以及环境健康遥感诊断规范的构建原则、规范的编制依据、制定规范的技术路线和规范中数据分类体系的具体描述。第 4 章是环境健康遥感诊断系统计算平台及信息可视化方法，详细介绍现有的计算平台的数据间协同方法、性能需求和计算方法，并介绍环境健康遥感诊断系统可视化的基本方法。第 5～7 章分别以全球定量遥感专题产品生产系统、生态环境综合评价技术系统、传染病多维可视化与预测预警系统为例，详细介绍环境健康遥感诊断系统的案例应用。第 8 章对环境健康遥感诊断系统的研究方法、设计方案、应用等进行了总结及展望。

从构思本书直到终稿提交，在内容讨论、拟定提纲、资料收集整理及文字修订等方面，由曹春香研究员带领徐敏、陆诗雷、陈伟、尹航负责完成，同时对倪希亮、Zamani、Barjeece、包姗宁、刘明博、杨天宇、江厚志、吴春莹、张敏、谢波、林晓娟、黄志彬、陈逸雨、王凯民等在资料收集、数据处理、章节框架讨论等方面给予的帮助表示感谢！感谢 863 重大项目“典型应用领域全球定量遥感产品生产体系”课题组张煜星、庞治国、蒙继华、何彬彬、杨日红、王雪军、刘佳、申茜、刘清旺、高彦华、杨杭、付长亮、付俊娥等为本书提供的素材资料，在此也向指导与关注本书撰写的领导与亲朋好友致以诚挚的谢意！对为本书作序的李德仁院士致以崇高的敬意和真挚的感谢。

本书的出版得到科学技术部 863 重大项目“星机地综合定量遥感系统与应用示范”中“典型应用领域全球定量遥感产品生产体系”课题(No. 2013AA12A302)、林业公益性行业科研专项“树流感爆发风险遥感诊断与预警研究”(No. 201504323)项目的资助，谨此一并致谢！

鉴于作者水平和时间所限，书中可能会存在一些不妥乃至疏漏之处，恳望读者不吝批评指正！

目　录

第1章 绪　论

环境污染和生态环境破坏对我国国民经济和社会可持续发展构成了严重威胁。面对日益严峻的环境形势，我国的环境监测手段还基本停留在常规阶段，不能满足对环境变化进行高时效监测与评价的需求，环境健康遥感诊断的提出及其指标体系的完善和关键技术的发展，给环境健康监测和评价工作带来了新的技术手段和思维方法。环境健康遥感诊断系统是环境健康遥感诊断概念、理论体系和关键技术的承载体，也是环境健康遥感诊断学科服务于民的具体实施系统，具有广泛的应用领域与发展前景。同时，作为一项复杂的系统工程，其研发技术含量高，需要解决的难点问题多，面向业务化运行需要通过大量的应用实践提高诊断系统的能力。

1.1 环境健康遥感诊断系统构建

环境健康遥感诊断系统构建定会引起世界各国科学家的响应和共鸣，如何利用先进的环境健康遥感诊断技术更全面地监测和诊断我们的生存环境，实现从环境数据获取、动态监测，到对健康早期预警、定量诊断等，是我们构建环境健康遥感诊断系统的基本出发点。

1. 环境健康遥感诊断的概念

环境健康遥感诊断的提出，把环境健康与遥感技术有机地结合到一起。利用遥感技术，在实现对影响环境健康因子宏观把握的基础上对环境健康进行综合评价，会对传统的环境健康评价技术产生根本性影响，推动环境健康研究从定性到定量、从静态到动态、从简单描述到综合评价、从单一尺度到多维尺度的发展。从《环境健康遥感诊断》《环境健康遥感诊断指标体系》《环境健康遥感诊断关键技术》到《环境健康遥感诊断系统》，在很大程度上改变了环境健康研究的方法，为环境健康研究提供了极为有效的评判理论工具。

2013 年出版的《环境健康遥感诊断》从人类健康的角度提出了“环境健康”的概念，把对待环境问题提到像对待人类健康问题一样的重视高度。实践也证明，人类健康与环境健康是部分与整体的关系，是一个和谐共生的关系。人类的健康问题，我们可以到医院看医生，医院里通过各种现代化的设备对人类健康状况进行判断，这个过程称为“健康诊断”。那么环境健康问题该如何去把握、判断，使用什么方法，如何为解决环境问题提供一个迅捷、可靠、经济的判断依据，笔者率先提出了“环境健康遥感诊断”的理论框架。

2017 年出版的《环境健康遥感诊断指标体系》基于确立的环境健康遥感诊断指标体

系的基础框架，进一步诠释了环境健康的概念，深入具体地描述了指标体系的构建方法，并给出了丰富的实例论证。本书系统地概述了国内外环境健康遥感诊断指标体系的研究现状，从诊断对象及单元的确定、诊断概念模型的选择、指标因子筛选的原则与方法、指标标准化和权重计算及综合模型的选择等方面，阐述了环境健康遥感诊断指标体系构建方法，并详述了中国“树流感”暴发风险遥感诊断、若尔盖和青海湖及黄河三角洲湿地环境健康遥感诊断、北京市大气环境健康遥感诊断、中国典型传染病暴发风险遥感诊断及青海乐都人居环境健康遥感诊断 5 个典型领域的环境健康遥感诊断指标体系的应用案例。

2017 年出版的《环境健康遥感诊断关键技术》基于当前遥感科学最新技术，对能直接用于“环境健康遥感诊断”的主要遥感信息提取的关键技术和方法及针对相关环境要素遥感反演关键技术等进行了科学描述。本书基于《环境健康遥感诊断》的理念，依照《环境健康遥感诊断指标体系》的框架思路，有针对性地详细介绍环境健康遥感诊断的共性技术和具体技术的实施方法，进而提出针对不同尺度下如何快速实现定量化环境健康遥感诊断的方法。

环境健康遥感诊断基本概念、指标体系、关键技术的发展，为环境健康遥感诊断系统的构架提供了强有力的理论支撑与技术保障。

2. 环境健康遥感诊断系统简介

环境健康遥感诊断系统是用于生产、存储、分析以遥感为主要手段获取的环境健康数据，并基于这些数据进行面向生态环境敏感区的环境健康遥感诊断、预测、预警的计算机系统。该系统结合了遥感数据处理系统、遥感产品生产系统、数据管理系统、地理信息系统、专家系统等行业管理与应用系统的特点，是一个面向环境健康领域的数据生产、分析、模拟、可视化的综合性应用系统。该系统可广泛应用于全球范围内林区、草地、农田、矿区、水体等遥感技术可达区域的环境健康监测、评估、诊断，为国家制定环境评价、污染治理、灾害监测、应急响应等环保决策提供及时、准确、有效的科学支撑。

在针对全球不同区域生态环境健康遥感诊断的差异性与复杂性的分析，以及多尺度环境健康遥感诊断模型与标准化技术流程等研究的基础上，对环境健康遥感诊断的各流程进行系统分析，结合现有开发平台及其实现能力，充分考虑系统长远建设的目标，进行系统架构分析；顶层采用面向用户的系统功能模块设计方式，底层采用数据库分层管理的方式进行设计；利用现有面向对象和组件式系统开发平台，采用 C/S 和 B/S 共存模式及环境健康遥感诊断快速可视化技术来实现该系统的研建。通过快速建立系统的原型和用户进行系统需求和界面设计的交流，使软件需求更明确；在此基础上，通过采用适合面向对象开发方法特点的基于复用的应用生存期模型进行软件产品开发过程的管理，即将面向对象的开发过程分为分析(包括论域分析和应用分析)、系统设计(顶层设计)、类的设计、编码实例建立、组装测试、维护 6 个阶段，逐步实施并对各个阶段进行严格控制和质量保证，将可变的业务逻辑等独立开发为组件，可以达到很好的重用性，以适应日后需求的变更和系统的发展。

系统中环境健康遥感诊断指标的计算与分析基于MapReduce分布式计算模型，通过把对遥感数据及共性产品数据集的大规模操作分发给网络上的每个节点，实现大规模计算任务的并发，并保证其稳定性，在MapReduce架构之上的物理基础是部署了Hadoop分布式计算框架的Linux服务器集群，以此降低硬件成本。同时，系统在构建上采用面向服务的架构(service-oriented architecture, SOA)，提供可伸缩式组件框架，每个生态环境要素指数模型都可以开发为独立的运行组件，通过SOA框架来完成各组件在系统上的“即插即用”。

系统对于结构化的环境健康遥感诊断数据，采用HBase分布式关系型数据库进行存储，对于非结构化的数据，采用HDFS分布式文件系统进行存储，另外还将采用Oracle数据库配合ArcSDE管理元数据和基础地理数据。各类数据的分发、各网络节点的数据交换采用Web Service模式，通过SOA框架进行与系统中各个分系统中的交互。整体的系统结构采用*N*层体系结构和中间件技术，目的在于引入中间件，应用*N*层结构将有效地提高大型系统的可扩展性与可靠性。*N*层结构的业务逻辑层实现其他两层——客户端与服务器端的通信管理，从而可以通过对对象的动态增加、减少和变化、移动来迅速、合理地满足系统负荷分担、分布处理，进而能够很好地适应今后新业务的扩展。

1.2 环境健康遥感诊断系统的组成

环境健康遥感诊断系统由4个独立的分系统构成，它们分别是环境健康遥感诊断数据生产分系统、环境健康遥感诊断数据管理分系统、环境健康遥感诊断预警分系统、环境健康遥感诊断可视化分系统。这4个系统能够独立实现各自的功能及业务，同时通过环境健康遥感诊断系统框架这一框架结构进行数据和功能的耦合，从而实现环境健康遥感诊断的整体功能和业务。

环境健康遥感诊断系统中包含的4个分系统在各自的功能和业务上是相互独立的，且各自的体量也较大，所以在本书中为了简洁起见，均将其称为“分系统”，即“环境健康遥感诊断数据生产分系统”简称为“数据生产分系统”，“环境健康遥感诊断数据管理分系统”简称为“数据管理分系统”，“环境健康遥感诊断预警分系统”简称为“诊断预警分系统”，“环境健康遥感诊断可视化分系统”简称为“可视化分系统”；各系统中各关键部分称为“组件”，“组件”之下的各功能实现称为“模块”。

1.2.1 系统总体框架

环境健康遥感诊断系统所包含的4个业务功能独立的分系统是通过系统整体框架统一在一起的。该框架采用了基于SOA进行集成的方法，以有效地实现各系统互操作性和重用性，使之能独立而又相互协作地实现业务功能(张海军等，2008)。

1. SOA架构简介

SOA的概念是在1996年由Gartner公司描述实施企业“V英文”时第一次提出的。

IBM 公司给 SOA 的定义是："SOA 是一个组件模型，它将应用程序的不同功能单元(称为服务)通过定义良好的接口和契约联系在一起。接口采用中立的方式进行定义，独立于硬件平台、操作系统及编程语言，使构建的服务可以用统一和通用的方式进行交互。" SOA 中的服务都来自于独立应用程序或者新的面向服务的应用程序，它的核心思想是服务，并通过服务间的组装形成新的服务来达到软件组件之间的松耦合，达到高度的服务可重用性。

SOA 的 3 个行为主体包括了 3 种主要的操作:

(1)服务发布。服务提供者应用 Web 服务描述语言(web service definition language，WSDL)描述定义服务，用 UDDI(universal description，discovery and integration)进行统一描述、发现和集成，并将服务接口及其他相关的信息发布到服务注册中心。

(2)服务查找。服务请求者使用 UDDI 在注册中心查找所需的服务。

(3)服务绑定。服务请求者从注册中心得到相应服务注册信息后，根据服务接口找到服务提供者和服务，并使用简单对象访问协议(simple object access protocol, SOAP)对服务进行传输。

SOA 作为一种系统架构的思想体系，不是一种语言，也不是一种具体的技术，更不是一种产品，而是一种设计方法，其独立于任何特定的技术，因此，它满足企业信息系统集成的需求。目前的实现技术有 Web Service、COM、CORBA 等，由于 Web Service 具有更优的可靠性、可扩展性及开放性，因此，大多数实现的技术选用 Web Service 方式(柴晓路和梁宇奇，2003)。

2. 面向服务的集成框架

系统集成框架通过服务包装器对各分系统进行服务包装，不考虑系统功能的详细实现，再利用业务编排将服务按业务流程方式组合在一起，并将业务流程通过应用接口提供给用户。该框架在逻辑上分为 4 层，分别是数据集成层、服务层、业务层、表达层。

各层的具体描述如下。

1)数据集成层

数据集成层为系统其他各层提供数据服务。根据 4 个分系统数据输入输出的需求，通过数据协议协商后统一向各分系统提供数据访问接口，由于环境健康遥感诊断系统的环境健康遥感诊断数据集是一个多源、异构、海量的数据集，所以该系统中采用了多种不同类型的数据库进行数据的管理，并将各个数据库接入数据服务总线(data service bus, DSB)，将其中的数据资源转化为标准 XML 的方式进行访问。各个数据库中存储管理的数据有结构化数据和非结构化数据两类，分别采取了不同的存储策略。

2)服务层

服务层是该框架的核心层，服务包装器又是服务层的核心，它包括了基础服务库和生成服务库两部分。基础服务库是定义各个分系统的业务功能分类的集合；生成服务库是以具体的功能或业务应用对基础服务库进行实例化。系统需要实现某个业务功能时(如环境健康相关遥感专题产品生产)，从基础服务库中选取基础服务模板(遥感专题产品生产服务模板)，经过按需配置后生成服务并存放在生成服务库中，形成一个个粒度大小合适的服务(具体到产品种类的遥感专题产品服务模板)。服务也可根据不同的业务功能需求将多个服务组合成一个新的服务，这种结合是一种松耦合的结合方式。

3)业务层

业务层负责实现系统的各项业务功能，包括数据生产、环境健康监测、环境健康诊断及预警。业务层从服务注册中心查找并调用相关功能的服务，然后进行业务工作流程编排，形成一个业务工作流，并定义工作流的相关信息。当业务逻辑发生变化时，仅仅调整工作流程的编排，再调用相关的服务即可，其可以使系统灵活、快捷地适应功能需求，也充分体现出服务的重用性，提高系统业务功能的可扩展性。

4)表达层

表达层通过人机交互界面和各种可视化功能提供应用接口，使系统的各项功能和服务以开放的形式暴露给系统用户，系统的可视化功能基于 GIS 可视化平台，提供给用户直观高效、高交互性的沉浸式交互体验。表达层提供的可视化功能包括环境灾害模拟、环境健康诊断可视化、环境健康状况变化等，未来还可以根据实际需求，通过定制可视化组件的形式进一步扩展表达层的各项功能。

1.2.2 数据生产分系统

数据生产分系统在环境健康遥感诊断系统中扮演着数据提供商的角色，主要负责采集、生产环境健康遥感诊断数据。环境健康遥感诊断数据包括环境健康相关遥感产品数据、气象数据(降水量、温度)、地面采集数据(采样点坐标、植被覆盖等)，其中遥感产品数据还包括遥感共性产品数据、遥感专题产品数据。

数据生产分系统所生产的数据存储在数据管理分系统中，并通过系统服务框架为诊断预警分系统提供业务功能实现所需的数据。在系统框架的层次划分中，数据生产分系统位于业务层。

1. 数据采集

数据采集包括遥感数据采集和地面数据采集两个部分。遥感数据采集是通过各种遥感技术进行的环境健康遥感诊断相关数据的采集，一般是使用飞机或对地观测卫星上的仪器，远距离探查、测量或侦查地球(包括大气层)上各种环境要素的变化情况，获得的数据格式主要是 tiff、img 等栅格数据。系统将对所探测的遥感数据及其属性进行识别、分离和收集，以获得可进行处理的源数据。遥感数据采集所获得的数据量很大，由数据管理分系统进行存储和管理。

地面数据采集主要包括气象数据、野外地面试验数据和各种传感器监测网络数据的采集。采集的方法包括监测站点按时间序列的记录、人工野外测量、传感器自动监测等。

获得的数据格式包括文本、矢量图、数据表等。

2. 数据生产

数据生产分系统所生产的就是环境健康领域遥感专题产品，主要基于多源遥感数据产品，提取宏观生态环境要素分类信息、生物物理参数信息和地表物理参数信息的模型方法，并基于机器视觉、空间数据挖掘、案例推理、群智能方法和面向对象分类技术，构建光学影像和微波影像协同的多级特征土地覆盖类型分类方法体系和荒漠化自动识别方法，克服多雨雾地区土地覆盖类型、定量遥感专题产品时空不连续性，形成年际全球土地覆盖类型及农、林、矿、水、生态环境等专题产品。

系统可以生产森林地上生物量、碳储量、森林扰动/变化 3 种全球森林生物量与碳储量专题产品，农作物面积、农业旱情、农作物产量、农作物长势、农作物生物量、农作物单产、耕地复种指数 7 种农情定量遥感专题产品，线性构造与环形构造、遥感解译地质图、铁染异常、羟基异常、遥感找矿远景区、遥感找矿靶区、油气勘探综合异常区 7 种全球巨型成矿带矿产与能源遥感专题产品，水资源径流总量、水体淹没面积、水污染异常 3 种区域河流定量遥感专题产品，景观破碎度、景观分离度、生态系统宏观结构、生态系类型面积变化率、聚集度指数、景观多样性指数、人类活动干扰强度、水蚀区土壤侵蚀模数、碳固定量、风蚀区土壤侵蚀模数、水源涵养、湖泊面积变化率、雪盖变化率、草地退化指数、植被水分利用效率、荒漠化指数、全球生态环境监测指数、草原干旱指数、生态系统敏感性指数、生态系统稳定性指数共 20 种生态环境遥感专题产品。

1.2.3　数据管理分系统

数据管理分系统是定量遥感产品生产系统的数据支撑，它主要包括环境健康遥感诊断数据集管理组件、数据存储模式组件、分布式数据库等部分。数据管理分系统在研发过程中，主要进行了以下 4 个方面的研究。

1. 数据库标准

为规范环境健康遥感诊断数据库的内容、数据库结构、数据交换格式，促进遥感专题产品数据的管理和共享，并使之符合系统对遥感数据及各类地理数据的要求，本书对数据库的数据内容、数据格式、要素分类、编码体系等标准进行研究，并以该标准构建数据库。

2. 数据库连接

由于系统数据库属于分布式多数据中心数据库，需要针对该分布式多数据中心遥感数据源数据库连接，分析多数据中心数据源的网络连接关系和通信机制，建立多数据中心数据库物理层和逻辑层上的有效连接；研究多数据中心数据源及其生产系统的认证模式、交互模式和协同工作模式，开发多数据中心数据库统一认证机制和代理机制，建立分布在多数据中心的多数据库用户管理机制，实现单点登录功能。

3. 数据库系统和元数据系统汇聚

数据管理分系统通过建立网络数据字典，实现了分布式数据库的一致性的透明的数据访问和数据查询等功能，并分析各数据中心数据源的元数据系统，建立统一的元数据规范和语义表达，汇聚多元数据系统，形成基于多数据源业务系统的统一元数据系统。

4. 分布式数据库建立

数据管理分系统以数据复制、数据迁移及复杂数据流动机制，实现多数据中心分布式数据库的面向业务系统需求的数据流。根据数据库标准规范各个产品数据生产的算法、业务流程的存储和表达，去除数据、算法、流程冗余，建立分布式业务流程数据库。

1.2.4 诊断预警分系统

诊断预警分系统主要负责对采集和生产的环境健康遥感诊断数据进行分析和模型计算，其基础是环境健康遥感诊断指标体系和诊断模型。诊断预警分系统的业务流程分为3个步骤：首先是环境健康遥感诊断指标因子的筛选；其次是环境健康遥感诊断指标体系的构建；最后是环境健康遥感诊断模型的验证。

1. 环境健康遥感诊断指标因子筛选

环境健康遥感诊断指标因子的选取应考虑在当前社会经济及科技发展水平下，有能力获取的指标因子。传统的环境健康评价体系中的大部分指标均来自于野外调查数据及社会经济统计数据，这些指标的获取需要耗费大量的人力及物力，且获取周期比较长；本书选择环境健康遥感诊断指标因子时既保障评价指标体系的完备性，又力求避免各因子之间的重复性，同时考虑主要指标可以从遥感共性产品或专题产品中提取，从各应用领域中筛选出能够切实反映环境健康状况的指标因子。所筛选的指标因子要适合于不同地域间的环境健康比较，确保其具有一定的科学性。因此，拟从农业环境健康、森林环境健康、水环境健康、矿产环境健康、土壤环境健康、大气环境健康6个准则层入手进行指标因子筛选。

2. 环境健康遥感诊断指标体系构建

由于指标体系中的各项评价指标的类型复杂，单位也有很大差异，直接进行加权处理是不合适的，也无实际意义，而且指标的优劣往往是一个笼统或模糊的概念，所以很难对它们的实际数值进行直接比较，为了简便、明确和易于计算，有必要对各项指标进行标准化处理，即进行量纲的统一，在对各指标进行量纲统一时，对参评因子进行标准化，取值设定为0～10。

采用层次分析法与模糊综合评价法相结合构建环境健康遥感诊断模型，首先通过层次分析法对所评价对象进行分析，建立有序的递阶层次结构，就每一层次的相对重要性给出定量描述，确定其同一层次各因素的权重，最后根据客观实际进行模糊评判，得出诊断结果。

采用相对评价法，即按照环境健康综合评价的得分排序、分级，以反映环境的健康状态，健康标准分为 5 级，分别为很健康、健康、亚健康、不健康及病态。

3. 环境健康遥感诊断模型验证

首先，对环境健康遥感诊断指标体系中的指标要素层因子进行验证，该验证可以通过实测数据实现，也可以通过关系相近的指标因子进行相互验证，这些指标层因子的精度直接决定了综合评价模型的输入精度。

其次，根据环境健康遥感诊断体系层次特征，对环境健康遥感诊断模型的构造权重矩阵、层次总排序进行评价检验，从而实现指标层因子、准则层因子与目标层相关关系及贡献率的验证。

最后，对环境健康遥感诊断结果进行验证。基于专家先验知识，参考实地调查及问卷抽样，直接定性定量验证综合评价模型的环境评价结果，达到环境健康遥感诊断模型在典型地区验证的要求。

1.2.5　可视化分系统

可视化分系统包括时空变化模拟、预测预警模拟、专题图可视化 3 个主要功能。可视化分系统具有多分辨率的海量数据和多维显示功能，基于虚拟现实技术、数字图像处理技术、海量数据存储与调度等技术，可视化分系统具有多源、多比例尺、多分辨无缝浏览的能力，以及直观、沉浸式的信息浏览特点。可视化分系统适合于与时空信息相关的数据可视化和业务交互，提供高效、多维的可视化浏览体验。

1.3　小　　结

本章首先介绍了环境健康遥感诊断系统的作用、原理和基本架构，使读者对系统有个轮廓性的认识。其次介绍了环境健康遥感诊断系统的组成，详细阐述了系统的总体框架设计和 4 个分系统的功能及主要特点。最后，阐述了环境健康遥感诊断系统的主要技术特点，使读者对系统的技术先进性及未来进一步的可扩展研究等方面有直观的了解。

参考文献

柴晓路，梁宇奇. 2003. Web Services 技术、架构和应用[M]. 北京：电子工业出版社.

张海军，史维峰，刘伟. 2008. 基于 SOA 企业应用集成框架研究与实现[J]. 计算机工程与设计，29(8)：2085-2088.

Bach H, Mauser W. 2003. Methods and examples for remote sensing data as simulation in land surface process modeling[J]. IEEE Transactions on Geoscience and Remote Sensing, 41(7): 1629-1637.

Daley R. 1991. Atmospheric Data Analysis[M].New York: Cambridge University Press.

Houser P R, Shuttleworth W J, Gupta H V. 1998. Integration of soil moisture remote sensing and hydrologic modeling using data assimilation[J]. Water Resource Research, 34(12): 3405-3420.

第2章　环境健康遥感诊断系统构建关键技术

环境健康遥感诊断系统是环境健康遥感诊断学科方向的集成和落地，作为一个面向全球尺度环境问题监测、评价、模拟、预测的软件系统，环境健康遥感诊断系统主要涉及了环境健康遥感诊断相关技术、海量数据组织相关技术和地球框架信息模拟技术等。本章重点介绍这些关键技术理论的发展现状和趋势，以及其在环境健康遥感诊断系统中的具体运用。

2.1　环境健康遥感监测与评价技术

环境健康遥感监测与评价技术是环境健康遥感诊断系统的核心，包括环境变化遥感监测、环境健康评价与诊断。其中，环境变化遥感监测是基础，为环境健康评价与诊断提供所需的环境变化指标因子，环境健康评价是进行诊断的必要条件。

2.1.1　环境变化遥感监测

近些年，遥感技术在环境变化监测方面也有很大发展，世界各国纷纷出台全球环境遥感监测计划，主要有美国国家航空航天局(NASA)的地球观测计划、美国农业和资源环境空间遥感计划、欧洲太空局地球观测计划、加拿大全球雷达卫星计划、日本地球观测计划等综合性大型卫星系统等。但是迄今为止，国际生态环境遥感领域仍缺乏长时间序列、高时空分辨率和高质量的全球生态环境定量遥感产品。生态环境监测结果的发布，需要建立和完善遥感数据处理方法体系，建立适合常规业务化的生态环境信息提取方法流程。因此，构建全球生态环境定量遥感专题产品生产技术体系是目前遥感应用的迫切需求。

土地利用/土地变化(LUCC)是地球表层系统中最突出的标志，已成为全球生态环境研究的热点领域。1995年由隶属于国际科学联盟理事会(ICSU)的“国际地圈-生物圈计划”(IGBP)和隶属于国际社会科学理事会(ISSC)的“国际全球环境变化人文因素计划”(IHDP)共同拟定了为期10年的“LUCC科学研究计划”，并将其作为国际全球变化研究的一项核心计划。随着全球变化研究的不断深入，国际上许多科学组织和各类科学计划纷纷将LUCC作为研究重点。联合国粮食及农业组织(FAO)、联合国环境署亚太地区环境评价计划(UNEP/EAP-AP)、政府间气候变化专门委员会(IPCC)等都确立了与“LUCC科学研究计划”相应的研究项目；一些国家和地区如美国、日本、欧洲共同体等也都分别建立了不同层次的LUCC研究项目。2005年，在IHDP第六届开放会议上，为期10

年的“LUCC 科学研究计划”宣告结束，同时，推出了一项由 IHDP 与 IGBP 新设立的全球土地计划(global land project，GLP)。GLP 是在 IGBP 核心研究计划——“全球变化与陆地生态系统(GCTE)计划”和“LUCC 科学研究计划”基础上的又一项国际性的 LUCC 研究项目。在各类 LUCC 研究计划中，卫星遥感数据是全球 LUCC 产品的主要数据源，MODIS、Landsat、IKONOS 等不同空间分辨率的遥感数据在不同尺度 LUCC 产品生产过程中发挥着举足轻重的作用，高精度遥感图像分割及分类技术也成为 LUCC 研究的热点。为此，在遥感分类研究领域发展了很多新的分类方法，如面向对象的方法、基于特征的分类方法等，同时一些在处理高位特征和非参数分布等方面具有优势的传统分类算法，如决策树、人工神经网络和支持向量机等也得到了进一步的发展。

我国环境变化遥感监测技术起步相对较晚，但在 LUCC 分类、生态环境质量动态监测和评价、大尺度生态系统状况评估、生物物理参数信息提取等方面基本跟上了国际发展的步伐。1998 年国家环境保护总局与国家减灾委员会联合提出了建立“环境与灾害监测预报小卫星星座”(简称环境一号卫星)项目方案，旨在实现对全国生态环境状况及其变化趋势的天地一体化的动态监测。环境保护部启动的“环境一号卫星环境应用系统工程及其关键技术研究”项目历时 11 年，对卫星数据处理、环境参数反演、应用模型研发、业务系统开发等方面进行了全面研究。2008 年，在环境保护部的主持下，在中国科学院地理科学与资源研究所、中国科学院遥感应用研究所、中国测绘科学研究院、中国航天科技集团公司第五研究院、南京师范大学等单位的共同参与下，开展了“基于环境一号等国产卫星的环境遥感监测关键技术及软件研究”，构建了符合我国宏观生态环境遥感监测业务应用模式和运行方案的业务系统。此外，中国科学院地理科学与资源研究所联合北京数字空间科技有限公司生产的“生态环境遥感应用系统”是面向国家生态环境管理的实际需求，通过系统功能开发，形成对环境卫星和其他卫星多源遥感数据的基本处理，开展生态遥感专题数据产品和应用数据产品的业务化生产，构建天地一体化生态遥感监测评价的技术系统。2009 年，中国科学院遥感应用研究所承担的“生态环境遥感产品生产分系统”正式开始研制，该系统针对我国生态环境监测的实际需求，以环境一号卫星为主要遥感数据源(CCD、红外、高光谱传感器)，并辅以其他数据源，完成了土地利用监测、生物物理参数反演、地表物理参数反演、景观指数 4 类专题产品及全国生态环境遥感监测与评价、城市生态环境质量监测与评价、国家自然保护区生态环境质量监测与评价等 11 类应用产品的研制开发。

2.1.2　环境健康评价与诊断

在环境健康评价理论方面，我国区域环境健康评价大多从景观生态学理论方面进行分析研究，尤其在中尺度区域环境健康评价中景观生态学更是受到广泛关注，但全球尺度环境健康监测与评价的相关研究基础还很少。目前，我国区域环境健康评价正由单目标向多目标、由单环境要素向多环境要素、由单纯的自然环境向自然环境与社会环境的综合系统方向发展，同时由静态评价转向动态评价。随着遥感技术的发展，利用遥感反演参数作为评价指标进行环境健康评价已成为生态环境领域研究的热点，2011 年 12 月

23～24 日，由中国科学院遥感应用研究所曹春香研究员等组织主办的“首届环境健康遥感诊断国际学术研讨会”在北京召开，来自中国、美国、日本的近百位专家、学者、部门领导和企业家参加了会议，对环境健康遥感诊断的概念、方法和应用等进行了探讨和研究(曹春香，2013)。

国外的环境健康评价开始于 20 世纪 80 年代初，其间比较有影响力的研究是 90 年代初美国国家环境保护局(USEPA)提出的环境监测和评价项目(EMAP)，从区域和国家尺度评价生态资源状况并对发展趋势进行长期预测，此后该项目又发展成州域和小流域环境监测和评价。该项目应用的典型案例是 90 年代初美国国家环境保护局采用中尺度方法对大西洋中区进行生态评价，以及 Strobel 等对河口地区进行生态评价。

在评价理论与方法上，国外已经有了比较成熟的研究方法和指标体系，如美国的生物完整性指数(index of biological integrity，IBI)，澳大利亚的溪流状况指数(index of stream condition，ISC)等。随着景观生态学的发展，遥感技术在生态健康研究中的优势逐渐显现。利用遥感手段，通过提取景观格局变化指数，对研究区域进行健康的定量评价已经成为生态环境研究的热点之一。实际应用中，遥感技术常常与景观生态学和地理信息系统(GIS)相结合应用于区域生态评价研究之中。John(1999)利用 GIS 技术和土地利用数据进行区域尺度的景观评价，评价结果可以满足管理政策制定的需要。Smith 等(1999)以遥感、制图技术和统计分析方法，对 Batemi 河谷的土地利用进行了研究。Espejel 等(1999)在利用遥感影像进行景观分类的基础上，对不同景观的土地利用的生态可持续性进行了评估。Robin 等(2000)利用航空像片和陆地卫星影像研究 LUCC 对景观尺度上生态状况的影响。Richard(2000)应用景观生态学理论和 GIS 技术方法，从生态保护和开发利用协调发展的角度对环境敏感性进行了评估。Dae-Yeul 等(2010)综合应用化学分析法和生物完整性指数法，对矿山流域的生态健康进行了评价。但是，针对环境问题的研究仍存在一些瓶颈，如评价指标过于繁多，相当一部分参数难以获取，可操作性不强；环境参数的获取过于耗费人力物力，获取周期长；没有能够导入遥感等高新技术；等等。同时，多数研究仍停留于对环境健康的评估，而没有针对环境健康问题提出解决对策，从而使环境健康评价只局限于“诊”而未达到“断”的层次。

环境问题是一个多尺度、大领域、多维的复杂过程问题，靠传统办法掌握大范围的环境问题，即使耗费大量的人力、物力、财力也很难实现高精度的监测。遥感技术在数据获取上具有大范围、多时相、短周期、高精度等优点，可以有效地分析我国环境健康的时空特征及其发生与演化的驱动机制，客观评价重点生态区健康状况。

自从有了遥感技术后，科学家迅速将其应用到各个领域。将遥感技术应用于环境健康领域，既可宏观观测空气、土壤、植被和水质状况，为环境健康保护提供决策依据，也可实时快速跟踪和监测突发环境污染事件的发生、发展，及时制定处理措施，减少污染造成的损失。其从高空对地表环境进行了大面积同步连续监测，突破了以往从地面研究环境的局限性。在影响人类健康的空气质量监测方面，通过与地面环境监测网相配合，遥感技术可以实现大气污染因子、主要气象要素的快速动态监测，为确保人类赖以生存的空气环境健康进行诊断检测。在水环境质量监测方面，遥感技术可以快速实现水温、色度、悬浮物、叶绿素、有机物、总磷、总氮等指标的监测，同时对我国大江、大河、沿海流域、港口、海湾的赤潮、溢油、重大污染物泄漏等污染事故进行实时监测，实现水环境健康的及时预警。在自然生态环境健康方面，遥感技术可以实现森林覆盖状况及生态功能动态变化，草地覆盖、湿地资源、生物多样性、农村生态变化、矿资源开发的生态破坏、城市开发建设状况和城市保护的监测和诊断。在自然灾害监测及分析方面，遥感技术可以为地震、滑坡、泥石流等地质灾害，干旱、洪水、沙尘暴等气象灾害，海冰、海啸等海洋灾害的快速分析与诊断提供实时或准实时的动态监测数据。在疾病环境监测方面，结合空间分析技术，遥感技术可以为包括流感、鼠疫、霍乱、血吸虫等主要传染病在内的媒介传播疾病的空间分布特征、发病趋势预测及早期预警等提供宏观分析数据。

今后随着遥感技术的快速发展，利用遥感手段可以更加精确地提取出影响环境健康的生态参数、大气参数、水体参数等，建立起各参数与环境健康状况之间的数学模型，从而达到对环境健康快速判断及宏观把握的目的，同时也可对灾害相关环境因子进行监测，通过对灾害成因及发展态势进行综合分析，建立各种灾害的预测、预警模型，为全球、国家和区域尺度的生态系统保护、恢复与优化管理决策提供有效的科学支撑，也为确保人民的生态环境健康提供有效的技术支持。

人类健康与环境健康是部分健康与整体健康的关系，是一个和谐共生的关系。人类的健康问题，我们可以到医院看医生，医院里通过各种现代化的设备对人类健康状况进行判断，这个过程称为“健康诊断”。环境健康遥感诊断，就是为了回答环境健康问题该如何去把握、判断，使用什么方法，进而为如何解决环境问题提供一个迅捷、可靠、经济的判断依据。

环境健康遥感诊断把环境健康与遥感技术有机地结合到一起。利用遥感技术实现对影响环境健康因子的宏观把握，在此基础上对环境健康进行综合评价，会使传统的环境健康评价技术产生根本性变革，推动环境健康研究从定性到定量、从静态到动态、从简单描述到综合评价、从单一尺度到多维尺度的发展，在很大程度上改变了环境健康研究的方法，为环境健康研究提供了极为有效的评判工具。

2.2 海量数据组织和管理技术

现代对地观测技术的快速发展提供了海量的高分影像数据和丰富的基础地理信息数据。快速集成、共享、显示这些数据是环境健康遥感诊断系统应具备的基本核心功能之一。而这些数据具有数据量大、数据源多、数据格式不统一等特点，并在全球尺度下、三维球面坐标系下体现出与传统地理信息数据不同的时空特征。因此，如何索引、组织、存储和管理这些数据将成为决定环境健康遥感诊断系统性能和效率的关键因素，也是环境健康遥感诊断系统构建的关键技术。

2.2.1 遥感影像和数字高程数据组织和管理

遥感影像和数字高程数据组织和管理是国内外研究机构的主要研究热点，近年来取得了很多研究成果，代表性的包括四叉树索引技术、层次细节(LOD)模型、空间数据库技术等。

国外主要的研究机构包括美国环境系统研究所公司(ESRI)、Google Earth 公司、美国国家航空航天局(NASA)、美国国家地理协会(USGS)、佛罗里达国际大学(FIU)、德国伯尔尼(Bern)大学、法国国家地理研究所(IGN)等，国内的研究机构包括北京大学数字中国研究院、中国科学院遥感与数字地球研究所、武汉大学测绘遥感信息工程国家重点实验室、北京航空航天大学数字地球与地理信息系统实验室、中国测绘科学研究院、中国人民解放军信息工程大学、国防科技大学等。

实现和应用了影像和数字高程数据组织与管理技术的代表性软件主要包括国外的 Google Earth、World Wind、Terrafly、Skyline、Virtual Earth、Geoportail 等。国内对相关软件的研究和开发起步相对较晚，且一般都还处于原型系统阶段。对于影像和数字高程数据组织和管理技术，按照其专注的内容不同，可以分为数据组织、数据存储和数据发布 3 个方面。

1. 数据组织

影像数据和数字高程数据组织中一个重要的研究方向是数据索引。空间索引是通过对存储在介质上的空间数据的描述，建立空间数据的逻辑记录与物理记录之间的对应关系，最终目的是提高系统对空间数据获取的效率。在数据索引方面，索引方法主要有基于点区域划分的索引方法、基于面区域划分的索引方法和基于三维体区域划分的索引方法。

常见的基于点区域划分的索引方法有二叉树、K-D 树、B 树、K-D-B 树和点四叉树等；常见的基于面区域划分的索引方法有区域四叉树、R 树和相关变种树、格网索引等；基于三维体区域划分的索引方法研究起步比较晚，现阶段提出的主要有八叉树等索引方法。

在网络甚至是本机环境下，为了满足对用户查看影像数据请求实时响应的需求，系统对每次数据的传输和处理数量提出了要求。层次细节(level of detail，LOD)模型便是一种有效控制场景复杂度的数据简化方法，能够在不影响视觉效果的前提下极大地减少数据量，从而使大数量三维模型的快速可视化和快速网络传输成为可能。

Terrafly 是一个基于 Web 的海量空间数据访问系统，由位于佛罗里达国际大学的高性能数据库研究中心主持开发。该系统在影像数据上采用 UTM 区和解析度层次进行索引，在地理信息数据上采用格网索引，存储使用基于 ATL Server 技术的服务器集群。Terrafly 现在存在的最大问题是支持数据类型有限，只能支持特定格式的影像和矢量数据，不能实现多源和异构的需求。

GeoBeans 是由中国科学院遥感与数字地球研究所杨崇俊研究员主持，由北京中遥地网信息技术有限公司开发，解决网络环境下空间信息的模型、传输、管理、分析、应用的专门软件。该软件采用四叉树索引和二次平均插值小波技术进行影像数据的索引和压缩。

此外，国内外一些学者也进行了更多较新的探索和研究，如 Lindstrom 提出的 CLOD

算法，Duchaineau 提出的 ROAM 算法等，王宏武提出了一种对归一化格网数据进行预处理的算法，陈刚也提出了一种基于 RSG 和四叉树的地形模型算法等。

2. 数据存储

数据存储主要可分为基于文件系统和基于数据库两种存储方式。虽然现阶段基于数据库存储是研究热点，也有很多学者提出数据存储是从文件系统到数据库的一个发展过程，但是基于文件系统的数据存储技术依然没有消失，并有其优势和应用领域。因此，本书认为，基于文件系统和基于数据库依然是现阶段两类主要的数据存储研究方向。

1）基于文件系统的数据存储

早期的数据存储主要是基于文件系统，如 20 世纪 70 年代的一些主流 GIS 软件。现阶段比较有影响力的文件系统包括 Google File System（GFS）与基于元数据的数据管理和组织等。

Google Earth 是由美国 Google 公司推出的，是当今最知名的全球尺度遥感数据浏览软件。它集成全球范围的影像数据，并面向公众提供服务。Google Earth 使用 Google 公司核心技术之一 GFS 进行海量数据的组织和索引，并采用大规模服务器集群机制进行数据存储和负载均衡。虽然 GFS 在公众使用中发挥出其功能和性能优势，但是其对硬件设备依赖严重，是建立在 Google 公司庞大的服务器集群基础上的，普通规模的公司和研究单位无法承担。

World Wind 是 NASA 所开发的开源全球尺度遥感数据浏览软件，全世界很多爱好者都以编写插件的形式参与到其开发中。在客户端，World Wind 主要使用 Blue Marble 影像数据，采用传统文件夹的形式进行组织和管理，传统地理信息数据支持 KML 和 Shapefile 两种类型，并以其文件格式本身约定建立索引。在服务器端，World Wind 采用基于元数据的数据管理和组织。

2）基于数据库的数据存储

随着数据库技术本身的发展，基于数据库的数据存储和管理也细化为空间数据库、面向对象数据库、数据仓库等很多研究方向。

（1）空间数据库。早在 1994 年，Ralf Hartmut Gfiting 就提出了空间数据库系统，他提到“我们将空间数据库系统定义为这样一个数据库系统：它在数据模型和查询语言中提供空间数据类型，在实现中支持空间数据类型，最少提供空间索引和空间连接方法。空间数据库系统为地理信息系统和其他应用提供底层的数据库技术。我们为这类系统审查数据模型、查询数据结构和算法，以及系统架构。重点是用一种连贯的方式描述已知技术，而不是罗列开放的问题”。

目前，很多专业数据库，如 Oracle 等都已加入了对空间数据的支持。而使用空间数据库进行空间信息存储已成为近年来地理信息领域比较热门的研究方向。

研究者大多以 Visual Studio 2005 为系统开发平台，以 Oracle 9i 为数据库管理平台，使用 ADO.Net 对 Oracle 数据进行快速处理，实现对海量遥感影像的数据存储模型。同时使用一种“工程-图层-分块-模型四层数据表结构”，在三维可视化的多线程并行处理和三维数据的管理与分发方面具有文件结构无法比拟的优势。利用 ArcSDE for SQL Server 技术，可以实现复杂的多元海量空间数据的多用户及版本化管理，大大提高海量空间数据存取质量和效率；使用 ArcIMS 技术来提取并发布存储在关系数据库系统中的多元空间数据，可以实现远程数据的调用及与本地数据的集成，实现数据的网络共享及相关分析。

(2) 面向对象数据库。面向对象的数据库也是近年来数据库技术发展的一个主要方向，而它的应用也延伸到了地理信息领域中，现存的非标准化多源数据和多尺度数据在内部和外部组织部门的空间信息共享中存在缺陷，特别是对于国家或世界级应用。对于 GIS 系统，存储和访问海量分布式空间数据十分重要，也十分困难。而结合面向对象存储技术，GIS 能够获得高可量测性和可用性。同时，基于高抽象的对象接口，GIS 和存储设备对于方便地管理海量空间数据和各类应用具有更高的智能。

(3) 数据仓库。Bill Inmon 在 1991 年出版的 *Building the Data Warehouse* 一书中提出，数据仓库是一个面向主题的、集成的、相对稳定的、反映历史变化的数据集合，可用于支持管理决策。

为了将数据仓库对数据的分析能力用于空间数据中，研究者提出了“空间数据仓库原型”，即一种基于 XML 和 GML 的三层体系结构。客户端和中介、中介和数据处理端之间通过简单对象访问协议(SOAP)进行通信。这个原型允许在分布式环境中交换信息。它基于 XML，在 HTTP 协议至上进行泛化。它可以通过 CORBA/IIOP、COM、TCP/IP 或 SMTP 进行实现，并独立于任何平台。SOAP 能够用作远程过程调用(RPC)来传递查询信息和获得响应。

GeoGlobe 是由武汉大学测绘遥感信息工程国家重点实验室研发的网络环境下全球海量无缝空间数据组织、管理与可视化软件。其中，GeoGlobe DataManager 提供了空间共享发布数据库的数据入库、管理、更新与发布。其支持多种文件数据格式的转换；支持栅格数据的边缘处理、拼接、裁切、分块；支持地名地址数据进行地理编码处理，制作地名地址库；支持三维模型数据制作(模型和纹理)。同时，GeoGlobe 提供一体化数据管理工具，以工作空间、任务、方案等组织数据处理过程，具有较高的集成度，支持多种数据源和处理方案，在步骤上具有指导和规范作用，并有不错的可视化效果。另外，在传统三维 GIS 软件方面，荷兰 ITC 开发的 Karma VI 及 ESRI ArcSDE，均采用了商用空间数据库系统；由德国 Stuttgart 大学和 Rostock 大学联合开发的城市三维 GIS，采用了面向对象数据库存储和管理数据。

3. 数据发布

以海量的遥感影像数据和数字高程数据为基础，通过搭建数据存储体系、建立数据传输协议、制定数据共享标准，向具体应用和公众用户发布数据和数据相关信息，并在不同数据源、数据提供者之间建立通信，实现数据资源发布和共享也是现阶段一个重要的研究方向。

根据数据发布技术的特点，数据发布技术主要可分为 3 种模式。

1) 基于数据目录服务、数据下载的发布方式

以网站为主要数据发布载体，建立和维护数据目录，用户通过查看数据元数据描述获得数据相关信息，并下载相关数据，如美国 NASA Earth Observations 网站等。这样的发布方式受限于用户对数据的熟悉程度，很难适用于公众对数据的需求。

2) 基于 C/S 和自定义的传输协议的发布方式

建立海量多源空间数据可视化引擎，并将其作为客户端，从服务器获得数据资源并在客户端进行可视化，以及提供相关功能和服务，如 Google Earth 和 World Wind 等。这是当今最主流的数据发布共享方式，但是要求客户端安装运行软件，对客户端软件环境和机器性能有一定要求。

3) 基于纯 B/S 体系结构的发布方式

采用瘦客户端模式，数据在服务器端进行组织、管理、加工并传送到浏览器。这种方式的优点在于数据可以集中存储管理，软件部署和维护过程简单，但是其对服务器负载压力很大，尤其在多用户并发的情况下，服务器会形成瓶颈，影响数据发布的质量。

为了解决数据发布和共享的问题，国内外研究机构提出了很多解决方案，主要利用 Web GIS 和分布式服务器及集群等技术。

1) Web GIS

Web GIS 是当今 GIS 的研究热点，主要有 3 种构造方式：CGI 方式、Plug-in 方式和 Active X 方式。

数据共享方式主要采用部分基于客户端的模型，采用前端插件技术(Java Applets)，将 Web GIS 服务器上的部分处理功能移植到客户端，使客户端承担一部分的地图操作功能。通过利用客户端的处理能力，平衡客户端和服务器端的数据处理量，这样在很大程度上既减轻了服务器端的开销，又减轻了网络传输的负担。基于 ArcIMS 平台构建 Web GIS 系统，充分利用 Java Applet、XML 等技术。系统设计采用 3 层体系结构，由表现层(presentation tier)、事务逻辑层(business logic tier)和数据存储层(data storage tier)组成。

遥感数据共享包括“元数据共享”“标准遥感数据产品的共享”和“标准遥感数据产品的共享”，并“将多个不同功能的遥感信息共享服务有机地集成在一起，形成一个能够完成综合任务的共享服务。可以通过将不同的遥感信息共享服务组合在一起，一次性完成用户特定需求的综合性强、复杂性高的任务。将多个服务按照一定的次序进行组合，即服务链技术。服务链是一系列服务为了完成特定的任务按照某种次序组合在一起的 Web 服务序列，组合的次序是根据业务逻辑来确定的。一个服务链具有服务发现、组合和执行的能力”。

2) 分布式服务器和集群

分布式并行服务器和集群是近年来计算机技术领域的热门研究内容，不少学者也在

地理信息领域对其进行了探索。

最典型的是引入并行 Web 服务器集群管理模型，即集群服务管理器(CSM)管理技术。CSM 包括 Server 和 Client 两个角色，为了提高检索的并发性，避免单点失效，即某一个数据表因某种原因损坏，导致不能进行正常检索操作，而将集群的概念应用到 KBase 中，其中 Server 和 Client 分别以 DLL 的形式嵌入数据库服务器，即 KBase 中。KBase 是以管理海量非结构化数据对象为主、以中文信息处理为特色的数据库管理系统，且对异构数据源提供统一访问和统一管理手段。该体系结构采用多检索入口集群，由一台集群管理节点(CSM Server)和多台检索&数据服务器(CSM Client)组成，其中管理节点不对外提供服务，整个系统通过外层的检索&数据服务器对外提供服务，外层服务器上除了安装 KBase 数据库服务器和 Web 服务外，每台机器上还按一定规则放置了数百张数据表，这些数据表在集群内机器上互相备份数据。

2.2.2　其他类型数据组织和存储

海量多源空间信息的组织和管理技术研究以栅格数据为主，而三维建筑模型数据、矢量地理信息数据和多媒体属性数据，由于其各自的特殊性，简要介绍如下。

1. 矢量地理信息数据

在环境健康遥感诊断研究中，大量研究工作是基于矢量数据的，而在环境健康遥感系统中，需要考虑在传统矢量数据中添加第三维空间属性和时间属性。

现阶段矢量地理信息数据组织主要有以下两种形式。

1) Shapefile 数据

Shapefile 文件用来存储一个数据集中有关空间要素的无拓扑的几何和属性信息。正因为 Shapefile 存储的数据结构是无拓扑的，因此 Shapefile 比其他的数据结构具有更快的绘图速度和更强的编辑能力，并且节省存储空间，易于读写。

Shapefile 主要由 3 种格式的文件组成：DBF 数据库文件，用于保存 GIS 数据中的属性信息；SHP shape 文件，用于保存 GIS 数据中的空间信息；SHX 索引文件，联结 shape 文件中的空间信息和属性信息。

2) KML 数据

KML 全称是 Keyhole Markup Language，是基于 XML 语法和文件格式的文件，用于描述和保存地理信息。KML 使用含有嵌套的元素和属性的基于标记的结构，并符合 XML 标准，所有标记都区分大小写。

最初 KML 的提出是为了供 Google Earth 和 Google Map 使用，但随着 Google Earth 影响力的不断扩大，KML 本身也逐渐成为矢量信息组织和存储的一种标准格式，被越来越多的软件和机构认可支持。

2. 三维模型数据

三维模型数据具有单体和范围两层含义：首先，作为通过三维建模得到的模型单体，其本身就具有格网、纹理、贴图等信息，有多种方式支持将这些信息组织成一个统一的数据文件，如.x 格式、.3ds 格式等。其次，在大规模甚至全球场景下，海量三维模型单体又组成了一个类型的数据，这类数据的组织和管理也具有与栅格和矢量数据不同的特征。

3. 多媒体属性数据

多媒体属性数据用来对其他各类数据进行特征描述，可能有文本、图片、音频、视频等多种表现形式。采用最新的多媒体相关技术，可以让其他时空数据具有更丰富的信息和更强大的表现力。其组织和管理相对简单，且根据具体的应用有所不同。

2.2.3 典型软件数据组织和管理

Google Earth 和 World Wind 是环境健康遥感诊断系统建设所参考现阶段比较成熟的两个软件平台，而其使用的数据组织和管理技术也很有研究价值。本节将对这两种软件平台的数据组织与管理进行简要介绍。

1. Google Earth 数据组织和管理

数据的存储和管理是 Google 公司的核心竞争力之一，Google Earth 作为 Google 公司旗下的软件，充分利用了 Google 公司数据存储管理的核心技术，具体介绍如下。

1) Google 的文件系统

Google 把多个文件汇集到一个巨大的文件中进行存储、管理，对一个大文档有相关记录信息。Google 集群中的文件操作有一个特性：每个文件基本上只执行一次写入操作，以后都是频繁执行只读操作，随机写操作几乎不发生。

Google 公司开发了公司内部的分布式文件系统 GFS。GFS 中包括单一的 GFS Master，多个 GFS chunkserver。GFS master 中存储了 3 种重要的元数据：文件和 chunk 的命名空间、文件到 chunk 的映射表，以及 chunk 及其备份的位置信息。

2) Google 的集群机制

Google 集群提高并行性的技术可归纳为宏观意义上的多发射、多流水。Google 对索引和数据都采用分布式存储。通过分布在不同地区的多个镜像站点来提供系统的可用性。高度冗余提高了 Google 的可用性。通过基于 DNS 的负载均衡方法，DNS 服务器把域名地址解析成不同的 IP 地址，把查询请求分配到不同的镜像站点，提高了 Google 服务响应速度。

2. World Wind 数据组织和管理

早在 20 世纪 90 年代中期，NASA 就提出了地球观察系统(earth observing system, EOS)和信息系统核心系统(information system core system, ECS)。数据库科学家、图灵奖获得者 Jim Gray 在 1995 年还作了题为 *EOSDIS Alternate Architecture Study*(Technical Report)的演讲。NASA 开发的 World Wind 虽然在客户端进行了开源，但是其服务器端一直没有对外公开实现技术，基本可以认为，其基于 NASA 提出的 ECS 框架和相关技术。

1)ECS 功能架构

ECS 将整个系统划分为推方和拉方，其中数据获取子系统为推方，归档系统处于系统中间，查找分发子系统为拉方。另外，其还包括基于元数据属性的查询公式，数据管理子系统，计划、数据处理、数据吸收子系统。数据服务器是中央引擎，处理所有数据和服务请求。

2)元数据和数据组织

ECS 数据模型提供数据集合描述并定义它们之间的关系，共有 287 个数据属性。数据基本组织原则基于数据“颗粒”和数据“集合”,“颗粒”是由属性决定的最小单位，每个属性是一个命名的元数据元素,“集合”是颗粒的总结或合并。命令元数据是最小属性集，在提交数据产品之前提交命令元数据，其他值在数据进入系统后计算得到，支持插入和修复元数据。数据描述符定义了数据产品特征和它能相应的服务，包括集合层次属性、可查询的颗粒属性集、产品特定属性的有效性和范围、颗粒可用服务集等，使用对象定义语言编写，对元数据读取基于 ODL 库调用。基本服务、高级服务必须通过对数据服务器的调用激活，属性和服务都可扩展。

使用地理位置、时间和属性对数据进行再采样和子集划分，包含维度属性、成分属性、地理位置属性、时间属性，建立 3 种数据结构列(时间和轨迹索引、位置索引)、格(数学投影)和点(无明显时空特性)。

3)操作场景

数据推过程：添加颗粒前必须通过数据描述文件定义元数据，数据生产时产生的颗粒值由数据服务器通过数据描述文件建立的元数据描述文件说明，定义输入输出文件位置和其他工作属性的过程控制文件传递给数据加工，数据加工从数据服务器请求产生输出文件的代码，产品生成程序使元数据和输出产品对应，数据加工产生新数据颗粒，存入数据库，返回给数据服务器，数据库把可查询元数据写入颗粒。

数据拉过程：用户发起“广告服务”，数据字典服务提供对公式查询有用的元数据，对候选集的详细查询被发起，数据服务器接受查询并寻找详细元数据，满足条件的颗粒通过数据管理子系统返回，用户可以选择额外服务，如果用户放置一个数据命令直接传递给对应的数据服务器，数据从数据服务器到数据分配子系统。

2.3　环境健康数据共享技术

环境健康遥感诊断系统的数据组织与共享模式的研究对象和问题具有长时间、多尺度、大规模的特征，各个环境相关的分支学科相互交叉渗透。环境健康遥感诊断以森林健康、湿地健康、草地健康、人类健康的现状与变化，以及这些现状与变化之间的相互作用为研究对象，其不仅需要大范围、长时间系列的实地观测、考察、调查数据，而且需要跨学科、跨区域、多过程集成、模拟和融合的数据产品的支持，这就给现有的环境健康遥感数据组织和共享技术带来了挑战。

2.3.1　环境健康相关数据的共享研究现状

目前已有的环境健康相关数据来源主要依靠各个数据平台和数据资源点收集、整理和发布数据资源，不能充分集成和挖掘互联网，以及科研工作者个人手中的科学数据资源。随着用户需求的不断提升，以及互联网数据的极度增长，现有的数据组织及服务模式已经不能解决科研工作者对环境健康数据的需求和数据充分共享之间的矛盾。

早期环境健康相关的数据组织及共享服务以政府行为为主，集中数据汇交，存在数据服务负载不均衡、数据整合模式单一、数据服务效果不明显等突出问题。随着 Web 2.0 理念的提出，以及云计算等技术的出现，海量数据组织共享模式发生了巨大的变化。环境健康遥感诊断系统基于数据共享概念模型，通过提供基础设施即服务(IaaS)、数据资源即服务(DaaS)，以及数据功能即服务(SaaS)实现共享服务模式的转变，将死板的数据转为灵活的服务。在“数据云”中，用户既是数据的使用者也是数据资源的提供者，通过提供数据发布、数据需求发布、数据发现与共享、需求发现与反馈等功能，解决数据共享中“用户-数据”之间的矛盾，并激励普通科研工作者贡献自己的数据，保障数据资源有效、可持续整合，形成一个良好的数据共享服务环境。

2005 年澳大利亚开始研制地球环境科学数据平台，创建了复杂环境构造的环境健康框架。为了实现环境健康数据的共享，该平台采用 VRML 技术建立环境健康数据模型，并在 Web 浏览器中展示可交互的环境健康数据。2006 年加拿大研制了环境监测数据处理的集成软件框架，并在该框架的基础上开发了一个环境监测数据综合处理、显示、分析的开源软件。此外，还有全球观测系统计划数据信息系统(Global Earth Observation System of Data Information System, GEOSDIS)、国际科联世界数据系统(International Council for Science-World Data Center, ICSU-WDC)、兴都库什-喜马拉雅地区山地信息共享系统(International Centre for Integrated Mountain Development-GeoPortal，ICIMOD-GeoPortal)等一系列海量环境健康数据组织与共享系统(诸云强，2011；诸云强等，2012)。

目前，现有的海量环境健康数据平台能较好地实现数据资源的汇交集成与查询共享，但是在新的网络环境和复杂应用中还存在一些突出问题。

(1)数据服务负载不均衡。目前，数据共享平台多采用分布式架构，平时服务器基本可以满足数据服务需求，但是一旦遇到重大自然灾害，如遇到地震、洪水时，数据需求会急剧增加，加重服务器负担，影响获取速度，造成服务器负载不均衡。

(2) 数据查询搜索不完整。数据平台功能与用户需求不匹配，造成一些亟须的科学数据资源不能依赖共享平台方便获取。另外，缺乏语义的推理和数据搜索功能，影响了数据资源搜索的查全率与查准率。用户很难从元数据的数据共享中处理同名异义、同义异名、多学科数据关联、空间信息语义发现等查询问题，以及学科分类体系语义冲突等问题。

(3) 资源整合方式不合理。目前，大部分的数据共享活动通过政府投资、项目驱动的形式进行，经常出现“科学家各自为战”“以项目组为战”的情况。具体表现在：缺乏自动搜索、发现、整合互联网上大量第三方数据资源的能力，数据类型不丰富，用户无法从一个数据网站上下载能满足科学研究所需的系统数据。

(4) 数据共享机制不完善。首先，目前所采用的分布式共享系统有较为严格的登录认证机制，用户只能被动下载平台上已有的数据，而无法发布自己所需要的数据需求。其次，缺乏鼓励互联网用户汇交原始或是二次加工的数据，没有形成一套完善的数据共享奖励制度，未能构建共享的氛围。最后，缺乏对数据知识产权的保护机制，无法确保数据贡献者对数据使用的被引用权、知情权和决定权。

(5) 服务模式单一、不透明。目前，环境健康数据平台用户只能申请使用，而对数据使用价值的评价和体验无从获知。这使得用户很难放心地去使用这些数据，从而无法对数据的后续服务进行追踪。

2.3.2 环境健康数据共享框架

云计算是通过网格计算(grid computing)、效用计算(utility computing)、服务计算(service computing)等多种技术的综合演化，来提高吞吐量和降低处理时间，同时缩小 IT 服务成本，提高软件的可靠性、可用性和灵活性。云计算平台可根据环境健康遥感诊断系统的要求开展环境健康数据资源的整合工作，将异构的环境健康数据库与一站式的检索界面相结合，提供广泛兼容的计算环境，为环境健康遥感诊断系统的使用人员提供统一的数据服务平台。

环境健康遥感诊断系统的数据共享云计算服务整个架构层次自下向上分为：基础设施服务层(IaaS)、数据资源服务层(DaaS)、数据功能服务层(SaaS)，以及用户应用层。

(1) 基础设施服务层。其负责提供基础设施资源，包括数据库管理资源、数据存储资源和网络连通，并保证这些资源的可用性，交付给环境健康遥感诊断系统用户的是基本的基础设施资源。该服务层分为物理资源层和虚拟资源层。其中，物理资源层是架构的最底层，由服务器、存储设备、网络设备，以及高性能计算集群组成；虚拟资源层由操作系统内核、虚拟机及虚拟化工具组成，通过虚拟化工具把物理资源层的物理设备变成全局统一的虚拟资源池，供上层服务调用。这些资源能够根据用户的需求进行动态分配，实现资源的高利用率。

(2) 数据资源服务层。其包括数据中心已经积累的环境健康遥感诊断数据资源、通过互联网挖掘手段整合的环境健康相关数据资源，以及科研人员发布的数据资源等，其负责环境健康遥感诊断数据资源的存储和管理，同时可将数据发布为数据服务，提供高性能的数据资源服务。为满足不同数据类型和数据源的存储与管理需要，特别是与空间信息相关的环境健康遥感诊断数据的存储和管理需要，可采用具有空间扩展的大型数据库来构建数据库。空间矢量数据库存储各类地学数据矢量数据，空间栅格数据库存储各类栅格数据，分布式文件系统存储各类相关文件数据，提供高效的存储和检索(Goodchild，2007)。

(3)数据功能服务层。其负责提供环境健康数据集发布、数据需求发布、数据发现/共享、需求发现/反馈等功能，同时，将功能模块以RESTful网络服务接口的形式提供软件即服务。

该服务层包括3种数据功能服务：数据共享服务、数据发现服务和数据应用服务。在环境健康遥感诊断数据集的基础上，将环境健康遥感诊断数据资源抽象为元数据和数据共享服务，通过数据发现服务，实现环境健康遥感诊断数据资源的共享。数据发现服务包括数据目录服务、数据语义搜索服务、数据时空搜索服务。数据发现服务以Web Service的SOA服务和可视化Web页面方式同时提供服务。

(4)应用服务层。其为环境健康遥感诊断系统的不同应用需求提供个性化的数据应用解决方案。面向环境健康遥感诊断数据云服务，数据管理人员的应用可发挥数据中介作用，做好数据管理工作，保障数据云的良好运行。数据中介包括互联网数据挖掘集成、网络数据共享系统集成；数据管理包括云中心的数据发布、在线数据申请处理、数据需求反馈(发布)、数据云统计分析等。不同应用需求的环境健康遥感诊断应用可集成其特有的数据并共享其他应用的数据。贡献应用的特有数据包括数据汇交、自动保存应用模型计算任务的过程和结果数据(由应用开发人员决定数据是公共还是私有)；共享其他应用的数据包括数据目录导航、数据查询检索、数据浏览与下载、云端数据申请、云端数据处理、数据需求发布及针对其他应用数据需求的反馈。

2.3.3 环境健康遥感诊断数据共享云服务

环境健康遥感诊断数据共享云服务功能如图2-1所示。在云计算模式下，科研人员占据主导地位，一切应用和服务均以用户为主。科研人员可用多种形式(目录导航、关键词查询、地图查询等)查询自己所需要的数据资源。数据目录导航提供按要素、专题等方式组织的数据目录导航，使得用户可查看不同类别、类目下数据的具体元数据信息。支持以环境健康遥感诊断数据集的Web页面和元数据XML文件两种形式，呈现被查看的元数据内容，同步给出语义上相似或相近的元数据链接、题目、摘要。元数据搜索则提供支持自动分词和语义匹配的关键词元数据搜索功能，并将搜索结果按照语义关联程度和数据应用特征(如数据服务方式、数据受关注程度、数据服务次数等)优化排序呈现给用户，同时给出与数据实体的关联。元数据检索提供简单搜索、高级搜索、搜索结果二次检索与筛选功能。检索结果以列表的形式呈现，主要内容包括：数据标题、摘要、数据来源、与数据实体的关联、数据服务方式、数据受关注程度、数据服务次数等。地图

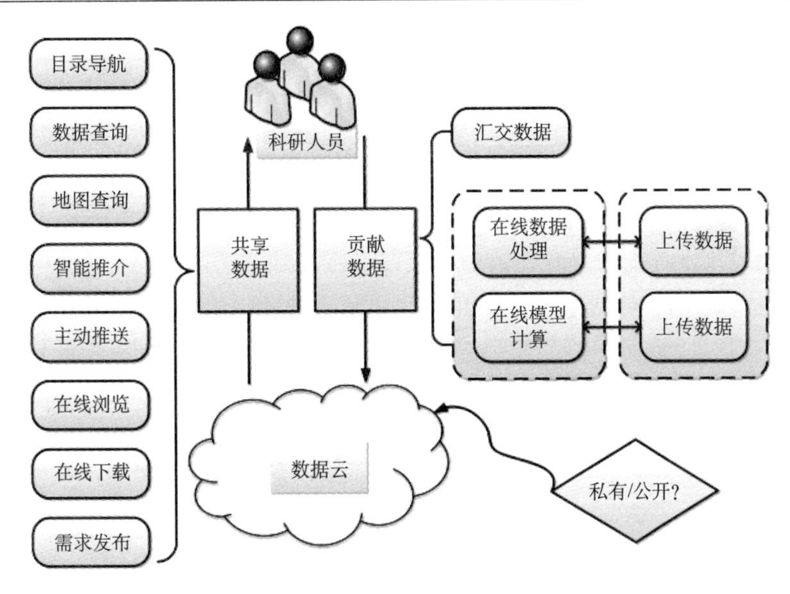

图 2-1　环境健康遥感诊断数据共享云服务功能

搜索提供时空范围、关键词语义匹配的元数据检索功能，并以地图空间可视化的方式呈现搜索结果的空间分布。支持搜索结果的二次筛选、详细元数据信息及对应数据实体关联查看功能，支持搜索结果的地图展示与列表展示相互切换。同时，根据用户行为将数据智能推荐和主动推送给用户。

同时，科研人员还可将自己的数据保存或发布到环境健康遥感诊断数据集中，可将数据标识为私有或公开，在此基础上，通过积分机制，促进数据资源的共享，即科研人员贡献数据时，可以给数据标价(以积分的形式)，数据越有价值，质量越高，所得积分越多。当该数据被其他用户下载或在线调用时，数据贡献者即可获得相应的积分；同时，为了鼓励科研人员使用环境健康遥感诊断数据集中的数据，根据用户访问使用数据的次数等定期奖励积分。科研人员获得积分后可以获取环境健康遥感诊断数据集中更多的资源，使用更多的功能。科研人员可共享庞大的数据(环境健康遥感诊断数据集已有的数据资源、互联网挖掘的数据、用户自愿公开的数据)，也可贡献自己的数据(原始数据或是二次加工的数据)。

环境健康遥感诊断数据集中的数据资源先要依靠管理中心，针对环境健康遥感诊断研究的共性需求，组织科研人员或依托已有的积累，发布一批常用、易用、经典的地理空间计算、陆面过程数据资源，为科研人员提供良好的数据共享和在线处理、计算模拟服务；尤为重要的是，通过建立良好的知识产权保护和引用机制，吸引数据拥有者在“数据云”中注册发布自己的数据，从而确保数据贡献者对数据使用的被引用权、知情权和决定权。通过建立良好的数据质量控制和积分奖励制度，吸引用户使用环境健康遥感诊断数据集共享云服务中的数据，从而形成一个真正的科研数据交换共享环境。

2.3.4 环境健康遥感诊断数据存储

1. 主从式的数据存储方式

主从式的数据存储方式将数据分布式存储在各个节点上，数据访问时直接从各节点上读取存储的数据进行处理，从而避免了大量数据在网络上的传输，实现“计算向存储的迁移”，这对处理海量数据有很大的优势。主从数据库中主数据库(master)负责写操作的负载，而读的操作则分摊到从数据库(slave)，保证数据的安全性(李德仁和邵振峰，2009)。

为了实现数据访问的弹性可扩展，利用分布式缓存系统(memcached)实现负载均衡。服务器允许不同主机上的多个用户同时访问这个缓存系统，缓解多用户并发操作时数据库检索的压力，提高了访问获取数据的速度，实现了事务的数据查询，确保数据操作过程中的一致性。

环境健康遥感诊断系统关于数据组织的方式与过去的分布式文件系统拥有许多相同的目标，如性能、可伸缩性、可靠性及可用性。然而，环境健康遥感诊断系统在设计并实现其数据组织方法时，所考虑的目标和以往的分布式文件系统又有着一些不同的地方，具体表现如下。

首先，组件失效不再被认为是意外，而被看作是正常的现象。这个文件系统包括几百台甚至几千台普通廉价部件构成的存储机器，又被相应数量的客户机访问。组件庞大的数量和参差不齐的质量状况使得在任何给定时间某些组件无法工作，而某些组件无法从它们目前的失效状态恢复是常见的情况。除此之外，应用程序 bug 造成的问题，操作系统 bug 造成的问题，人为原因造成的问题，甚至硬盘、内存、连接器、网络及电源失效造成的问题都是需要考虑的组件失效问题。所以，常量监视器、错误侦测、容错及自动恢复系统必须集成在系统中。

其次，按照传统的标准，单就遥感数据来看，其存储的文件就已经非常巨大，GB 级的文件非同寻常。每个文件通常包含许多应用程序对象，如元数据等。传统情况下快速增长的数据集在容量达到 TB 级、对象数达到数亿个时，即使文件系统支持，处理数据集的方式也就是笨拙地管理数亿 kB 尺寸的小文件。所以，设计预期和参数，如 IO 操作和块尺寸都要重新考虑。

再次，在环境健康遥感诊断系统中，大部分文件的修改不是覆盖原有数据，而是在文件尾追加新数据。对文件的随机写是几乎不存在的，一般写入后，文件就只会被读，而且通常是按顺序读。很多种数据都有这些特性，有些数据构成数据仓库供数据分析程序扫描，有些数据是运行的程序连续生成的数据流，有些是存档的数据，有些数据是在一台机器上生成，在另外一台机器上处理的中间数据。对于这类巨大文件的访问模式，客户端对数据块缓存失去了意义，追加操作成为性能优化和原子性保证的焦点。

最后，应用程序和文件系统 IO 的协同设计提高了整个系统的灵活性。例如，环境健康遥感诊断系统放弃了对数据一致性模型的要求，这样不用加重应用程序的负担，而是大大地规约了文件系统的设计。我们还引入了原子性的追加操作，这样多个客户端同时进行追加时，就不需要额外的同步操作了。

为了适应不同的应用需求，环境健康遥感诊断系统部署了数据系统集群。其中，每个集群均包含了 TB 级的硬盘空间，被不同机器上的数百个客户端连续不断地频繁访问着。一个集群包含一个主服务器和多个块服务器，被多个客户端访问，这些机器通常都是普通的 Linux 机器，运行着一个基于用户层的服务进程。如果机器的资源允许，而且运行多个程序带来的低稳定性是可以接受的话，那么可以很简单地把块服务器和客户端运行在同一台机器上。

2. 海量环境健康数据的高效检索

环境健康遥感诊断数据集所存储的数据量为海量数据，如果简单地利用传统的空间索引方式提供空间数据的语义管理，节点数不可预计，以及检索从根节点依次到底部的遍历特点，会导致管理与查询效率难以预计。数据的管理最好与传统的行政层次结构类似，数据的查询访问点直接从适宜的节点接入，从而提供高效的数据自适应的管理和查询方式。根据矢量数据的特点构建 key/value 数据模型，并对非关系型的数据库(NoSQL)进行分布式存储、对索引机制进行优化。环境健康遥感诊断数据集的开源架构 Hadoop 实现一个分布式文件系统(Hadoop distributed file system, HDFS)。在基于 Hadoop 栅格数据云存储研究中，通过底层扩展 Hadoop 存储系统，实现 Hadoop 架构中基于瓦片(tile-based)的可伸缩栅格地理空间数据存储。

除此之外，Skyline 查询已成为现今数据库和信息检索领域的研究热点之一，伴随着环境健康数据信息的急剧增长，如何处理海量数据的 Skyline 查询成为急需解决的问题.近年来兴起的 Map-Reduce 编程框架能够有效地处理基于海量数据的应用，应用 Map-Reduce 编程框架解决海量数据的 Skyline 查询问题的直接方法是扫描整个环境数据集进而得到查询结果，但是在海量数据 Skyline 查询问题中，查询结果的数量远小于原始数据集的数据量，丁琳琳等提出了一系列的 Skyline 查询算法及优化，有效地过滤掉部分不能成为 Skyline 查询结果的数据对象，大幅度地提高了在 Map-Reduce 框架下处理 Skyline 查询的效率。大量运行在 Hadoop 平台上的实验验证了该 Skyline 查询处理算法具有良好的有效性、准确性和可用性。

在实际应用中，Map 任务的数量远比虚拟节点的数量多很多，甚至能多几百倍，常用的 Skyline 查询算法对于海量数据的 Skyline 查询处理的性能仍需进一步提高。如果能让 Map 任务在运行之前可以预先过滤掉一些不是最终结果的数据，那么 Map 任务的输入数据量也会大大减少，这样会进一步提高 Skyline 查询算法的效率。前置 Skyline 查询算法能够更有效地处理 Map-Reduce 框架下的海量数据的 Skyline 查询。前置 Skyline 查询算法的基本原理是:在一部分 Map 任务完成后，Master 节点可以应用上述任何一种 Skyline 查询算法产生一个当前的全局过滤值，其余没有运行的 Map 任务可以在其初始化阶段从 Master 节点获取一个全局过滤值对自身的数据进行过滤，过滤掉一部分不能成为 Skyline 查询结果的数据，并将过滤后的数据作为输入，这样可以大大减少 Map 任务的输入量。当系统中的 Map 任务数量很多时，前置 Skyline 查询算法可以看作是对贪婪

Skyline 查询算法和混合 Skyline 查询算法的优化，能够更有效地提高 Skyline 查询的效率（刘刚等，2010）。

3. 环境健康数据在线处理与模型计算

为了能够利用环境健康遥感诊断数据集云服务中已有的数据生产出新的数据，系统还提供了在线数据模型调用功能。数据与模型，以及计算资源的整合可以支持在线地学数据处理、计算模拟与分析等复杂服务功能。模型计算集成的复杂度和难度，特别是复杂科学计算模型的共享和集成难度，远高于数据和文献等资源类型。在集成过程中，将一个模型抽象为 3 个层次：物理层、计算层和语义层，即模型不仅要实现物理编程层面的可交互，而且要开展模型动态计算过程，能够在语义层面对模型和数据正确理解，特别是如何让模型用户及其他模型能够正确理解。在模型服务与数据交换过程中，模型的数据源可来自数据服务、内部数据源，以及与其他模型交互的过程。

2.4 小　结

本章介绍了环境健康遥感诊断系统构建关键技术，其中环境健康遥感诊断相关技术是整个环境健康遥感诊断系统的技术基础、海量数据组织技术是环境健康遥感诊断系统数据组织和数据存储管理的支撑、环境健康数据共享技术是环境健康遥感诊断系统进行全球尺度环境问题模拟、诊断、评价的服务基础，这 3 种技术对于环境健康遥感诊断系统的建设都是至关重要的，读者通过对本章的阅读，可以清晰地把握这 3 种技术的发展现状和趋势，对环境健康遥感诊断系统的技术特征也会有较完整的了解。

参 考 文 献

曹春香. 2013. 环境健康遥感诊断[C]. 北京：科学出版社.
方裕，周成虎，景贵飞. 2001. 第四代 GIS 软件研究[J]. 中国图象图形学报, 6 (9) : 817-823.
李伯衡. 2000. 多尺度数字地球模型及其在地球科学研究中的应用[J]. 中国工程科学, 2(4): 12-15.
李德仁，邵振峰. 2009. 论新地理信息时代[J]. 中国科学(F 辑：信息科学), 39(6): 579-587.
刘刚，董树文，陈宣华等. 2010. EarthScope——美国地球探测计划及最新进展[J]. 地质学报，(6): 909-926.
马照亭，潘懋，胡金星，等. 2004. 一种基于数据分块的海量地形快速漫游方法[J]. 北京大学学报, 40(4) : 619-625.
宋关福，钟耳顺. 1998. 组件式地理信息系统研究与开发[J]. 中国图象图形学报, 3(4): 313-317.
童庆禧. 2007. “数字中国”进展与发展展望[R]. 第四届数字中国高层论坛暨信息主管峰会演讲稿.
邬伦，唐大仕，刘瑜. 2003. 基于 Web Service 的分布式互操作的 GIS[J]. 地理与地理信息学, 19(4): 28-32.
闫超德，赵学胜. 2004. GIS 空间索引方法述评[J]. 地理与地理信息科学, 20(4) : 23-26.
杨必胜，李清泉，龚健雅. 2006. 一种快速生成和传输多分辨率三维模型的稳健算法[J]. 科学通报, 51(13) : 1589-1594.
杨芙清，梅宏. 2008. 构件化软件设计与实现[M]. 北京：清华大学出版社.
周成虎，欧阳. 2009. 地理格网模型研究进展[J]. 地理科学进展, 28(5): 657-662.

诸云强. 2011. 地球系统科学数据共享平台建设与服务[J]. 中国科技投资,（12）: 27-29.

诸云强, 宋佳, 冯敏, 等. 2012. 地球系统科学数据共享软件研究与发展[J]. 中国科技资源导刊,（6）: 11-16.

Aurambout J P, Pettit C, Lewis H. 2008. Virtual globes: the next GIS? [J]. Geoinformation and Cartography, 5: 509-532.

Chris H, Cecelia D L, Balaji V, et al. 2004. The architecture of the earth system modeling framework[J]. IEEE Educational Activities Department Piscataway, 6（1）: 18-28.

Dutton G. 1984. Geodesic Modelling of Planetary Relief [M]. Toronto: U. of Toronto Press.

Goodchild M F. 2007. Citizens as sensors: the world of volunteered geography[J]. GeoJournal, 69（4）: 211-221.

Gore AI. 1998. The Digital Earth: Understanding our Planet in the 21 Century[R]. California: California Science Center.

Nancy C, Gerhard T, Cecelia D, et al. 2005. Design and implementation of earth system modeling framework components[J]. International Journal of High Performance Computing Applications, 19（3）: 341-350.

Wang Y, Weng J N. 2009. Organization and management of mass multi-source spatial data[A]//International Conference on Computational Intelligence and Software Engineering [C]. Wuhan.

Wang Y J, Weng J N. 2010. On constructing the earth framework model[A]//The 18th International Conference on Geoinformatics（Geoinformatics 2010）[C].Beijing.

Weng J N, Wu L, Huang J, et al. 2008. Efficient visual techniques for highresolution remotely sensed data in a network environment[J]. Science in China: Series E Technological Sciences, 51（Suppl）: 124-134.

Yang X, Weng J N. 2009. 3D City Building hierarchical models representation and data organization[J]// International Conference on Computational Intelligence and Software Engineering [C]. Wuhan.

第 3 章　环境健康遥感诊断数据框架及标准

3.1　环境健康遥感诊断数据框架

环境健康遥感诊断数据框架是环境健康遥感诊断系统的数据支撑基础，它定义了环境健康遥感诊断数据的元数据和数据组成，通过构建不同层次的数据的存储及管理架构，实现对环境健康遥感诊断系统的数据交互和挖掘。环境健康遥感诊断数据框架分为元数据集、基础地理数据集、社会经济数据集、环境监测数据集、遥感数据集共 5 个层次（图 3-1）。

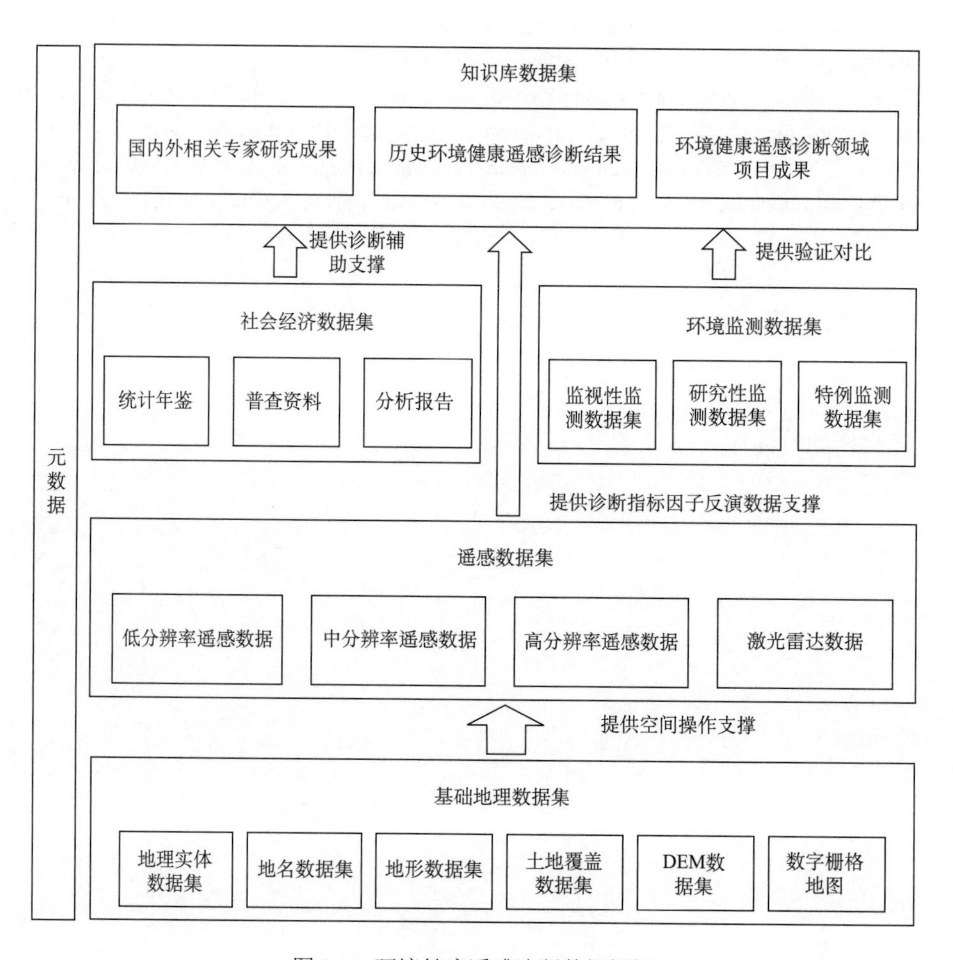

图 3-1　环境健康遥感诊断数据框架

元数据集是对整个数据框架中所有数据的描述，涵盖了对各个层次数据的宏观描述和详细信息；基础地理数据集是对各个层次数据实现空间操作的支撑数据，通过基础地理数据实现其他各层数据与空间信息的对应；遥感数据集是环境健康遥感诊断数据的主要应用数据，通过对遥感数据特征提取及反演，得到环境健康遥感诊断的各类指标因子的具体数值；社会经济数据集是环境健康遥感诊断的主要辅助数据，通过对诊断目标区域的社会经济数据进行统计和分析，结合遥感数据的反演结果，可以得出该区域环境健康情况的时序走势和发展趋势；环境监测数据集是环境健康遥感诊断结果重要的验证数据，通过将遥感诊断的各个指标数据和实际的环境监测数据进行对比验证，可以对诊断指标的精度进行修正，对反演方法进行改进；知识库数据集是对历史环境健康遥感诊断结果的汇总，包含了相关领域国内外专家的指导性研究成果和相关领域国家重大项目的核心成果，可用于为未来的环境健康遥感诊断领域项目提供支撑和指导。

3.1.1　元 数 据 集

元数据集是关于数据的数据集，在环境健康遥感诊断数据框架中用于描述数据集的内容、质量、表示方式、空间参考、管理方式，以及数据集的其他特征，它是实现环境健康遥感诊断数据共享及互操作的核心标准之一。空间元数据标准内容分为两个层次：第一层是目录信息，主要用于对数据集信息进行宏观描述，它适合在数字地球的国家级空间信息交换中心或区域，以及在全球范围内管理和查询空间信息时使用；第二层是详细信息，用来详细或全面描述地理空间信息的空间元数据标准内容，是数据集生产者在提供空间数据集时必须要提供的信息。

元数据集主要有下列几个方面的作用：

(1)用来组织和管理空间信息，并挖掘空间信息资源。

(2)帮助数据使用者查询所需的空间信息。例如，它可以按照不同的地理区间、指定的语言及具体的时间段来查找空间信息资源。

(3)用来建立空间信息的数据目录和数据交换中心。通过数据目录和数据交换中心等提供的空间元数据内容，系统可以共享空间信息、维护数据结果，以及对它们进行优化等。

(4)提供数据转换方面的信息。它使用户在获取空间信息的同时便可以得到空间元数据信息。通过空间元数据，人们可以接受并理解空间信息，与自己的空间信息集成在一起，进行不同方面的科学分析和决策。描述空间信息的元数据标准体系内容按照部分、复合元素和数据元素来组织，它们是依次包含关系，前者包含后者，即后者依次组成前者。其具体分为 8 个基本内容部分和 4 个引用部分，由 12 个部分组成，其中标准化内容包括标志信息、数据质量信息、数据集继承信息、空间数据表示信息、空间参照系信息、实体和属性信息、发行信息及空间元数据参考信息等，另外还有 4 个部分是标准化部分中必须引用的信息，它们为引用信息、时间范围信息、联系信息及地址信息。

3.1.2　基础地理数据集

基础地理数据集是根据相关社会经济、自然资源信息空间化挂接的需求，对基础地理信息数据进行内容提取与分层细化、模型对象化重构、统计分析等处理而形成的。基础地理数据集包括地理实体数据集、地形数据集、地名数据集、数字高程模型数据集、数字栅格地图数据集、土地覆盖数据集。

1. 地理实体数据集

地理实体数据集采用实体化数据模型，以地理要素为空间数据表达与分类分层组织的基本单元。每个要素均赋予唯一性的要素标志、实体标志、分类标志与生命周期标志。通过这些标志信息能够实现地理要素相关社会经济、自然资源信息的挂接，还能够灵活地进行信息内容分类分级与组合，并实现基于要素的增量更新。地理实体数据集包括基本地理实体和扩展地理实体两类。其中，基本地理实体包括境界与政区实体、道路实体、铁路实体、河流实体、房屋院落实体等。扩展地理实体是指在基本地理实体的基础上，根据具体数据源及应用情况而定义的地理实体，扩展的实体必须遵循《地理信息公共服务平台地理实体与地名地址数据规范》(CH/Z 9010—2011)中定义的概念数据模型。

各类实体的最小粒度应与相应基础地理信息数据所采集的最小单元相同，如1∶5万比例尺境界与政区实体的最小粒度应至三级行政区(市辖区、县级市、县、旗、特区、林区)及相应界线；1∶2 000及大比例尺的境界与政区实体的最小粒度应至四级行政区(区公所、镇、乡、苏木、街道)及相应界线(国家基础地理信息中心，2010)。

(1)境界与政区实体：包括行政境界及其所围区域。行政区域实体按不同级别行政单元划分，包括国家、省(自治区、直辖市、特别行政区)、地区(地级市、自治州、盟)、县(市辖区、县级市、自治县、旗、自治旗、特区、林区)、乡(区公所、镇、苏木、民族乡、民族苏木、街道)等；行政境界是行政区域的边界，每个行政境界实体由相邻行政区域单元定义。

(2)道路实体：按道路名称划分，以道路中心线表达。将具有同一名称的道路的中心线定义为表示该道路的实体；所有道路实体构成连通的道路网；不同尺度数据集中的所有道路都需以中心线表达，并构成连通的网络；对于源数据中没有名称的道路，按其中心线的最小弧段定义实体。

(3)铁路实体：按铁路名称或专业编号划分，以铁路中心线表达。将具有同一名称或专业代码的铁路中心线定义为表示该铁路的实体；所有的铁路实体构成连通的铁路网；不同尺度数据集中的所有铁路都需以中心线表达，并构成连通的网络；对于源数据中没有名称或专业代码的铁路，按其中心线的最小弧段定义实体。

(4)河流实体：按河流名称划分，以河流骨架表达。将具有同一名称的河流的骨架线定义为表示该河流的实体；所有河流实体构成连通的水网；不同尺度数据集中的所有河流都需以中心线表达，并构成连通的网络；对于源数据中没有名称的河流，按其骨架线的最小弧段定义实体。

(5) 房屋院落实体：房屋实体定义为能够独立标识的房屋外轮廓的封闭多边形；院落实体定义为表示单位、小区等院落外轮廓的封闭多边形。

地理实体与地名地址数据应符合《地理信息公共服务平台地理实体与地名地址数据规范》(CH/Z 9010—2011)的要求，矢量电子地图与影像电子地图应符合《地理信息公共服务平台电子地图数据规范》(CH/Z 9011—2011)的要求。其中，道路数据的几何表达与拓扑关系表达应尽可能遵循《导航地理数据模型与交换格式》(GB/T 19711—2005)与《车载导航地理数据采集处理技术规程》(GB/T 20268—2006)要求。

2. 地形数据集

地形数据集是空间型的 GIS 数据集。它是将国家基本比例尺地形图上各类要素包括水系、境界、交通、居民地、地形、植被等按照一定的规则分层、按照标准分类编码，对各要素的空间位置、属性信息及相互间空间关系等数据进行采集、编辑、处理构建的数据集。根据国家基础地理信息系统总体设计，国家级地形数据集的比例尺分为 1∶100 万、1∶25 万和 1∶5 万三级。省级地形数据集的比例尺分为 1∶25 万、1∶5 万和 1∶1 万三级。

1) 全国 1∶400 万地形数据集

全国 1∶400 万地形数据集是在 1∶100 万地形数据集的基础上，通过数据选取和综合派生的。数据内容包括主要河流(5 级和 5 级以上)、主要公路、所有铁路、居民地(县和县级以上)、境界(县和县级以上)及等高线(等高距为 1 000 m)。

2) 全国 1∶100 万地形数据集

全国 1∶100 万地形数据集的主要内容包括测量控制点、水系、居民地、交通、境界、地形、植被等。

3) 全国 1∶25 万地形数据集

全国 1∶25 万地形数据集分为水系、居民地、铁路、公路、境界、地形、其他要素、辅助要素、坐标网及数据质量等数据层。

4) 全国 1∶5 万矢量要素数据集

全国 1∶5 万矢量要素数据集是由水系、等高线、境界、交通、居民地等大类的核心地形要素构成的数据集，其中包括地形要素间的空间关系及相关属性信息。

3. 地名数据集

地名数据集是空间定位型的关系数据集。它是将国家基本比例尺地形图上各类地名注记包括居民地、河流、湖泊、山脉、山峰、海洋、岛屿、沙漠、盆地、自然保护区等名称，连同其汉语拼音及属性特征，如类别、政区代码、归属、网格号、交通代码、高程、图幅号、图名、图版年度、更新日期、*X* 坐标、*Y* 坐标、经度、纬度等录入计算机建成的数据集。它与地形数据集之间通过技术接口码连接，可以相互访问，也可以作为单独的关系型数据集运行。

1）全国 1∶25 万地名数据集

全国 1∶25 万地名数据集是一个空间定位型的关系数据集，其主要包括 1∶25 万地形图上各类地名信息及与其相关的信息，如汉语拼音、行政区划、坐标、高程和图幅信息等。

该数据集设计了地名信息、行政区划信息、图幅信息、图幅与政区关系、地名类别对照、行政区划与政区代码对照六个表。前四个表为基本信息表，后两个表为辅助信息表。

2）全国 1∶5 万地名数据集

全国 1∶5 万地名数据集是以最新版的 1∶5 万地形图为基础工作图，采用内业与有重点的实地核查相结合的地名更新方法，充分利用民政部门提供的全国及省级行政区划简册、地名录（志）、地名普（补）查图等地名资料，以及最新的测绘成果，进行了全国范围建制村以上地名数据的核查与采集。共核查、采集 1∶5 万地形图地名数据 500 多万条，数据量为 1.2 GB，更新地名近 140 万条，占全部地名的 26.4%。数据集中县以上地名数据的现势性达到 2002 年年底，街道办事处、镇、乡及建制村达到 2000 年年底，其中 9 个省采用 2001 年撤乡并镇后的资料。

4. 数字高程模型数据集（DEM）

数字高程模型数据集是空间型数据集。它是将定义在平面 *X*、*Y* 域按照一定的格网间隔采集地面高程而建立的规则格网高程数据集，简称 DEM。它可以利用已采集的矢量地貌要素（等高线、高程点或地貌结构线）和部分水系要素作为原始数据进行数学内插获得，也可以利用数字摄影测量方法，直接从航空摄影影像采集获得。其中，陆地和岛屿上格网的值代表地面高程，海洋区域内格网的值代表水深。

1）全国 1∶100 万数字高程模型数据集

全国 1∶100 万数字高程模型数据集利用 1 万多幅 1∶5 万和 1∶10 万地形图，按照 28".125×18".750（经差×纬差）的格网间隔，采集格网交叉点的高程值，经过编辑处理，以 1∶50 万图幅为单位入库。原始数据的高程允许最大误差为 10～20 m。

2）全国 1∶25 万数字高程模型数据集

用于生成全国 1∶25 万数字高程模型的原始数据包括等高线、高程点、等深线、水深点和部分河流、大型湖泊、水库等。采用不规则三角网模型（TIN）内插获得全国 1∶25 万数字高程模型，以高斯-克吕格投影和地理坐标分别存储。高斯-克吕格投影的数字高程模型数据格网尺寸为 100 m×100 m。以图幅为单元，每幅图数据均按包含图幅范围的矩形划定，相邻图幅间均有一定的重叠。地理坐标的数字高程模型数据格网尺寸为 3″×3″，每幅图行列数为 1201×1801，所有图幅范围都为大小相等的矩形。

3)1∶5 万数字高程模型数据集

1∶5 万数字高程模型利用全数字方法生产。部分采用 1∶5 万数据集数据、采用 Arc/INFO 软件的 TIN 和 GRID 模块，生成 25 m×25 m 格网形式的全国 1∶5 万数字高程模型。存储格式为 Arc/INFO GRID。

5. 数字栅格地图数据集

数字栅格地图数据集是空间型数据集。它是已经出版的地图经过扫描、几何校正、色彩校正和编辑处理后，建成的栅格数据集。该数据集可管理 DRG 的数据目录，支持数据分发。库体中存储和检索的最小单位一般是图幅，可按图幅/区域进行管理。

6. 土地覆盖数据集

土地覆盖数据集是利用全国陆地范围 2000 年前后接收的 Landsat 卫星遥感影像采集的，共计 752 幅(1∶25 万分幅)，数据量约为 12 GB。土地分 6 个一级类和 24 个二级类，采用 6 度带高斯投影，包括栅格和矢量两种数据格式。数据集采用基于 Oracle 8i 的 ArcSDE 和 ArcMap 平台进行管理，可满足检索、查询、浏览和分发服务的需求。

3.1.3　社会经济数据集

社会经济数据集是进行环境健康遥感诊断的重要分析及参考数据，其内容覆盖国民经济核算、固定资产投资、人口与人力资源、人民生活与物价、各类企事业单位、财政金融、自然资源、能源与环境、政法与公共管理、农民农业和农村、工业、建筑房产、交通邮电信息产业、国内贸易与对外经济、旅游餐饮、教育科技、文化体育、医药卫生等行业领域。

社会经济数据集的来源均为中国官方发布的权威数据，其主要来源为中国知网《中国经济社会发展统计数据库》在线数据，该在线数据收录了自 1949 年以来我国已出版发行的 708 种权威统计资料。其中，仍在连续出版的统计年鉴资料有 150 多种，其内容翔实、权威。

根据社会经济数据的内容属性，可按行业划分为综合、国民经济核算、固定资产投资、人口与人力资源、人民生活与物价、各类企事业单位、自然资源、能源与环境、农民、农业和农村、工业、建筑房产、交通邮电信息产业、国内贸易与对外经济、财政金融、旅游餐饮、教育科技、文化体育、医药卫生、政法与公共管理十八部类。例如，中国统计年鉴属于综合类、人口普查资料属于人口与人力资源类。

根据社会经济数据的特征和内容形式，可按照资料类型划分为统计年鉴、统计摘要、普查资料、调查资料、分析报告、资料汇编。例如，中国统计年鉴属于统计年鉴类，而人口普查资料属于普查资料类。

根据社会经济数据涉及地区范围可以分为全国范围、各省份(含港、澳、台)。根据我国社会经济的地区集群特点，又特别划分了珠江三角洲、环渤海地区、东北地区、西部地区等经济发展圈地区。

3.1.4　环境监测数据集

环境监测数据集是指以化学、物理、生物等方法为监测手段，以大气、水体、土壤、固体废弃物、生物等环境要素为监测对象所获取的，能够反映环境要素状态的数据。通过对这些数据进行统计分析，可以得出特定区域和尺度的环境变化情况及趋势。

在环境健康遥感诊断数据框架中，环境监测数据根据监测目的可分为监视性监测数据、研究性监测数据、特例监测数据 3 类。

1. 监视性监测数据

监视性监测数据是对指定的有关项目进行定期的、长时间的监测，以确定环境质量及污染源状况，评价控制措施的效果，衡量环境标准实施情况和环境保护工作的进展所获得的数据。监视性监测包括对污染源的监督监测(污染物浓度、排放总量、污染趋势等)和对环境质量的监测(所在地区的空气、水质、噪声、固体废物等)。

2. 研究性监测数据

研究性监测数据是针对特定目的的科学研究而进行的高层次的监测所获取的数据。新的污染因子监测方法；痕量甚至超痕量污染物的分析方法研究；样品复杂、干扰严重样品的监测方法研究；为监测工作本身服务的科研工作的监测，如统一方法、标准分析方法的研究、标准物质的研制等。这类研究往往要求多学科合作进行。

3. 特例监测数据

特例监测数据主要是针对环境灾害或污染应急时所采集的具有针对性的数据。污染事故监测数据：在发生污染事故，特别是突发性环境污染事故时进行应急监测，往往需要在最短的时间内确定污染物的种类；对环境和人类的危害；污染因子扩散方向、速度和危及范围；控制的方式、方法；为控制和消除污染提供依据，供管理者决策。这类监测数据的获得常采用流动监测(车、船等)、简易监测、低空航测、遥感等手段。

3.1.5　遥感数据集

遥感数据集是环境健康遥感诊断数据集中用于地物反演及诊断的重要数据。在环境健康遥感诊断中，遥感数据集主要可以作为以下多种生态环境数据的支撑。

土地覆盖监测：土地覆盖是人地相互作用过程的最终体现，也是地球表层系统最明显的景观标志，土地覆盖变化又会引发一系列环境的改变。遥感数据因其能提供动态、丰富和廉价的数据源已成为获取土地覆盖信息最为行之有效的手段。

森林覆盖监测：森林是陆地生态系统的主体，是人类赖以生存的基础资源。传统五年一次的一类调查和十年一次的二类调查存在更新周期长、历经时间长、样地易被特殊对待、数据可比性差等缺陷，难以科学、准确地评估森林资源和生态状况的变化。遥感数据具有宏观性、客观性、周期性、便捷性等特点，已经在森林资源清查（一类调查）和规划设计调查（二类调查）中大显身手。

草地覆盖监测：草地是仅次于森林资源的陆地植物资源。遥感数据在草地资源调查、分类和制图中得到应用，大大地提高了草地资源调查与制图的精度，促使草地分类由定性化逐渐走向定量化，可以完成草地退化监测与评估，节省了人力、物力和财力。

湿地资源监测：湿地是地球上水陆相互作用形成的独特的生态系统，是自然界最富生态多样性的景观和人类最重要的生存环境之一。遥感数据可对湿地种类及其数量进行监测，为湿地保护提供第一手材料显得尤为重要。遥感数据具有观测范围广、信息量大、获取信息快、更新周期短、节省人力物力和人为干扰因素少等诸多优势，已经成为湿地研究的有力手段，可以提取湿地边界、进行湿地分类、监测湿地动态变化等。

遥感数据有 4 个主要特征（徐希孺，2005）：空间分辨率、光谱分辨率、辐射分辨率和时间分辨率。

空间分辨率（spatial resolution），又称地面分辨率。后者是针对地面而言的，指可以识别的最小地面距离或最小目标物的大小。前者是针对遥感器或图像而言的，指图像上能够详细区分的最小单元的尺寸或大小，或指遥感器区分两个目标的最小角度或线性距离的度量。它们均反映对两个非常靠近的目标物的识别、区分能力，有时也称分辨力或解像力。

光谱分辨率（spectral resolution），指遥感器接受目标辐射时能分辨的最小波长间隔。间隔越小，分辨率越高。所选用的波段数量的多少、各波段的波长位置及波长间隔的大小，这三个因素共同决定光谱分辨率。光谱分辨率越高，专题研究的针对性越强，对物体的识别精度越高，遥感应用分析的效果也就越好。但是，面对大量多波段信息，以及它所提供的这些微小的差异，人们要直接地将它们与地物特征联系起来，综合解译是比较困难的，而多波段的数据分析可以改善识别和提取信息特征的概率和精度。

辐射分辨率（radiant resolution），指探测器的灵敏度——遥感器感测元件在接收光谱信号时能分辨的最小辐射度差，或指对两个不同辐射源的辐射量的分辨能力。其一般用灰度的分级数来表示，即最暗-最亮灰度值（亮度值）间分级的数目——量化级数。

时间分辨率（temporal resolution），是关于遥感影像间隔时间的一项性能指标。遥感探测器按一定的时间周期重复采集数据，这种重复周期又称回归周期。它是由飞行器的轨道高度、轨道倾角、运行周期、轨道间隔、偏移系数等参数所决定的。这种重复观测的最小时间间隔称为时间分辨率。

卫星影像数据集就是利用遥感卫星对地观测的影像数据数据源，经加工处理、整合集成而形成的空间影像数据集。当前，TM 卫星正射影像数据集也已建成，其数据源为 Landsat 8 卫星 ETM+传感器所获取的 15 m 分辨率的全色影像数据和 30 m 分辨率的多光谱影像数据，共包括覆盖全国陆域范围的 522 景影像。SPOT 卫星正射影像数据集数据源为 SPOT 全色波段数据（10 m 分辨率）的覆盖全国陆域（除新疆和西藏的少数荒漠地区）的卫星影像数据。

3.1.6　知识库数据集

知识库是知识工程中结构化、易操作、易利用、全面有组织的知识集群，是针对某一(或某些)领域问题求解的需要，采用某种(或若干)知识表示方式在计算机存储器中存储、组织、管理和使用的互相联系的知识片集合。这些知识片包括与领域相关的理论知识、事实数据，由专家经验得到的启发式知识，如某领域内有关的定义、定理和运算法则，以及常识性知识等。

在环境健康遥感诊断数据框架中，知识库数据集包括了环境健康遥感诊断历史数据及相关领域的指导性研究成果，涵盖了国家权威环境健康评价、监测、诊断项目的执行结果、结论，以及国内外相关领域专家的指导性研究成果。这些数据将作为环境健康遥感诊断的主要支撑数据，为未来针对某一相似区域的环境健康遥感诊断提供指导和支撑依据。

3.2　环境健康遥感诊断数据标准与规范

在环境科学和信息共享作为国家科技重点发展方向的背景下，环境健康遥感诊断领域的数据标准化工作得了快速的发展，各级环境保护管理部门及相关科研事业单位都基本完成了环境科学数据的信息化管理，但在跨领域、跨学科的环境科学数据资源共享方面依然存在着信息共享困难、数据规范不统一、缺少空间表征等问题，使得数据显示不直观、数据描述不完整。结合环境科学数据的特征，适用于环境科学数据的分类方法和元数据标准，探索一种适合于环境健康遥感诊断数据共享的标准规范体系，并根据环境科学数据的时间特性、空间特性及连续性等特征进行其共享方案的研究。环境健康遥感诊断数据共享的标准规范体系的建设将实现各类环境科学数据的整合和共享，在各部门已有的各类环境与生态项目研究成果的基础上形成成果转换能力，为环境及相关领域重大科技任务、宏观决策提供技术支持和基础数据服务。同时，环境健康遥感诊断数据共享的标准规范体系建设将实现服务于环境管理的重要目标，结合各类环境与生态共享数据库，为环境管理服务提供辅助决策信息。

目前，对环境信息共享的研究虽然已经取得了极大的进展，但是数据共享还存在较多问题。国内许多信息共享平台的数据共享模式较为单一，数据的共享大多基于数据层面的共享，尤其是分布式跨地域的平台其数据组织、共享和交换成本高，技术复杂，维护麻烦。同时，共享平台的扩展性和交互性较差，对灵活多变的业务部门适应性较差，并且大多数平台的用户参与度较低，不能最大化地实现用户个人研究数据的共享。国内许多共享平台也根据业务类型设计了很多数据分中心，但是各分共享中心都是独立的，且缺少一站式的服务，在数据协同方面功能也较弱。

3.2.1　数据标准规范构建原则

环境健康遥感诊断数据标准规范构建一般遵循 4 个基本原则，包括数据标准规范的整体性原则、统一性原则、系统行原则和规范性原则，下面分别介绍每个规范原则的具体内容。

1. 数据标准规范的整体性原则

数据标准规范定义了环境健康遥感诊断数据在生产、搜集、存储、管理过程中对数据、其他产品直接的相互关系，用于指导数据生产线、数据生产系统及数据管理系统等任务。数据标准规范体系必须从整体、全面、全过程进行考虑和布局。无论是多源遥感数据预处理，还是环境健康遥感数据产品生成，都必须从整体着眼，考虑同一专题甚至不同专题的各个数据的产品关系。

2. 数据标准规范的统一性原则

数据标准规范的统一性原则体现在两个方面：一方面体现在多源遥感数据处理过程中，如多源遥感数据处理流程要统一；另一方面体现在数据生成过程中，具体包括数据产品的几何信息、时空分辨率、输入数据集及要求、生成数据格式、产品精度、生产流程、命名规则等要素。

3. 数据生产技术的系统性原则

数据生产技术要遵循数据之间生产关系的逻辑顺序，系统地、连贯地进行。贯彻数据生产技术的系统性原则要求：①数据处理流程要有先后逻辑顺序，不同算法，顺序不同；②高级产品数据的生产会用到比自己低一级甚至低几级的产品中的一个或者多个产品；③建立环境健康遥感诊断数据在生产过程中的作用流程体系，保证各种产品的标准化生产。

4. 数据生产流程的规范性原则

数据生产流程是指从投料开始，经过一系列的加工，直至环境健康遥感诊断数据生产出来的全部过程。在环境健康遥感诊断数据生产过程中，每一种数据都要按照严谨规范的生产流程来生产。不同数据的生产算法流程不同，生产过程中相应的数据输入、输出和算法等参数都不同。

3.2.2　数据标准规范编制的依据

在标准编制过程中，本书重点调研了国内外相关标准情况，其中 ISO19131: 2007 Geographic information—Data product specifications（地理信息数据产品规范）是该标准编制的重要依据（中华人民共和国国家质量监督检验检疫总局和中国国家标准化管理委员会，2010）。

1. 国外相关标准依据

1）ISO19131:2007 Geographic information—Data product specifications

地理信息数据产品规范是数据集或数据集系列的详细描述及补充说明，其他方能够根据规范创建、提供和使用数据集或数据集系列。就数据产品必须或可能达到的要求而言，数据产品规范是数据产品的一个准确的技术描述。然而，由于种种原因，在执行过程中可能需要作出妥协，数据产品规范只是定义了数据集应当如何，与产品数据集有关的元数据应该反映产品数据集的实际状况。

地理信息数据产品规范可能由不同的组织在不同的场合因不同的原因制定和使用。例如，规范可能用于数据采集的原始过程，也可能用于从现有的数据中派生产品。生产者可以用它来规范自己的产品，用户也可以用它来陈述需求。

该国际标准的目的在于为制定数据产品规范提供实用的帮助，并与其他现有的地理信息标准保持一致，其目标是提出用于规范数据产品的诸项目的明细表。

对于数据产品规范而言，只需要规范最终数据产品的某些项而不必对产品处理过程进行详细描述。然而，若认为有必要，规范也可以包括数据生产和维护等方面的内容。该国际标准描述了数据产品规范的内容与结构。该国际标准规定数据产品规范应包括覆盖数据产品以下方面的主要部分：概述、规范范围、数据产品识别、数据内容和结构、参照系、数据质量、数据产品分发、元数据。数据产品规范还应包括涉及数据产品以下方面：数据获取、数据维护、图示表达和附加说明。

2）ISO/IEC 11179 Information Technology—Metadata registries（MDR）

国外的数据标准化工作起步较早。1987 年国际标准化组织（ISO）和国际电工委员会（IEC）在原计算机和信息处理（ISO/TC 97）、信息技术设备（IEC/TC 47B）的基础上，联合成立了信息技术标准化联合技术委员会（ISO/IEC JTC1）。ISO/IEC JTC1 成立后，数据元标准化工作得到进一步加强。SC32 为 JTC1 下设的数据交换与管理分技术委员会，该分技术委员会由 4 个工作组构成，其中，SC32/WG2 工作组以数据元管理与规范框架为主要研究方向。他们的一项重要工作就是制定数据元标准：ISO/IEC 11179 Information Technology -Metadata registries（MDR）。

ISO/IEC 11179 规范了描述数据所需数据元的种类和性质，并规定了如何利用数据元注册表（MDR）管理数据元。ISO 11179 标准共分为 6 个部分。

第 1 部分　框架。介绍并讨论了数据元、值域、数据元概念、概念域、分类表等基础理念，它们对于理解这一组标准起到关键作用。

第 2 部分　分类。提供了一个管理分类表的概念模型，并给出了分类表从两个层面的分类。

第 3 部分　注册元模型与基本属性。规定了数据元注册表的概念模型，以及当不需要一个完整的注册表时，描述数据元所用的一组基础属性。

第 4 部分　数据定义公式。提供开发无歧义数据定义的指南，严格规定了数据定义的格式。

第 5 部分　命名与标志原则。提供为管理中的条目设置标志的指南。

第 6 部分　注册。为数据项目的注册和标志设置提供了指导，同时还规定了注册项目的维护和管理工作。

3) 美国国家环境保护局

美国国家环境保护局(EPA)负责研究和制定各类环境计划的国家标准，并且授权给州政府，美国原住民部落负责颁发许可证、监督和执行守法。在数据标准方面，EPA 提供稳定的格式化的数据元和数据取值集合。EPA 即采用得到广泛认可的现有标准，也自主制定一些标准。目前，EPA 认可的数据元标准包括生物学分类数据元、部落标志数据元、化学鉴定数据元、联系信息数据元、经纬度数据元、许可信息数据元等。EPA 还计划制定更多的数据标准。

EPA 数据标准中的数据元都按照 ISO/IEC 11179 的规定，注册到 EPA 数据注册服务(data registry services)中。

EPA 数据注册服务还支持检索和下载数据元，从而支持环境数据的管理与使用。这些数据元描述了各机构数据系统中各字段的名称、定义、含义等信息。EPA 数据注册服务不包含任何环境数据，而是提供描述信息，使数据更有意义。

EPA 数据注册服务主要向用户提供：EPA 主要信息集数据字典、EPA 标准数据元的名称、定义、格式信息、EPA 代码表和相关的数据管理工具等内容。EPA 数据注册服务支持用户插入或维护数据字典、数据标准和代码表，鼓励用户为数据元定义补充概念和含义。

2. 国内相关标准依据

1) 卫生领域

《中共中央　国务院关于深化医药卫生体制改革的意见》和《国务院关于印发医药卫生体制改革近期重点实施方案(2009～2011 年)的通知》中明确提出，大力推进医药卫生信息化建设。数据作为医药卫生信息化建设的核心，其标准化工作也已取得了若干成果，如电子病历系列标准、健康档案系列标准等。

电子病历系列标准：电子病历系列标准中涉及电子病历基本架构与数据标准、电子病历数据组与数据元标准和电子病历基础模板数据集标准。其中，电子病历标准中涉及《电子病历基本架构与数据标准》，其包括电子病历的基本概念和体系架构、电子病历的基本内容和信息来源、电子病历数据标准等内容。《电子病历数据组与数据元》是我国电子病历数据标准的组成部分之一。该数据集旨在统一和规范电子病历的信息内涵，指导电子病历数据库及相关电子病历信息系统的开发设计，支持电子病历与相关卫生服务活动，以及其他信息资源库相互间的数据交换与共享；同时为相关卫生服务活动的信息管理规范化与标准化提供依据，为构建整体的卫生信息模型和国家卫生数据字典提供基础信息资源。《电子病历基础模板数据集标准》包括《电子病历基本数据集编制规范》和19个电子病历基础模板数据集标准。

健康档案基本架构与数据标准：健康档案的建设是为了满足自我保健的需要、满足健康管理的需要、满足健康决策的需要。健康档案基础框架与数据标准的建设则是满足以上各类需求的基础。健康档案基本架构与数据标准包括《健康档案基本架构与数据标准》《健康档案基本数据集编制规范》《健康档案公用数据元标准》和个人信息、出生医学证明、新生儿疾病筛查等32个基本数据集标准。

2)人口计生领域

2007年，人口和计划生育委员会开展了人口宏观管理与决策信息系统(PADIS)项目的建设。该项目立足人口计生部门健全高效的组织体系和信息网络优势，依托国家电子政务网络平台，依靠制度化的信息交流与共享机制，与公安、统计、人口计生、卫生、财税、教育、劳动与社会保障、资源、环境、农业、建设等部门，以及国际国内有关组织机构密切合作，系统收集、整合和利用现存的人口及相关经济社会宏观信息资源，建立信息共享、知识挖掘、决策支持、协调高效、安全稳定、保障有力的PADIS系统。

PADIS系统建设十分重视标准化工作，建立了人口宏观管理与决策信息系统标准体系。该体系分为总体标准、管理标准、应用标准和应用支撑标准四方面22项标准。其中，应用标准强调以信息资源为核心，《人口和计划生育基础数据标准体系》便属于PADIS标准的应用类标准。

在《人口和计划生育基础数据标准体系》中规定了PADIS系统一期建设涉及的流动育龄妇女信息、计划生育家庭奖励扶助(救助)信息、人口快速调查与监测信息和人口计生事业信息的数据集划分，并以元数据的形式详细描述了每一个数据集的基本信息。

3)国内其他标准依据

在国内调研的过程中，我们发现对数据集进行说明时，都需要对数据集的数据元进行描述，因此，我们又调研了《信息技术数据元的规范与标准化》(GB/T 18391.1—2002)系列标准、科学数据共享工程《数据元标准化的基本原则与方法》，以及气象领域的《气象基础数据元目录》。

3.2.3　环境健康遥感诊断数据分类体系

通过对当前环境健康遥感诊断数据的获取、存储和管理使用现状进行分析调研，参考当前环境科学数据分类标准及各分类方式的适用范围、使用对象，研究建立环境科学数据分类体系，并在已有的数据分类编码基础上进行扩展定制；同时，结合环境健康遥感诊断数据不同学科领域的数据描述规范，即元数据标准及地理信息的元数据规范，建立统一的环境科学元数据标准规范，并提出环境科学元数据的共享策略和实现方法，最终建立该系统的数据结构模型。

环境健康遥感诊断数据跨多个学科，覆盖范围广，涉及数据种类多，因此对环境健康遥感诊断数据的分类和组织就显得极为重要，科学合理的分类方法能更好地进行数据的共享和交互，并直接影响平台内部数据编码的有效性。本章首先对环境健康遥感诊断数据常见的几种分类方式进行分析，研究探讨每种分类方式的适用情况和优缺点，并在此基础研究整合出环境科学数据共享平台的分类体系和编码规范。

1. 基于环境要素的分类

环境健康遥感诊断数据涉及不同的环境学科，每个环境学科有自身的数据分类组织方式且相互之间又有一定的数据重叠，第一种环境健康遥感诊断数据分类组织方式是从环境健康要素角度进行分类，以最基本的环境要素进行分类。环境要素又称环境基质，是构成人类整体环境的各个独立的、性质不同的而又服从整体演化规律的基本物质组分，分为自然环境要素和人工环境要素，包括水、大气、生物、岩石、土壤等。

基于环境要素的分类使用是对各学科基本研究对象的分解和抽象，是为各学科研究提供的基础数据，也可以进行交叉组合使用。这种分类方法适用于环境健康相关科研人员，他们能根据自身的研究领域进行数据的检索和访问，能够方便直接地定位到所需要的数据类型；不足的是基于环境要素的分类涵盖的环境科学数据并不全面，环境法规、环境标准之类的数据将不能获得，且不能直接为环境管理决策提供帮助。

2. 基于环境健康专题的数据分类

当前我国环境健康保护工作的重点为环境健康的日常监测、污染源管理、生态保护、核安全管理，以及一些全国资源环境基础调查专项和环境标准、法规制定等。其中，环境健康的日常监测包括对地表水、城市空气、噪声、饮用水源地，以及沙尘暴、酸雨等重点对象的日常监测；污染源管理则是对污染物排放性质和程度较高的企业进行登记管理的一项工作，其数据包括环境统计数据、污染源在线监测数据、污染源常规管理监测数据、危险化学品数据，以及重点源数据、排污申报收费数据等；生态保护数据主要包括物种资源调查数据、自然保护区数据及规模化养殖数据等；核安全管理则是对核材料和废气物的监管，其数据包含了核材料监测数据、放射性废物数据等。

基于环境健康专题的分类涵盖了目前我国环境管理的主要内容，从基本的水环境、大气环境等的日常监测到环境标准法规的制定发布等，这种划分方法结合了环境要素的分类和我国环境保护管理的现状，直观地反映出目前我国环境管理的重点和热点，对口环境保护管理部门，为环境保护管理决策服务(马红旺，2012)。

3. 基于数据类型的分类

环境数据获取手段和方式多种多样造成其数据类型和数据格式多样化。不同学科领域的数据规范和处理要求也不尽相同，因此当需要特定数据类型的专题数据时，基于数据类型的分类组织方法能更好地解决该问题。

基于数据类型的分类是从环境科学数据的表达存储方式进行分类的一种方法，对组成环境要素的数据内容进行分解归类。承载环境科学数据的通常包含文档数据、表格数据、数据库数据、空间数据及多媒体数据等。它是一种辅助数据组织方式，通过对常见的环境科学数据格式类型进行归类标记，来对环境要素和环境专题分类等其他专业环境数据分类方式进行补充，是次一级的数据分类模型，不能单独作为分类方式来组织平台数据。用户可以在一级环境科学数据分类的基础上继续选择特定类型的环境数据。

3.2.4 环境健康遥感诊断数据分类和编码

环境健康遥感诊断数据分类方法都有其各自的优缺点和适用范围、使用对象，但单独使用都不能有效支持对环境科学数据的分类和平台应用，因此本章采用的数据分类组织结构是对以上几种分类方法的整合，从环境健康背景数据、环境健康专题数据和社会经济数据的角度出发，并结合平台数据共享需要与环境健康遥感诊断系统数据存储现状和管理专题内容进行综合的数据分类模型构建。

数据主要包括环境健康遥感诊断的空间地理信息数据，遥感影像数据及环境健康专题数据等，通过调研分析数据信息获取的对象、用途及数据管理相关规定，数据目录分类设计为两级模型：一级分类包括基础空间数据、遥感影像数据、数字高程模型数据、环境健康专题数据和社会经济数据，其中，基础空间数据按比例尺进行二级分类，包括1∶5 万、1∶25 万、1∶100 万和 1∶400 万；遥感影像数据根据来源来进行二级分类，包括 TM 影像、SPOT、QuickBird、IKONOS 及航空像片等；数字高程模型数据与基础空间数据的二级分类相同都是按比例尺进行划分的；环境健康专题数据的二级分类包括水环境信息、大气环境信息、土壤环境信息、噪声环境信息、生态环境信息、固体废物信息、清洁生产信息和环境标准信息；社会经济数据的二级分类按国家常用的分类方法并选择与环境研究密切相关的数据，包括人口数据、工业经济数据、农业经济数据及国内生产总值等总体经济数据。

环境健康遥感诊断数据的编码是为了更好地为数据共享构建实体数据库，并建立数据索引，方便数据的检索和定位，只有将数据按照一定的规律进行分类和编码，将其有序地存入计算机，才能对它们进行存储管理、检索分析、输出和交换等。分类和编码是环境科学数据标准化建设与数据组织、存储、管理和交换的共同基础，是实现平台的数据共享与互操作的前提。

3.3 小　　结

本章介绍了环境健康遥感诊断数据基本框架和标准规范。元数据集描述数据集的内容、质量、表示方式、空间参考、管理方式，以及数据集的其他特征，是实现环境健康遥感诊断数据共享及互操作的核心标准之一；基础地理数据集是根据相关社会经济、自然资源信息空间化挂接的需求，对基础地理信息数据进行内容提取与分层细化、模型对象化重构、统计分析等处理而形成的，它是环境健康遥感诊断数据的核心；社会经济数据集、环境监测数据集、遥感数据集及知识库数据集也是环境健康遥感诊断数据的重要组成部分。环境健康遥感诊断数据标准规范包括数据标准规范构建原则、数据标准规范编制的依据、数据标准规范制定技术路线和环境健康遥感诊断数据分类体系。这些数据标准规范对于构建环境健康遥感诊断系统具有基础支撑作用。针对当前环境信息平台的这些不足之处，本章对环境健康遥感诊断数据共享平台的构建标准与规范进行了阐述，制定了数据生产、管理、存储、分享标准，并描述建立分布式、轻量级的数据平台策略，实现多站点资源的共享和一站式的数据检索服务，能灵活地实现自定义资源站点的注册和用户数据的注册及发布。

参 考 文 献

国家基础地理信息中心. 2010. 地理实体数据规范(试行稿-20100125 版).

马红旺. 2012. 基于 Geoportal 的环境科学数据共享平台研究和实现[D]. 湖南科技大学硕士学位论文.

徐希孺. 2005. 遥感物理[M]. 北京: 北京大学出版社.

中华人民共和国国家质量监督检验检疫总局，中国国家标准化管理委员会. 2010. 中华人民共和国国家标准：地理信息数据产品规范(GB/T 25528—2010).

第 4 章　环境健康遥感诊断系统计算平台及信息可视化方法

4.1　计算平台体系结构

环境健康遥感诊断系统的计算平台体系结构可以是多元异构，现阶段国际主流的计算平台体系结构包括集群计算平台、超级计算机平台、网格计算平台、云计算平台 4 类。下面将分别介绍这 4 类平台的发展现状、各自的优缺点及应用范围。

4.1.1　集群计算平台

集群的思想是利用多台计算机的协同工作来完成一个大规模的计算问题，并以单一镜像提供给用户使用。早在 20 世纪 90 年代初，NASA 的 Goddard Space Flight Center (GSFC) 建立了由 16 台同构个人计算机组成的集群，即 Beowulf 集群，GSFC 于 1997 年开始建设 HIVE (highly-parallel integrated virtual environment) 集群，随后扩展到由 256 个双核节点组成的 Thunderhead 集群，它最快的计算速度是 HIVE 的 200 多倍(杨海平等，2013)。

集群已经逐渐成为一种高性能计算的通用硬件架构，其发展主要呈现以下 3 种趋势：第一，世界 500 强的超级计算机中有很多面向遥感应用，如 2002 年排名第二的 Columbia Supercomputer、2010 年排名第七的 Pleiades Supercomputer 及 2011 年 NASA 为地球科学研究提供的 NEX，这些超级计算机为处理全球尺度超大数据集提供了可观的计算资源。第二，随着硬件技术的进步，集群的价格逐渐降低，国内相关遥感研究机构，如中国科学院遥感应用研究所、中国科学院新疆生态与地理研究所和中国科学院地理科学与资源研究所也购置了很多机架式集群、刀片式集群，以满足日常科研中较大规模的计算需求。第三，前述的新型硬件的发展同时促进了集群架构的发展，目前，已有影像处理实验在 GPU 集群，结合 GPU 和 CPU 等的异构集群环境下展开。

集群是一种分布式的内存结构，可以聚合各个节点的计算能力，扩展了单机的内存和计算能力，一般采用 MPI (message passing interface, MPI) 在节点之间进行通信。研究人员已经在高分辨率影像信息提取和高光谱图像处理等方面对计算性能要求较高的领域进行了实验，结果表明，就计算效率而言，随着集群计算节点的增加，执行任务的总时间呈下降趋势，但是与计算节点增加的倍数不成正比关系，只有当每个计算节点的通信和计算比较均衡时，遥感图像处理性能的提升才最大。作为一种典型的硬件结构，专业人员已开发了集群的相关遥感软件，比较典型的如法国的 Pixel Factory、武汉大学开发的 DPGrid 等软件。

将多台同构或异构计算机连接起来协同完成特定的任务就构成集群系统。计算机信息技术不断发展，以及与网络技术的进一步融合，使得集群计算发展极其迅速，新型的集群计算系统为影像计算问题提供新契机。基于集群技术所开发出的高性能计算系统能够在一个由多台高性能 PC 服务器所搭建的集群环境下进行任务分发、数据交换，共同完成大规模的数据运算和信息处理，具有高性能、高可用性及伸缩性强等优势。因此，发展高性能遥感数据集群处理系统是快速高效处理遥感数据的发展趋势之一。

当前，集群已经成为高性能计算的主流体系架构。随着地球科学对高性能计算需求的不断提升，集群系统节点规模不断提高，一方面大大提高了系统建设、运行、维护、管理及应用软件开发的复杂性；另一方面在提高系统总体性能方面也受到越来越大的制约。随着微电子技术的发展，GPU 计算技术与可重构计算技术将有可能替代集群计算技术成为高性能计算的主流技术。

地球科学的发展与应用高度依赖于包括高性能计算技术在内的信息技术的发展，从而导致高性能计算技术的应用不断发展，应用规模与领域不断扩大，技术与产品不断升级。由于地球科学对高性能计算技术的巨大需求，一些研究人员已经对 GPU 计算技术在地球科学中的应用开展了前瞻性的研究工作。美国休斯敦的 Headwave 公司是一家专门从事地学数据分析的公司，其正在开发新一代计算平台，支持叠前地震数据的分析与解释。在平台开发中，其充分利用图形卡的并行计算潜力，以支撑实时工作流程、实时可视化和实时计算。Peakstream 公司采用两种克希霍夫偏移计算算法的变种对 GPU 加速性能进行了试验，取得了最高达 27 倍的加速结果。

GPU 是为解决图形渲染中的复杂计算而设计的专用处理器。随着技术的发展，GPU 高度并行的众核架构，以及强大的内存访问带宽，使得其在累积的峰值频率和内存吞吐上已经表现出超过 CPU 的计算能力，在数据密集的通用计算方面显示出强大的潜力；同时，GPU 架构采用流处理方法和单一指令多数据的编程模式，使得它具有适合遥感像元级处理的能力。因而，以 GPU 的遥感地学计算成为研究的一个热点领域，目前已有的研究主要集中在海量遥感数据、真实地形的实时渲染、“数据-计算”密集遥感算法的 GPU 实现等。以 GPU 的“数据-计算”密集遥感算法实现方面主要包括高光谱影像的自动化端元提取、高光谱影像解混、DEM 预处理、SAR 图像压缩、影像匹配等。

目前，我国已初步建立航天、航空、瞭望(视频)和地面巡护四级火情监测体系，利用卫星遥感技术进行火点检测已经比较成熟，如 MODIS 火点探测算法等，其中，NASA 已发布 MODIS 火灾产品并提供在线共享，其在全球火情日常监测业务中发挥着巨大作用。高性能计算平台是基于局域网的集群计算的分布式系统，采用 Web Service 实现遥感影像不同算法模块的集成工作，并通过服务注册、发现及绑定机制实现不同模块的共享功能。其分布式遥感影像处理的实现方式采用客户端/服务(Client/Server) 网络模型，高性能集群计算平台的配置如图 4-1 所示。

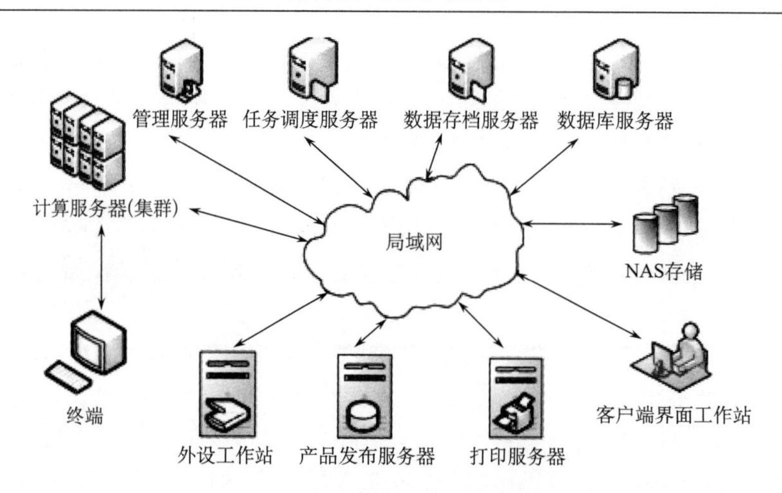

图 4-1　高性能集群计算平台的配置

4.1.2　超级计算机平台

超级计算机一般是指计算速度在几十万亿次级别以上的计算机，是一个国家科技、经济和国防综合实力的体现。各国之间对超级计算机的竞争十分激烈，具体情况可以从世界 500 强的排名变动情况来得到验证，目前最快的超级计算机“走鹃”为美国 IBM 制造，其速度超过了 1000 万亿次；另外还有几套著名的超级计算机，如美国的“蓝色基因”、“红色风暴”及日本的“地球模拟器”，我国曙光公司也建造了几套超级计算机，其最新成果是最近在上海高性能计算中心建成的“魔方”，其计算速度超过了 100 万亿次，这些超级计算机为上述国家的高科技研究和极端工业设计提供了有力的计算保证。超级计算机的优点是性能强悍，可以迅速有效地求解各种复杂的方程，为一个国家的科技发展提供强有力的计算资源保证，工作状态稳定，可长时间甚至几十年连续运行而不停机。

国际超级计算机计算性能现已跨越千万亿次量级。高性能计算已进入 Petaflops 时代，相应的存储系统也由 Terabyte 时代进入 Petabyte(1 Petabyte $=10^{15}$ bytes，千万亿字节)时代。美国能源部(US Department of Energy，DOE)的 Lawrence Livemore、Los Alamos、Sandia、Oak Ridge 和 Pacific Northwest 五大国家实验室构建的存储系统容量已达到 PB 量级，美国卡耐基梅隆、加利福尼亚等大学专门成立了 PB 级存储研究中心，迎接千万亿次高性能计算对数据存储容量 I/O 性能、可扩展性、可靠性、可用性和易管理性的巨大挑战。

2013 年 6 月 17 日新华社华盛顿报道了时隔两年半后，中国超级计算机运算速度重返世界之巅。国际 TOP500 组织公布了最新全球超级计算机 500 强排行榜榜单，国防科技大学研制的“天河二号”以每秒 33.86 千万亿次的浮点运算速度成为全球最快的超级计算机。

在地球模拟器(earth simulator)方面，一个基于高性能集群计算的模拟地球的自然地理过程的集成计算环境。日本的地球模拟器是 2002 年 3 月 15 日开始运作的矢量型超级计算机，1998 年日本科学技术厅(后与文部省合并为文部科学省)投入 600 亿日元经费，由日本原子能研究所(后合并为日本原子能研究开发机构)、日本宇宙航空研究开发机构、日本海洋研究开发机构共同开发，机体设置于海洋研究开发机构横滨研究所(位于日本神奈川县横滨市金泽区)内。2002 年 4 月，地球模拟器在接受超级计算机的世界标准“Linpack”的基准测试时，运算性能达到了 35.61 TeraFLOPS(1 TeraFLOPS＝1 秒钟进行 1 万亿次的浮点运算)，当时一度是世界上性能最高的超级计算机，连续两年半位居世界超级计算机性能排名第一。但地球模拟器的排名很快被 SX-8、IBM 的“蓝色基因”(BlueGene/L)及 NASA 的“哥伦比亚”(Columbia)等所超越，2007 年 11 月时居第 30 位。2008 年 11 月的最新排名中，“地球模拟器”已跌至日本国内高性能计算机第五位，全球第 73 位，所以之后进行了升级。升级后的“地球模拟器”由于计算节点性能的提高，计算能力为每秒 131 万亿次浮点运算，重新夺回了日本国内第一的宝座，世界排名估计也会大幅上升。

美国国家气象局最近对其用于开发天气预报模型的超级计算机进行了升级，升级后的超级计算机的计算速度是之前的两倍多，计算能力达到 213 万亿次/s，能够提供更为及时准确的预测数据。同时，飓风天气研究和预测模型也得到了改进，能帮助预报员提高飓风路径及强度预报的准确性。升级后的超级计算机所提供的科学数据能够帮助政府官员、社会团体和企业更好地了解和控制极端天气事件所引起的风险。同时，为支持时任美国总统的奥巴马所提出的气候行动计划，美国国家气象局将继续分析和预测气候变化过程中产生的极端自然事件，这仅仅是开始，为进一步增强计算能力和提供更为精确的预报模型奠定了基础。超级计算机的升级将改变整个气象行业，相关产品将不断升级，预报员会从中受益，并将获得更精准的信息，可以不断提高其服务水平。

2010 年 6 月 9 日，投资数亿欧元、有 20 个国家参与、连接多台超级计算机、每秒计算速度将达百万兆次的欧洲超级计算机合作平台计划在西班牙巴塞罗那启动。该计划对这个越来越需要超级计算机的时代，合作平台的建成对欧洲多个领域具有重大意义，欧洲科学家将借此创造更多成果。参与欧洲超级计算机合作平台计划的主要成员国于 2010 年 6 月 9 日在巴塞罗那举行第一次理事会会议。会议决定，德国、法国、意大利、西班牙作为主要成员国，将在未来 5 年内各投资 1 亿欧元，欧盟委员会将出资 7000 万欧元，奥地利等其他 16 个参与该计划的欧洲国家也会投入一定的人力和财力，以建立一个连接欧洲各种计算资源的基础设施，增强欧洲的超级计算能力。2011～2015 年，德国、法国、意大利和西班牙的其他超级计算机将逐步连接在一起，但这只是该计划的中期目标，其长期目标是将运算速度提升到每秒百万兆次，从而将帮助欧洲解决如气候变化等诸多问题。

2013 年 10 月 31 日，国际重要石油与能源新闻专业网站 oilprice. com 发布《全球油气工业未来趋势分析》报告，指出未来全球油气工业出现的五大趋势中包括超级计算机系统将成为未来油气勘探所必需的设施。

4.1.3　网格计算平台

分布式计算是为了协同使用网络存储和处理能力进行大规模数据密集任务的应用，网格计算是其中一种主要的实现形式。网格计算需解决的关键技术包括广域计算资源分配、网格安全和用户认证、网格通信协议等。在网格计算中，连接遥感地学算法实现和网格平台的层次是网格中间件，它运行在分布的异构环境上，主要通过提供一系列标准的服务接口来隐藏资源的异构性，为用户和应用提供一个同构和无缝的环境。

网格计算在地学方面的应用指的是结合多种空间信息数据源(如空间、大气和地面)、模型(如预报和评估)，整合广域范围的计算资源、数据资源，通过协同计算和处理，从中提取有用的信息和知识，以便为环境监测和自然资源管理提供服务。对地学网格在遥感领域应用作了初步的系统研究，认为基于网格计算的 HPGC 系统将很快成为具有代表性的技术，被用于分析高维遥感数据或者其他领域。地学网格能够对海量地学数据进行高效、实时的分析处理；能够实现应用的互联和异构资源(高性能计算机、海量存储、软件系统)共享，提高地学资源利用；集成现有的各种地学数据，构建新的先进地学数据系统；跨地域的大规模的地学网格应用，涉及多个异地部门，能提供远程访问与一站式、无障碍服务；地学网格具有动态性，随着地学应用系统的业务需求不断变化，其运行管理策略和使用模式也在不断变化。

地学网格关键技术有别于一般网格关键技术，它是在网格基础设施上实现地学应用的重要技术，包括 3 个层面：网格的地学化、地学资源的网格化、地学应用的网格化。网格的地学化，就是对于通用的网格中间件和相关的第三方组件进行改造，使得它们可以适应于地学领域的特点。例如，在数据管理方面，通用网格的数据传输协议和复制协议只有改造才能适应空间数据的复杂性和海量分布的特点。地学资源的网格化，就是对于各种地理空间数据、模型、算法进行网格化改造，实现网格环境的封装、部署和注册。使用者可以在网格上搜索、访问这些资源。地学应用的网格化是地学网格的一个重要方面。地学网格应用实际就是在网格基础设施平台上，对一系列网格资源调用的实现及资源调用之间的上下文关系。地学应用的网格开发包含建立应用描述机制、建立应用开发平台、建立可视化界面系统等，这些工具为构建大型的地学网格应用系统提供了必要的基础。

在网格环境中，如何实现地学应用的计算模式是应用的关键，其涉及任务分解的模式和方法。一些传统的地学问题，如状态模型和统计分析可以采用并行的方式来求解，甚至可以采用高度分布的任务并行模式来求解(http: / /setiathome. berkeley. edu)。另一些问题，如洪水、暴雪、飓风等自然灾害的监测，由于实时性需要则借助计算中心提供高性能计算服务的方式来求解。并行计算的基本实现方式是把串行计算分解为并行子任务，每个子任务在不同的处理机上执行。在理想情况下，子任务是完全独立的，但实际上会涉及处理机间通信和交互的问题。常用的并行方式分为功能并行、数据并行和流水线并行，这 3 种方式对空间数据来说一般都适用。但对于任意边的矢量或图来说，数据域分解的方法有时会有困难。显然，完全的并行化对大多数算法来说都过于理想化，并且采用何种并行模式不能一概而论，要根据具体应用改变并行策略，有时甚至使用混合的方式。例如，栅格图像处理增强、遥感图像的辐射定标、蒙特卡罗(Monte Carlo)模拟和元胞自动机等模型和算法，数据并行是完全可行的，而对于更为复杂的地学模型，如卫星气溶胶定量遥感反演、城市化模型等就不能依赖简单的并行模式。

除了一般网格的存储管理、资源监控和发现外，地学网格的资源管理更侧重数据库、算法库和模型库的管理。任务管理服务包括任务决策、资源选择和任务调度负载管理等技术。地学网格需要实现负载平衡的数据和任务调度，因为地学问题往往既是计算密集型问题，又是数据密集型问题，其处理流程是一个混合负载的工作流。许多网格地学应用本身就是一个工作流实例，由于地学应用需要灵活的数据传输管理和服务调用过程，因此需要工作流来管理服务程。

地学数据具有时空、多维、多样等特点，需要可视化技术支持甚至是 3D 虚拟技术的支持，因此其存在着对海量数据的显示、分析并能够交互操作的要求。包括数据的可视化、结果的可视化、处理的可视化和资源的可视化。地学网格应用具有灵活性、稳定性和扩展性，能实现按需计算和用户定制，能推广到其他领域的网格应用中去，形成一个通用的、合作的和高性能的虚拟处理平台。

国内外重要的研究有基于网格平台设计了具有大数据量处理的分布式架构；网格的动态对地观测系统，并可对海量遥感数据进行管理与按需处理；分布式环境的遥感数据处理模型，并实现了一个原型系统 Taries.Net；中国科学院遥感与数字地球研究所开发了遥感信息服务网格节点，该系统提供了地表温度定量反演、气溶胶光学厚度定量反演等功能，并实现了对大规模数据处理的高通量计算。目前，用于遥感科学计算的网格项目有 GPOD、GEO Grid(global earth observation Grid)等。

具有先进水平的地学领域网格项目主要分布在美国和欧洲。按照网格应用分为基础网格、数据网格、计算网格、网格地学应用。数据网格管理各种空间数据库资源，计算网格偏重地学模型在互连的高性能计算中心上计算。网格地学应用是目前地学网格的主要构建模式，在基础网格平台组件上开发地学研究应用，结合数据、模型、工具功能，使地学研究者能够在先进的计算基础设施上进行地学处理和分析。

(1) EGEE(The Enabling Grids for E-Science)项目(http: / /www. eu-egee. org)。EGEE 项目最初由欧盟资助，并由欧洲、美洲、东亚的 30 多个国家的超过 90 个机构参与，发展横跨欧洲的科学网格设施，提供 24 小时不间断的科学服务。EGEE 项目的目的是加强同波罗的海和拉美地区的科技合作交流，其领域包括天体物理、生物医学、化学、地球科学、冶金、金融和多媒体在内的广泛的应用领域。EGEE 的子项目已开发地学应用，解决地球科学研究的关键需要，如时空元数据管理、实时性需求、专用数据模型和数据同化等。欧洲航天局(ESA)同时发起了由网格界和地学界联合参与的各种工作组研讨会和出版组织，主要包括：①EOGEO：使用可持续对地观测\地理空间信息和通信技术(EOGEO ICTs)，应用于社会组织活动和居民健康公共卫生环境；②CEOS：对地观测委员会(Committee on Earth Observation Satellites, CEOS)任务小组的目的是调研网格技术为满足 CEOS 项目应用需求的可能，共享有效使用网格技术的经验；③ESA 网格和 e-collaboration 工作组，ESA 定期组织工作讨论组，致力于评估网格和 e-collaboration

在地学科学领域的应用现状。

(2) 英国的 e-Science 项目 (UKe-Science Program) 由 UK Research Councils 发起的合作支持，旨在使用海量数据集合、万亿次级的计算资源和高性能的可视化，有效地提高科学研究效率。e-Science 的应用实施是依托于 7 个研究领域的研究委员会，下面再分设研究中心，利用 e-Science 提供的网格协作环境进行应用研究，开展的地学领域代表性项目包括：①气候预测 (Climateprediction. net)。这是目前最大规模的基于分布式超级计算的数值天气预报实验 (http://www.climateprediction. net)。全球范围互联网用户下载气候模型中间件，通过后台运行的方式贡献闲置的计算力，Climateprediction. net 使用 e-Science 提供的网格软件聚合这些资源。②分子层环境研究 (eMineral) (http://www.eminerals. org)。例如，污染扩散、疾病的传播、放射性污染等环境问题，分子层的计算机模拟是理解空间传播规律的有效手段。该项目联合模拟实验科学家、应用开发者和计算机科学家，利用网格基础设施，研究环境问题的分子级模拟。③网格支持的地球系统模型 (GENIE) (http://www. genie. ac. uk)。该项目的目的是开发一个基于网格的计算平台，可以灵活地把各种组件嵌入和组合成地球系统模型，在网格环境里运行这些模型，得到分析结果，共享分布的数据。地学研究者用虚拟组织的方式进行协作研究。

(3) 欧盟主持的数据网格项目和 WP9 组件 (http://styx.esrin. esa. it/grid)。DataGrid 是首个大规模国际网格项目，在一套网格基础设施上同时建立多个按照应用划分的虚拟组织 (高能物理、生物和对地观测) 的项目。其目标在于构建下一代先进计算基础设施，提供从 Terabyte 量级到 Petabytes 量级、横跨不同学科的大规模数据库资源的共享，以及对数据的计算和分析服务。DataGrid 主要针对 CERN 的高能物理应用，解决海量数据的分解存储和处理问题，同时扩展到其他应用，如对地观测和生物研究。DataGrid 的任务划分为 12 个工作包 (work package, WP)，WP9 的目标是定义数据网格中对地观测的技术和应用需求，设计相应的网格中间件，构建对地观测数据网格的原型。WP9 的直接目的是在 Data-Grid 基本设施上建设面向对地观测的扩展应用。WP 9 项目计划研究制定了 5 个工作任务：定义对地观测科学应用的需求、修改和增加相应的中间件、对地观测数据网格的应用交互界面开发、使用该系统进行 Ozone/Climate 天气变化试验研究、利用该系统进行对地观测全面应用原型研究。

(4) NASA 数据网格项目集成了多种平台，用来对 NASA 各地的卫星数据池进行管理和提供访问服务。Integration Information Power Grid (IPG) 及地学应用扩展是该类的代表。它是一个科研和应用网格，服务于空间科学和其他 NASA 任务。IPG 正在扩展空间地理方面的网格计算子项目。为了实现大规模的科学计算和工程，以及满足其他广泛的地理分布、数据密集型计算任务，IPG 正在积极发展，目标是智能化整合 NASA 各个数据中心的数据集，建立地球观测数据档案、元数据档案、统一访问接口、二级数据访问目录。目前，IPG 已将位于美国的哥达德飞行中心、兰利研究中心、加州喷气推进实验室等数个数据基地联结了起来。

(5) NESSGrid (Network for Earthquake Simulation Grid) 是由 NEESGrid 组织和 NSF 共同资助的项目，目的在于研制并实现网格化的地震模型应用。NEESGrid 的后台是一个系统集成环境，用于整个 NEES 项目，联系着全美的地震领域研究者，提供最先进的计算资源和研究资源，使得合作、协同分析和发布等成为可能，同时提供了物理和数值模型库，为研究者提供了一个全面、准确的建模环境。

(6) ESG (Earth System Grid) 网格由美国能源部主持，目的是利用网格技术将分布式计算技术、大规模数据分析服务等技术结合起来，为天气分析研究、气候变化研究和全球气候模拟等提供无缝的高性能处理环境 (https://www.earthsys-temgrid.org)。ESG 的研究分为两个阶段，分别为 ESG I 和 ESG II。目前已经有三大模型产品供使用：共享用户模型 (community client system model，CCSM)、并行气候模型 (parallel climate model，PCM)、科学数据处理和可视化软件 (scientific data processing and visualization software，SDPVS)。CCSM 是一个全球高性能气候模拟模型，可以提供地球上过去、现在和未来的气候模拟计算。PCM 模型主要提供一个联结多个实验室的大规模环境下的气候协作处理模型，其中包括路易斯安那国家实验室的海洋模型和 Naval Postgraduate School (NPG) 的海冰模型。ESG 实验床联结了美国多个国家实验室和研究中心，为下一代气候研究提供了一个强有力的高性能处理环境。

(7) ESAG- POD (Grid Processing on Demand) 是欧洲空间局 (ESA) 主持的对地观测网格应用。其目的是提供一个虚拟的计算环境，把用户的计算处理和数据集成做到按需定制计算；为科研人员提供一个虚拟的研究环境，共享工具和函数、中间数据结果等，用户只需要集中精力于自己的算法。G-POD 网格环境中数据的处理应用能被无缝地加入，通过网格管理动态计算资源，可以灵活地构建获取、处理数据、生成结果的应用。目前，G-POD 使用 Globus 中间件，管理超过 200 个工作节点、70 TB 的在线卫星数据。G-POD 数据节点接口可以访问到 ENVISAT、MSG 气象卫星存档数据，覆盖全欧的 MODISNRT 数据产品，以及某些 NASA 的数据节点。G-POD 的在线处理算法模型包括 IDL、MATLAB、BEAT、BEAM、CQFD、编译器，以及公用代码，另外还有数据查询和预览工具。

(8) GEON (geosciences network, GEON) 项目 (http://www.geongrid.org/) 由 NSF (Information Technology Research, ITR) 资助，多家机构合作并允许自由参与。其目的是开发支持一体化地球科学研究的网格环境。GEON 的基础计算设施为地学研究者提供地域分布的资源，包括数据、工具、计算和可视化服务。GEON 在技术上解决了由跨多个地学子领域的数据和工具带来的异构性。最初的 GEON 示范应用包含了一系列的科研主题：①3D 地质特征的重力模型，如使用岩石和重力数据，以及其他的地质数据来模拟深成岩体；②通过激光雷达 LiDAR 数据集、地震和裂缝数据、地球动力学模型的整合来研究活动筑造学；③通过整合地质学、地球物理、地球演化、结构数据和模型来研究岩石圈层结构和属性。GEON 分布式网格系统基于 SOA 面向服务结构，集中了先进计算技术支持的支持搜索、语义数据库、多学科数据的可视化和 4D 地球科学数据管理。GEON 的核心底层设施被设计成具有通用性，不但适用于地学应用，也可以扩展到其他领域的网格应用中去。

(9) GISolve (TeraGrid GIScience Gateway) 项目 (http://www.teragrid.org) 本质是一个网格 portal 提供访问 TeraGrid 的资源进行地理信息分析的应用服务，能帮助研究者或一般用户用上超级计算资源运行地理模型。GISolve 展示了在网格基础设施上开发地学应用的范例，目前的应用集中于地理信息科学(geographic information science)在生态环境科学、交通、公共卫生和经济方面的应用。GISolve 沿用了 OGSA 网格服务体系，提出一个三层的服务模型并开发了自己的 GISService 中间应用层，实现了域分解、任务调度、作业调度、数据传输、工作流管理等服务功能。应用层服务的实现依赖 Globus 和 Condor 等，整合于 TeraGrid 系统内的网格底层服务。

国内地学网格项目主要包括 ChinaGrid(http: //www. chinagrid. edu. cn)和空间信息网格(spatial information grid, SIG)等。ChinaGrid 遥感图像网格应用子项目具有几个方面的功能：图像处理算法的网格化和服务化；基于神经网络和决策树的遥感图像高精度并行监督分类算法；应用于网格环境的遥感图像处理并行函数库的建设和集成。SIG 是一种汇集和共享地理上分布的海量空间信息资源，对其进行一体化组织与处理，具有按需服务能力的、强大的空间数据管理和信息处理能力的空间信息基础设施。

4.1.4　云计算平台

云计算技术属于目前信息科学领域的前沿技术与高端技术。云计算的概念源于 Google-IBM 分布式计算项目、亚马逊 EC2 产品和 Dell 的数据中心解决方案研究。2007 年，Google 和 IBM 两家公司与几所知名大学签署合作协议，旨在为这些大学的相关机构提供面向大型分布式计算系统的软件设计和开发方法，有助于相关技术和工作人员学习与积累网络级应用软件的开发经验。具体做法是移植和部署 MapReduce(映射化简)编程模型与 Hadoop(一种分布式文件系统)文件系统，后来人们将这种新的编程模型定义为并行计算或云计算。之后，IBM 和 Google 两家公司在云计算平台的建设上投入了更多的力量，扩大了云计算的影响，更多技术开发人员开始使用“云计算”这一术语，IT 技术行业开始融入云计算概念。至此，云计算的概念完全形成。

近年来，海量空间信息数据的存储应用研究已向分布式、高性能并行处理方向发展。NASA 自 2008 年开始建设名为 NEBULA 的云计算平台，并于 2011 年发布正式版本(http://nebula. nasa. gov)。目前，世界主要发达国家和部分发展中国家有高分辨率对地观测卫星系统，如美国的 Landsat 系列卫星、法国的 SPOT 系列卫星等；另外，商业卫星遥感公司，如美国的商业卫星 IKONOS 系列、QuickBird 系列、OberView 系列和以色列的 EROS 系列，也提供高分辨率遥感影像。NASA 每天收集超过 IT 的数据。美国 USGS 地球资源观测和科学中心(Earth Resources Observation and Scienee，EROS)下属的陆地处理分发文档中心(Land Process Distributed Active Archive Center，LPDAAC)2003 年公布数据量超过了 2^{50} 字节；Geoworld 在 Industry Outlook 2011 中提到现在世界信息的数据量已达 10^{21} (Zettabyte)字节，很快将会达到 10^{27} (Yottabyte)字节。

云计算是对网格计算的进一步发展，它将共享的软硬件资源和信息，以服务的方式按需提供给各类终端用户，共包含 3 种形式的服务：基础设施即服务(infrastructure as a service，IaaS)、平台即服务(platform as a service，PaaS)和软件即服务(software as a service，SaaS)。目前，市场上的云计算产品有 Amazon EC2、Google App Engine、IBM 的蓝云和 Windows Azure 等。

云计算提供的强大存储和计算资源服务为海量遥感数据的存储和计算提供了一种可行的解决途径。Google Earth 基于 Google 云计算技术，存储全球多分辨率海量遥感瓦片数据，并进行在线展示。Hadoop 的 HDFS、MapReduce 和 HBase 作为对 Google 云计算技术 GFS、MapReduce 和 Bigtable 的开源实现，在遥感数据存储和计算方面也得到了应用。在 Hadoop 云平台下，研究了海量影像数据管理及并行金字塔建立等问题，设计了高分辨率遥感影像管理平台 C-RSMP，并将其应用到土地利用规划的实际业务中。另外，由中国科学院遥感应用研究所与东莞市政府共建的“遥感云服务研究中心”提供的遥感云服务平台，可分别面向政府、公众和专业服务商提供数据、环境监测等服务。

云计算是分布式处理(distributed computing)、并行处理(parallel computing)和网格计算(grid computing)的发展。云计算应用使用大规模的数据中心和功能强劲的服务器来运行网络应用程序和网络服务，能够支持当前 Web2.0 模式的网络应用程序。云计算的出现，使得用户可以使用云中提供的各种应用程序及功能获得应用环境或应用本身。一个典型的云计算平台的体系结构如图 4-2 所示。

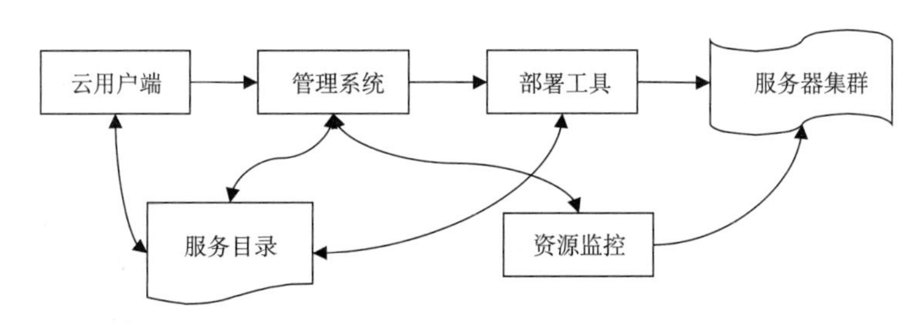

图 4-2　云计算平台的体系结构

云不仅仅是一种服务，而是提供了一个服务的集合。当前主要的云服务有 dSaaS(data Storage as a Service)、IaaS(Infrastructure as a Service)、PaaS(Platform as a Service)、SaaS(Software as a Service)、AaaS(Application as a Service)。目前这些服务都有相应的服务提供商。

从云计算平台的体系结构我们可以看到，一个典型的云计算应用平台包含了高性能集群节点、管理系统、资源监控等功能，这些功能正符合我们所要开发的数值天气预报应用系统的需求。云计算为数值天气预报提供了一个基础设施平台，云计算环境中的高性能计算机为数值预报模式的运行提供了计算能力。我们利用云中的高性能计算资源的空闲处理能力来运行数值预报任务，并借助管理系统、资源监控功能对资源的使用状况、作业执行状态进行管理和监控，并实时反馈给用户，从而使用户可以选择合适的资源运行作业并掌握作业运行情况。目前，在电子商务、电子电信、网络安全等诸多领域，云计算技术已经逐渐开始推广应用；在地学领域，已经开始将云计算技术和 GIS 技术相结合的研究项目，其主要研究内容是探讨云计算环境下 GIS 应用模式、服务体系、数据存储等重要问题。云计算已经成为 GIS 后续研发与地学大数据分析处理的有效技术支撑，对于解决 GIS 系统长期存在的信息孤岛的问题、GIS 大众化应用问题、GIS 超大规模数据存储与并行计算问题、GIS 平台设计问题都将发生革命性的变化。

云计算技术一经诞生，世界各国大型 IT 公司相继推出了自己的云计算平台。

(1) Amazon (亚马逊) 公司是最早的云计算服务提供商，也是现今最大的公有云服务提供商。它的云计算平台是弹性计算云 (Elastic Compute Cloud)，简称 EC2。该云计算平台可以为企业提供网络环境下的大数据并行计算和远程存储服务，各级网络用户可以租赁云计算平台中的各种资源，如集群的存储空间、网络带宽和 CPU 的计算时间等；Amazon 公司的 Simple Storage Service，称为 S3，是一个公开网络存储服务，可以利用 S3 存储图片、视频、音乐和文档等数字对象数据。

(2) Google (谷歌) 公司的 Google App Engine 是在 Google 数据中心基础上，实施开发、托管网络应用程序的云计算平台。Google Cloud Storage 是一个与 Amazon S3 相类似的企业级云服务。

(3) Microsoft (微软) 公司在企业级云服务方面推出了 Windows Azure，可以为 Windows 平台的开发者提供支持。同时，Microsoft 还有针对消费者的云存储和云端办公软件套件等云服务项目。

(4) VMWare 公司的客户是各级企业用户和服务提供商，使用 VCloud 为其客户设计通用的云计算服务，可以为所有的应用程序或操作系统提供支持，还可以按照客户的需要选择应用程序的运行位置。

(5) Citrix 公司是应用服务软件方案提供商，其 CloudStack 平台已经成为 VMWare 的 VCloud 平台的强大竞争对手。

(6) IBM 公司的“蓝云计划”与“智慧城市”，IBM 的技术团队强大，客户基础广泛，能够从底层 (服务器、存储、交换机) 到应用层 (应用软件) 为各级客户提供整体云计算方案。

目前，国内比较成熟的云计算平台有阿里巴巴的云计算平台拥有完整的研发、运营、市场、销售和技术支持团队，是国内最大的云计算平台。腾讯公司的云计算平台是国内很有潜力的云计算平台。腾讯公司依据底层技术和巨大流量技术的优势，未来在游戏领域具有很大的竞争力。百度公司的云计算战略是通过提供开发工具和资源平台，并结合个人用户与传统网站移动化的需求，在云计算平台建设领域走出一条新路。新浪公司的云计算服务 SAE 是国内最早、最有影响力的 PaaS 平台，在 PaaS 领域处于领军位置，但公司的发展战略导致 SAE 未能独立发展，严重影响和制约了其发展进程。世纪互联公司与微软公司合作，使 Azure 云计算平台落户中国，世纪互联公司主要承担资质、场地和运维的工作。京东开放服务主要聚焦电子商务，为其开放平台作支撑。奇虎 360 启动开放搜索平台战略。中国电信成立了云计算公司，推进“天翼云计算”业务专业化运营。中国移动在开源软件上自主开发“大云”平台，提供基础资源、平台应用，解决方案等多项服务。中国联通打通节点资源，构建由 56 个城市节点组成的云平台。华为公司的云战略和 ICT 关联度很高。为促进和帮助广电运营商完成转型，华为推出业务 (云)、接入网 (管)、终端 (端)、播控管理 (控) 的四层云管端控战略。中兴通信自主研发的云计算服务器虚拟化软件 IECS 和云桌面系统 IRAI 成功中标中国电信的服务器虚拟化软件、云桌面系统部分标包。

4.2　计算平台与数据间协同方法

环境健康遥感诊断系统计算平台与数据间的协同主要是为了破解数据同步速度远远比不上计算速度这么一个 IT 界一直致力于攻克的问题。环境健康遥感诊断系统经过若干代的迭代，现在已经达到了较好的协同效果。

4.2.1　细粒度的数据划分

细粒度模型，通俗地讲，就是将业务模型中的对象加以细分，从而得到更科学合理的对象模型；直观地说，就是划分出很多对象。所谓细粒度的划分就是在 pojo 类上的面向对象的划分，而不是在表的划分上，例如在三层结构中持久化层里面只做单纯的数据库操作。

将细粒度划分思想和基于角色访问控制思想相结合，按照用户访问数据要求和OWN 对数据的控制要求，实现最小化的权限给用户。用户访问数据不是根据用户来获得访问权限，而是根据每次分配给用户的访问控制编码来实现。OWN 根据自己的需要，把自己的文件根据内容进行细粒度划分，每一种文件划分完加密后存放到 CSP 中，OWN 根据文件划分的结构不同，在 CSP 所提供的服务器上设置不同类型的虚拟文件箱，每个虚拟文件箱内文件划分的结构都是一样的，这样使得 CSP 很方便地向用户提供数据。OWN 把划分好的文件加密后存放到 CSP 内相应的虚拟文件箱中，Client 想要访问云中的数据，首先要向 OWN 发出授权请求，OWN 收到 Client 发来的请求，根据 Client 的申请和 Client 需要访问的文件数据段与相应的访问权限(读或者写)生成一个访问控制编码，然后发送给 CSP，CSP 根据访问控制编码来向 Client 提供数据。

OWN 按照自己对数据的控制方式，可以将文件水平划分为多个数据段，可以分别对划分好的数据段进行控制管理，OWN 还可以对第一次划分完的数据段按照需要，对其中的某一个或者某几个进行第二次划分，从而实现更细粒度的划分，可以依此一直进行多次划分，以达到对文件进行尽可能细的粒度划分。这样数据资源形成一个树状的层次结构，不需要划分的数据段就是叶子节点，每一个叶子节点(即最后的不划分的最小数据段)有读和写两种权限，每一个非叶子节点也有读和写两种权限，OWN 如果需要对该非叶子节点下划分的数据段进行不同的读写访问控制，那么该非叶子节点的访问权限为空，如果非叶子节点的读写权限被授予，那么该节点下面所划分的全部的数据段都获得此权限。

4.2.2　并行文件系统

海量遥感数据一般采用由多块硬盘构建的磁盘阵列进行存储。为了在项目组、小型企业或者科研单位内部共享数据，一般采用存储局域网(storage area network，SAN)进行共享或者供不同的操作者进行分布式处理，局域网之间采用高效的光纤进行互联，以保证能够达到与计算机处理速度相匹配的硬盘读写速度。但是，上述系统依然受制于磁盘的读写速度，为了充分利用多块硬盘的读写能力，以 GPFS、Lustre、PVFS 等为代表的分布式文件系统被引入遥感数据的存储中。文件系统允许单个数据在物理上分布到多个 IO 资源上存储，并且在并行应用中为每个任务提供访问特定数据集的机制。因此，这种存储方式可以充分利用每个节点的存储和计算能力，同时解决了 IO 密集时的瓶颈问题（吴炜，2013）。

当前用来存储海量遥感数据的文件系统主要有 GFS（Google File Systerm）、Stor Next File System 等商业系统和 HDFS（Hadoop Distributed File System）等开源文件系统。GFS 作为 Google 云计算基础架构的主要组成部分，负责遥感数据文件的存储，Google Earth 和 Google Maps 即采用这种方式存储遥感影像和地理空间数据，并提供给广大用户进行浏览和应用。在开源文件系统方面，HDFS 可以用于存放遥感影像，HBase 存储相应的元数据，这种方式在 Hadoop 环境下可以获得较稳定的数据存储效率。

对于地震数据有其自身的特点：一是其野外采集数据就是按束、炮、线、道等方式组织的，地震资料处理从预处理开始就十分适合并行计算；二是对于各种道集，如共炮点 CSP、共接收点 CRP、共中心点 CMP 和共叠加点 CDP 道集，其数据管理就是按线、道来管理的，也适合并行处理；三是对地震资料还可以做不同的变换，如傅里叶变换、F-K 变换等，这些变换域有时比原来的时间域或时空域更适合并行处理。因此，从数据分割特征来看，地震资料很适合数据并行计算。

在集群系统中有大量的系统资源，如磁盘、内存、磁带等，为使得所有的计算节点可以透明地共享所有的资源，需要一个适合集群特点的文件系统为计算节点提供透明访问系统中所有的磁盘和缓存的方法，在集群应用系统中，所有运行单元需要协调访问文件，而这种协调就需要由 I/O 系统来完成。总之，高性能的并行文件系统是简化计算节点之间的系统工作，同时是透明高效地使用所有存储资源的最佳选择。并行文件系统有很多，在高性能集群计算领域，Lustre 使用得较为广泛。根据 2010 年 TOP 500 数据，全球十大超级计算机中的 7 个以及 40%的 TOP100 超级计算机都在使用 Lustre 并行文件系统，并通过它为成千上万个客户端系统提供 PB 级的共享存储容量和上百 GB/s 的聚合 I/O 带宽。

4.2.3 数据集成

数据的广泛存在性使得数据越来越多地散布于不同的数据管理系统中，为了便于进行数据分析，需要进行数据的集成。数据集成看起来并不是一个新的问题，但是大数据时代的数据集成却有了新的需求，因此也面临着新的挑战。

(1) 广泛的异构性。传统的数据集成中也会面临数据异构的问题，但是在大数据时代这种异构性出现了新的变化，主要体现在：①数据类型从以结构化数据为主转向结构化、半结构化、非结构化三者的融合。②数据产生方式的多样性带来的数据源变化。传统数据主要存储在关系数据库中，但越来越多的数据开始采用新的数据存储方式来应对数据爆炸，这就必然要求在集成的过程中进行数据转换，而这种转换的过程是非常复杂和难以管理的。

(2) 数据质量。数据量大不一定就代表信息量或者数据价值的增大，相反，很多时候意味着信息垃圾的泛滥。一方面很难有单个系统能够容纳下从不同数据源集成的海量数据；另一方面如果在集成的过程中仅仅简单地将所有数据聚集在一起而不做任何数据清洗，会使得过多的无用数据干扰后续的数据分析过程。大数据时代的数据清洗过程必须更加谨慎，因为相对细微的有用信息混杂在庞大的数据量中。

遥感及其他数据获取技术的应用使地球空间数据量迅速增加，内容和形式的多元化已成为地球空间数据存在的特征；需解决的问题复杂化、涉及的内容领域多样化，要求使用多种数据源，所以在项目应用中，数据集成使用是不可避免的。地球空间数据集成是对数据形式特征(如格式、单位、分辨率、精度等)和内部特征(特征、属性、内容等)做全部或部分的调整、转化、合成、分解等操作，其目的是形成充分兼容的数据集。地球空间数据集成分为 3 个层次：概念层、逻辑层和物理层，涉及的内容分别为数据集成的方式方法概念模型、数据集成模型的逻辑表达和数据集成的具体实现。

地学数据集成是指不同来源、不同性状数据在相同环境下的使用。地学数据是对地理现象和过程及过程时空特征认知基础上的表达，地学数据集成的基础主要表现在: 地理现象与过程的空间和时间统一性、地学过程时空过程的连续性、地学现象和过程的层次性、地学数据认知的一致性、依赖于元数据的地学数据的透明性、数据内容和形式的相对独立性等。把不同来源、格式、特性的异构数据进行统一的表示、存储和管理，实现分布的、异构的、自治的数据资源整合，实现统一的信息源，为用户提供统一的数据源视图。地学数据集成实现了海洋地质数据的规范化、统一化和共享，提出了基于中间件、Web Services 和 XML 的海洋地质数据集成的方案，并分析了 GML 作为地理空间数据转换及传输标准的可行性，提出了基于 GML 的多源异构空间数据集成的模型，探讨了基于这一模型实现空间数据共享的相关问题。

数据集成具有重要的现实意义：消除单位内部的信息孤岛、为数据挖掘和决策支持系统提供统一的数据访问模式、整合 Internet 信息、共享跨单位的合作项目信息、集成不同时空尺度的空间信息等。数据集成受到各行各业的重视，集成技术的研究一直是计算机科学的热点之一。

4.2.4　数 据 网 格

网格初期主要集中在高性能科学计算领域中，现在根据不同的侧重点进一步细分为计算网格、数据网格、信息网格、知识网格等。自 20 世纪 90 年代末以来，国内外的网格研究和建设项目纷纷涌现，它们大多以计算网格和数据密集型的数据网格为主。国外网格技术的研究现在已经发展到实用阶段，开始应用于天文学、生物学、高能物理学、医疗、天气预报和军事等领域。在数据网格研究领域，美国和欧洲处于领先地位，并且已经推出了一些试验系统，其中比较著名的包括欧洲的 DataGrid、美国国际虚拟数据网格实验室的 IVDGL 和 PPDG 项目，而最著名的数据网格系统工具是 Globus 系统中的数据网格支撑模块和 SDSC 的 SRB 系统。美国 NASA IPG、欧洲 DataGrid、美国国家技术网格 NTG、日本的 Data Farm 等项目都采用了 Globus 系统。

TeraGrid 网格项目由美国国家科学基金会资助，该项目的全部投资为 88 亿美元。目前，TeraGrid 拥有 20Tflops 的计算速度，有一套数据管理机制可管理和存储 1PB 的数据，具有高解析度可视化环境和网格计算工具包，网络达到空前的最大带宽 40 Gb/s。科学家将利用 TeraGrid 进行十多个领域的基础研究，主要包括生物医学、全球气候、天体物理、污染清洁等。

IPG 是 NASA 的一个高性能计算与数据网格项目。IPG 的任务是通过使用大规模分布式资源，为 NASA 的科学与工程人员提供一个解决问题的平台，用户可从任何地方访问广泛分布的异构资源。IPG 系统十分庞大，它的主要应用领域为高性能计算、高能物理、海量数据存储。

EGEE 网格项目是由欧洲委员会投资 3 000 万欧元，联合来自 27 个国家的专家进行开发的网格项目，该项目是从 2004 年开始为扩充 LCG 网格应用环境而启动的。其目标在于使用最新的网格技术，在欧洲开发一个服务网格基础设施。该项目覆盖了科研界和工业界的大多数应用。其两个应用领域(强子碰撞和生物医学)已被选中来指导项目实施和保证改进的基础设施的性能和功能。

DataGrid 和 EuroGrid 是欧洲委员会资助的两个网格项目，DataGrid 的目标是建造下一代计算基础设施，为 PB 级共享大规模数据库提供精深的计算和分析。该项目在 2004 年 3 月底竣工。DataGrid 支持三大领域的应用：高能物理学(HEP)、生物与医疗图片处理、地球观测等。

韩国的网格计划之一是 NGrid，这是韩国信息通信部支持的一个项目。NGrid 的目标是建立韩国国家网格，该项目包括计算网格、数据网格、访问网格和应用网格。它将韩国的超级算机和高性能机群连接在一起，建立应用试验床、应用门户和开发具体的应用程序。

印度在其第十个五年发展计划期间开发了 IGrid，IGrid 主要是由高级计算开发中心把印度技术研究所、印度科学研究所等 7 个著名的学术机构连接在一起，以网格的理念令其发挥资源共享作用。

地学(e-Science)是服务于地学研究、支撑地学科研信息化的战略，由地学数据子环境、地学计算子环境、地学可视化子环境三大子环境构成。地学数据网格是“地学数据子环境”技术的核心。地学数据网格调取的数据资源可直接与“地学可视化子环境”对接，以地图、统计图表形式渲染和呈现数据。另外，地学数据网格调取的数据也可作为地学模型计算和过程模拟的基础及初始数据资源，通过与“地学计算环境”对接，实现模型输入数据的自动化调取。可以看出，地学数据网格驱动着地学三大环境的协同运转，是地学的基础设施。

依据国际网格理论技术研究的最新成果，地学数据网格系统可以分为 3 个基本层次：数据资源层、中间件层和应用层。数据网格资源层是构成网格系统的硬件基础，它包括各种计算资源，如个人电脑、工作站、超级计算机、贵重仪器、可视化设备、现有应用软件等，这些计算资源通过网络设备(路由器、集线器)连接起来。

气象数据集成包括不同时空和不同尺度数据源的集成。获取气象数据的方法多种多样，有手工的、有仪器自动采集的，包括来自现有系统、图表、遥感手段、GPS 手段、历史资料、观测等。这些通过不同手段获得的数据，其存储格式及提取和处理手段都各不相同。数据网格是网格技术发展的一个分支，其以网格计算的基本功能为基础，以元数据管理和存储资源管理为核心，通过元数据目录将异构的各种资源和各种服务有机地结合起来，存储资源代理有效管理异构的各种存储资源。数据网格把气象数据不同的格式转化为统一的元数据进行调度传输，并且屏蔽系统之间的异构性。

4.2.5　云　存　储

云存储(cloud storage)是近年来兴起的一种新的存储架构。它是和云计算(cloud computing)的概念联系在一起的。所谓云计算，其实就是分布式处理、并行处理和网格计算的发展。“云”就是计算集群，每一群包括了几十万台，甚至上百万台计算机。云计算的基本原理是把计算分布在大量分布式计算机上，而非本地计算机或远程服务器中，用户根据需求访问计算和存储系统，而云存储是云计算的一部分。这种云的架构把存储或者计算当成一种资源或者一种服务，通过互联网把这种资源或服务分布在很多分布式计算机节点上。届时，我们只需要一台能上网的终端，而不需关心存储或计算发生在哪朵“云”上。一旦有需要，我们便可以在任何地点通过任何设备，如电脑、PDA 手机等，快速地使用这些资源和服务。Google 做了一个形象的比喻，他们把这种云的架构比作银行和发电厂，在这种体系架构下，普通用户使用计算和存储资源就像我们从 ATM 取款机取钱和在家用电一样方便。

云存储具有很多优点。首先，云存储提供了最可靠、最安全的数据存储中心，用户不用再担心数据丢失、病毒入侵等麻烦，这些任务由后天的“云”的供应商来负责完成。其次，云存储对用户端的要求很低，只要使用一台能上网的电脑，就可以在浏览器中直接访问、修改或共享存储在“云”的另一端的数据。再次，云存储可以轻松实现不同设备间的数据与应用共享。不同用户可以同时访问和使用远在“云”的另一端的同一份数据。最后，云存储几乎为数据的存储和管理提供了无限多的空间，也几乎为我们完成各类应用提供了无限强大的计算能力。

依据云计算所存储对象的不同，云存储可分为两种层次技术：一是底层的分布式文件存储，如 Google 的 GFs、Hadoop 的 HDFs，以及 Microsoft 的 TidyFS；二是基于此构建的结构化数据(Key-value 模式)存储，如 BigTable、HBase 等。从开发者进行技术选择的角度来比较云存储与分布式数据库可以发现，云存储和分布式存储各自有着各自的特点和适用范围。

最早推出云计算服务的是亚马逊。早在 2006 年，它就推出了 EC2 服务，让中小型企业能够按照自己的需要购买亚马逊数据中心的计算能力。2007 年，推出了以标准集装箱构建的可灵活移动又经济环保的模块虚拟化的移动数据中心——SunBlackbox 来搭建存储的云层。此外，Google 的搜索服务和 Googlenoe、微软的 WindowsLive，IBM 的蓝云(BlueCloud)计划等，都是基于云架构的云计算和云存储的应用实例。

4.3　环境健康遥感诊断信息可视化

随着计算机计算能力和存储能力及互联网络技术的迅猛增长，人们需要处理的信息日益增长，对海量数据信息进行分析、归纳，并从中发现隐藏的模式和规律，已成为当今信息社会的一大问题。其中，信息可视化作为一个新兴学科，正成为解决这个问题的有效方法之一。

环境健康遥感诊断系统产生的信息和数据同样通过信息可视化的方式向用户展现。一图胜千言，一张图像传达的信息等同于相当多文字的堆积描述，所以人们通过视觉能比其他感官组合获得更多的信息，这也可以说明可视化是一种用来理解海量数据的合适的方法。

美国国家科学基金会在发表的《科学计算可视化》报告中提出了“可视化”的概念，指出可视化是一个可以处理海量数据的可行工具之一，能使科研人员发现数据内部隐藏的信息，从而进一步找出信息所反映的规律，提高对海量数据的认识。可视化技术中最早提出的是科学计算可视化技术。科学计算可视化技术结合了计算机图像处理与图形学技术，在屏幕上显示科学计算数据、工程计算数据及测量数据转换的图形或者图像，同时进一步利用交互处理的理论、算法和技术，对图形或图像做交互式的可视化科学计算，可视化技术主要应用在医学 CT(computed tomography)数据、MRI(magnetic resonance imaging)数据、流体数据、气象数据和地震数据等具有空间信息的数据。科学计算可视化主要针对科学数据，特别是数值型数据进行可视化。但是随着信息的爆炸，我们需要处理越来越多的抽象数据，这就需要强有力的数据分析工具。目前，数据库系统可以高效地实现数据的录入、查询、统计等功能，但无法发现数据中存在的关系和规则，无法根据现有的数据预测未来的发展趋势。随着这些问题的出现，信息可视化技术被提出，并且作为一个学科逐渐发展起来。

4.3.1　信息可视化概述

信息可视化利用计算机交互式地显示抽象数据，从而使人们增强对抽象信息的认知。它实际上是人和信息之间的一种可视化界面，是研究人、计算机表示的信息，以及它们之间相互影响的技术。科学可视化、人机交互、数据挖掘、图像技术和图形学等诸多学科的理论和方法结合在一起，将那些抽象信息以直观的视觉方式表现出来，使人们能够充分利用视觉和感知能力去观察、处理信息，从而发现信息之间的关系和隐藏的模式。

信息可视化有两大基础：认知心理学和图形设计。其中，认知心理学是有关人类如何感知和认识世界的理论，主要研究人类感知的过程，认知理论是信息可视化重要的理论基础；图形设计则提供了更具艺术性地表现可视化的方法，是实际操作经验方面的向导。

信息可视化是从抽象数据到可视化形式的映射过程，并通过这种交互式的映射来提高人的感知能力。信息可视化将信息对象的特征值抽取、转换、映射、高度抽象与整合，用图形、图像、动画等方式表示信息对象内容特征和语义。信息对象包括文本、图像、语音(即图、文、声)等类型，它们的可视化分别采用不同的模型方法来实现。

为了建立数据的可视映射，Card 等提出了可视化参考模型。该模型描述了原始数据、数据表格、可视化结构和视图之间的转换关系，以及用户根据不同要求，通过人机界面进行数据交换、可视化映射、视图变换等操作。

第一步是数据集预处理和转换:将原始数据集转换成可视化系统可以使用的形式，分成两部分工作。第一部分是将数据集映射成计算机可以理解的基本数据类型。第二部分是处理特殊事件，如数据丢失、输入错误、数据规模超出处理能力等。丢失的数据可以通过插值获得，大数据可以采用诸如采样、过滤、聚合、分块的方法来处理。另外，对数据集进行处理，如数据挖掘、聚类等。这样可以有效地协助发现规律。第二步是可视化过程的核心——可视化映射，即把数据集转换为可视化结构，包括几何形状、颜色、声音等。表达性和有效性在数据集的可视化中起着至关重要的作用，通常以此作为可视化的评价标准。第三步是绘制转换，即将几何类型数据映射到视图中，在屏幕上显示可视化结构，并提供各种视图转换，如导航。通过人类的视觉系统，视图呈现给用户。最后用户可以通过定义位置、缩放比例、裁剪等技术进行视图变换。

1. 信息可视化的分类

信息可视化的分类方法根据数据类型划分可以分为 7 类: 一维数据、二维数据、三维数据、多维数据、层次数据、文本(文档)信息和网络信息(刘芳，2013)。

一维数据：一维数据一般情况下只有单一属性的简单的线性信息，如软件程序、一维向量等。

二维数据：二维数据是指数据包含两个主要属性。地理数据就是典型的二维数据的实例，地理数据具有的经度和纬度，就是它两个不同的维度。直角坐标系下的 X 坐标和 Y 坐标是典型的显示二维数据的方式，如城市地图、建筑平面图、设计平面图等。

三维数据：三维数据是指数据包含 3 个主要属性。在科学计算可视化领域，三维数据可视化技术应用非常广泛。例如，气象数据的可视化、医学中的 CT 和 MRI、地质数据的可视化都是应用三维信息可视化的技术。三维信息可视化的结果能够更加真实地反映事物的真实状态。

多维数据：多维数据是指数据包含 3 个以上属性。在现实中，多维数据无处不在，如金融数据、统计数据、数据仓库等，因此多维数据的可视化是信息可视化的研究热点之一。

层次数据：抽象信息之间最普遍的一种关系就是层次关系，如 Windows 操作系统中的资源管理器、图书馆对图书的分类管理、家族中祖先和子孙的关系等都是具有层次结构的数据。层次信息可视化是信息可视化领域的研究热点之一。

文本(文档)信息：文本信息无处不在，如电子邮件、新闻、工作报告、报纸等都是我们日常处理的信息。随着网络时代的来临，超文本及多媒体网页等也铺天盖地地向我们涌来。由于文档信息数量众多，我们可以使用信息可视化快速地从信息中获得我们需要的知识和内容。

网络信息：网络信息并不是单指网络上的信息，而是指其中的某一个节点可以与其他多个节点之间存在着联系，节点及节点间的关系也可以有多个属性，且这个信息与其他信息之间没有层次关系。在网络中，信息之间的相互关系比较复杂，获取信息本身的属性就比较困难，尤其是在网络信息的数据量不断增长的情况下。由于网络信息的属性难以获取，所以网络信息可视化成为目前信息可视化研究领域中的一个难点。

2. 信息可视化的应用领域

信息可视化在各个领域得到了十分广泛的应用，在医药学、生物学、工业、农业、军事等领域都被广泛应用。最近几年，在金融、网络通信和商业信息等领域，信息可视化也被大范围地应用，成为信息可视化中新的研究热点。

1) *生物学应用*

生物实验技术发展所带来的海量生物实验数据已经成为促进信息技术发展重要的推动力之一，而各种各样生物数据的可视化也已经成为研究热点。对蛋白质和 DNA 分子等复杂结构进行研究时，利用电镜、光镜等辅助设备对其剖片进行分析、采样获得剖片信息，利用信息可视化技术可以对其进行定性和定量分析。Barlowe 等(2011)利用信息可视化技术设计 WaveMap 系统，对大规模的蛋白质数据集进行可视化分析，得到了从数据到知识的过渡，利用从生物学数据集所获得的知识，可以简化和加速药物开发的过程。

2) *金融信息应用*

金融信息的可视化可以帮助人们对海量的、复杂的金融数据进行理解和分析，如股票分析、基金市场分析、货币流通分析、金融犯罪分析等。金融犯罪主要是指洗钱和诈骗，这些是目前最主要的金融犯罪类型。为了解决这些问题，大多数国家政府都成立了相应的调查机构，叫做金融情报单位(financial intelligence units, FIU)。FIU 从银行、赌场、借贷所的金融机构中收集信息，这些信息主要是金融交易/转账记录，包括银行、人、公司、涉及的金额等。这些元素构成了一条条资金流动链，可以很自然地表示为一张金融活动网(financial activity networks, FAN) (Didimo et al.，2011)。

3) *网络通信监测应用*

随着多媒体与网络技术的迅速发展，网络潜在的数据量和复杂程度均以成倍的速度递增，通过信息可视化可以方便地显示网络节点特性、网络连接与流量、地理区域分布等信息，进而监控数据通信。LogTool 是一个针对分析用户浏览行为数据的可视化工具。它基于一个强大的网络数据包监听软件 Carnivore，通过分析数据包的不同 IP 地址和端口，LogTool 可以判断用户正在使用什么样的网络程序或者服务。这个工具最初由 Weave 杂志开发，用于分析一些用户界面设计员、艺术家和程序开发者的因特网浏览分析。其基本思想是基于一天的时间长度，将图中类似时钟的时间圆平均分为 5 min 一格，一共 288 格，呈向圆形放射式的柱状图，由此可以判断网络流量是不是由用户浏览网页引起的。

4) 商业信息应用

随着电子商务的快速发展，网上购物成为热点，因此每天有巨大的交易量，并产生了海量商业数据，我们正在尝试借助各种创新手段，挖掘蕴藏于这些数据中的财富与价值。信息可视化的特性，使其正成为解决这类问题的有效方法之一。

4.3.2 信息可视化方法

1. 层次信息可视化

抽象信息之间最普遍的一种关系就是层次关系，如 Windows 操作系统中的资源管理器、图书馆对图书的分类管理、家族中祖先和子孙的关系等都是具有层次结构的数据。因为层次关系几乎无处不在，所以很多数据信息都可以通过一定的抽象转化为层次信息。层次信息可视化是信息可视化领域的研究热点之一。树是用来存储层次信息最常见的结构。因此，许多显示这种信息的可视化技术被提出。这些技术可以分成两类:空间填充方法和非空间填充方法。

1) 空间填充方法

空间填充方法是一种能最大限度地利用显示空间的方法。这种方法可以通过使用并列的方式来表示数据之间的关系，也可以通过使用物体间连接线段来表示数据之间的关系。其中，空间填充方法一般采用矩形或者辐射型布局。空间填充技术可以使用颜色来表达许多属性，如与节点相关的数值(如类别)或者强调层次关系，如兄弟和父母可能在颜色上类似，符号和其他标志也可以嵌入矩形或者圆环中来表达其他数据特征。

2) 非空间填充方法

最常见的用来可视化层次关系的可视化表达方式是节点-连接图。组织图标、家庭树及联赛配对仅仅是节点-连接图最常见的一些应用。树的绘制受两个因素影响最大：扇形出度及深度。

研究节点-连接图布局算法时必须考虑 3 个指导原则：传统、约束、美学。传统原则包括规定节点间连线是单一的直线、折线还是曲线，同时还要规定节点是放置在固定位置上，还是放置在与所有兄弟节点共享垂直位置上。约束原则包括规定将特定的节点放置在显示空间的中间位置，还是将一组节点放置在彼此距离较近的位置，还是按照某种从上到下或从左到右的连接顺序。上述每一条原则都可以作为设计算法的相应条件。

2. 多维信息可视化

信息可视化需要解决的绝大多数抽象信息是三维以上的多维信息，而我们生活在一个三维物理空间世界中，因此信息可视化要解决的关键问题是如何将多维数据映射到二维或三维图形空间，以及采用何种交互技术，方便用户与信息交互。所以，多维数据的可视化研究是目前信息可视化研究中一个重要的目标。

典型的多维数据可视化方法有平行坐标(parallel coordinate)、星形图标(star graph)、散点图矩阵(scatterplot matrices)、星坐标(star coordinates)等。

3. 语义信息可视化

语义信息在环境健康遥感诊断系统中是一种重要的信息。面对文本信息的爆炸式增长和日益加快的处理速度，通过人工阅读大量文字来获取信息暗藏着信息理解速度滞后的问题。利用可视化增强人类对文本和文档的理解正是在这样的背景下应运而生的。

语义信息可视化应用广泛；标签云技术已是诸多网站展示其关键词的常用技术；信息文本图是美国纽约时报等各大纸媒辅助用户理解新闻内容的必备方法。文本可视化还与其他领域相结合，如信息检索技术，可视地表达信息检索过程、传达信息检索结果。

人类理解语义信息的需求是文本可视化的研究动机。一篇文档中的语义信息包括词汇、语法、文本 3 个层级。此外，语义信息的类别多种多样，包括单语义、语义集合和时序语义数据三大类别，其使得文本信息的分析需求因类别的差异更为丰富。例如，对于一则气象统计数据，其内容是人们关注的信息特征。而对于一年内每天气象统计所构成的时序数据，其信息特征不仅指每一时间段的具体内容，还包括气象数据的时序性变化。语义信息的多样性使得人们不仅提出了多种普适性的可视化技术，还针对特定的分析需求研发了具有特性的可视化技术。

4.3.3　环境健康遥感诊断信息可视化探索

1. 环境健康遥感诊断时空数据可视化

时空数据是指带有地理位置与时间标签的数据。传感器与移动终端的迅速普及，使得时空数据成为大数据时代典型的数据类型。时空数据可视化与地理制图学相结合，重点对时间与空间维度，以及与之相关的信息对象属性建立可视化表征，对与时间和空间密切相关的模式及规律进行展示。大数据环境下时空数据的高维性、实时性等特点，也是时空数据可视化的重点。为了反映信息对象随时间进展与空间位置所发生的行为变化，通常通过信息对象的属性可视化来展现。流式地图(flow map)一种典型的方法，将时间事件流与地图进行融合。

在环境健康遥感诊断系统中，为了突破二维平面的局限性，另一类主要方法称为时空立方体(space-time cube)，以三维方式将时间、空间及事件直观地展现出来。采用时空立方体能够直观地对该过程中地理位置变化、时间变化、部队人员变化及特殊事件进行立体展现。时空立方体同样面临着大规模数据造成的密集杂乱问题。一类解决方法是结合散点图和密度图对时空立方体进行优化；另一类解决方法是对二维和三维进行融合，引入堆积图(stack graph)，在时空立方体中拓展多维属性显示空间。上述各类时空立方体适合对城市交通 GPS 数据、飓风数据等大规模时空数据进行展现。当时空信息对象属性的维度较多时，三维方式也面临着展现能力的局限性。

2. 全球尺度下的环境健康遥感诊断数据可视化

全球尺度下的环境健康遥感诊断数据主要是多维数据，如前所述，多维数据指的是具有多个维度属性的数据变量，广泛存在于基于传统关系数据库及数据仓库的应用中，如企业信息系统及商业智能系统。多维数据分析的目标是探索多维数据项的分布规律和模式，并揭示不同维度属性之间的隐含关系。Keim 等归纳了多维可视化的基本方法，包括基于几何图形、基于图标、基于像素、基于层次结构、基于图结构的多维可视化方法及混合方法。其中，基于几何图形的多维可视化方法是近年来主要的研究方向。在大数据背景下，除了数据项规模扩张带来的挑战外，高维所引起的问题也是研究的重点。散点图(scatter plot)是最为常用的多维可视化方法。二维散点图将多个维度中的两个维度属性值集合映射至两条轴，在二维轴确定的平面内通过图形标记的不同视觉元素来反映其他维度的属性值。例如，可通过不同形状、颜色、尺寸等来代表连续或离散的属性值。二维散点图能够展示的维度十分有限，研究者将其扩展到三维空间，通过可旋转的散点图方块(dice)扩展了可映射维度的数目，散点图适合对有限数目的较为重要的维度进行可视化，其通常不适于需要对所有维度同时进行展示的情况。投影(projection)是能够同时展示多维的可视化方法之一，通过投影函数映射到一个方块形图形标记中，并根据维度之间的关联度对各个小方块进行布局。基于投影的多维可视化方法一方面反映了维度属性值的分布规律，同时也直观地展示了多维度之间的语义关系。

平行坐标是研究和应用最为广泛的一种多维可视化技术，将维度与坐标轴建立映射，在多个平行轴之间以直线或曲线映射表示多维信息。近年来，研究者将平行坐标与散点图等其他可视化技术进行集成，提出了平行坐标散点图(parallel coordinate plots, PCP)，将散点图和柱状图集成在平行坐标中，支持分析者从多个角度同时使用多种可视化技术进行分析。

3. 环境健康遥感诊断系统人机交互技术

环境健康遥感诊断系统信息可视化中的人机交互技术可主要概括为 5 类：动态过滤技术(dynamic queries)与动态过滤用户界面、整体+详细技术(overview+detail)与整体+详细技术用户界面、平移+缩放技术(panning+zooming)与可缩放用户界面(ZUI)、(focus+context)与焦点+上下文技术用户界面、多视图关联协调技术(multiple coordinated views)与关联多视图用户界面。环境健康遥感诊断系统可视分析中涉及的人机交互技术在融合与发展上述几大类交互的基础上，还需要重点研究为可视分析推理过程提供界面支持的人机交互技术，以及更符合分析过程认知理论的自然、高效的人机交互技术。

用于大数据可视化分析的用户界面中，仅有数据的可视化表征还远远不能支持问题分析推理过程各环节的任务需求，还需要提供有效的界面隐喻来表示分析的流程，同时提供相应的交互组件供分析者使用和管理可视分析的过程。根据支持分析过程的认知理论，界面隐喻和交互组件应包含支持分析推理过程的各个要素，如系统操作者的分析思路、信息觅食的路径、信息线索、观察到的事实、分析记录和批注、假设、证据集合、推论和结论、分析收获(信息和知识等)、行为历史跟踪等。

4.4 小　结

本章主要介绍了环境健康遥感诊断系统计算平台及信息可视化方法。计算平台包括计算平台体系结构、计算平台与数据间协同方法、计算平台对于数据存储、数据计算、吞吐率、鲁棒性、可靠性、可扩展性等性能的需求，不同的平台有各自的优缺点及应用范围，我们在构建环境健康遥感诊断系统时应根据应用需求，综合选取相应的设计平台和方法。信息可视化分析是支持环境健康遥感诊断信息可视化分析的基础理论，包括支持分析过程的认知理论、信息可视化理论，以及人机交互与用户界面理论，在此基础上，本章讨论了面向环境健康遥感诊断应用的信息可视化技术，主要包括文本可视化技术、网络可视化技术、时空数据可视化技术、多维数据可视化技术，同时探讨了支持环境健康遥感诊断信息可视化分析的人机交互技术。

参考文献

刘芳. 2013. 信息可视化及其应用研究[D]. 浙江大学博士学位论文.

吴炜. 2013. 异构环境下的遥感多层次并行计算方法研究[D]. 中国科学院大学博士学位论文.

杨海平, 沈占锋, 骆剑承, 等. 2013. 海量遥感数据的高性能地学计算应用与发展分析[J]. 地球信息科学学报, 15 (1) : 128-136.

Barlowe S, Liu Y J, Yang J, et al. 2011. WaveMap: interactively disovering features from protein flexibility matrices using wavelet-based visual analytics[J]. Computer Graphics Forum, 30(3): 1001-1010.

Didimo W, Liotta G, Montecchiani F, et al. 2011. An Advanced Network Visualization System for Financial Crime Detection. Proceedings of Pacific Visualization Symposium [M]. Los Alamitos: IEEE Computer Society Press.

第5章　全球定量遥感专题产品生产系统

5.1　定量遥感专题产品生产系统概述

5.1.1　系统研制背景

全球定量遥感专题产品生产系统是在我国 863 对地观测与导航领域重大项目“星机地综合定量遥感系统与应用示范(二期)”课题“典型应用领域全球定量遥感专题产品生产体系”的支持下研发的面向全球林业、农业、矿产、水资源、生态环境等环境健康应用领域的定量遥感产品生产系统，该系统分布式部署在国家林业、农业、矿产、水资源、生态环境等相关业务部门，形成 20 种典型环境健康应用领域定量遥感专题产品业务生产能力，以及 20 种生态环境要素监测与诊断产品的业务能力，可以为国家监控全球粮食、资源和生态环境安全形势、应对全球变化与危机提供技术支撑。该系统分布式部署运行结构如图 5-1 所示。

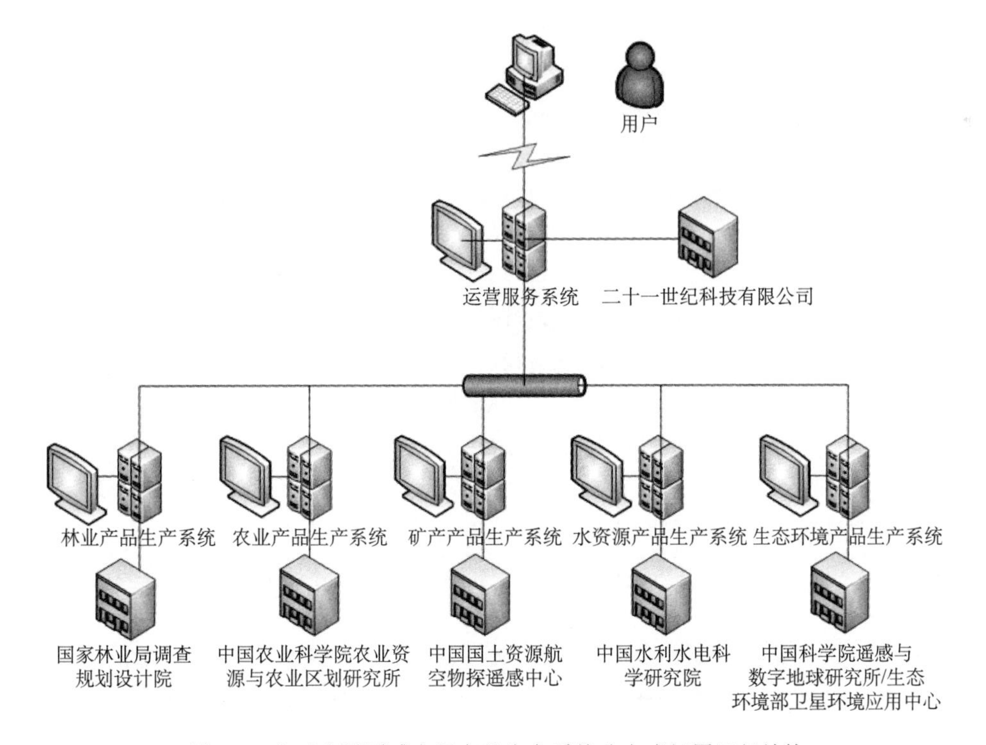

图 5-1　全球定量遥感专题产品生产系统分布式部署运行结构

5.1.2　系 统 组 成

典型应用领域全球定量遥感专题产品生产系统由全球森林生物量和碳储量定量遥感专题产品生产系统、全球农业定量遥感专题产品生产系统、全球巨型成矿带定量遥感专题产品生产系统、区域河流定量遥感专题产品生产系统、全球生态环境遥感监测与诊断专题产品生产系统 5 个分系统构成。

全球森林生物量和碳储量定量遥感专题产品生产系统主要面向林业管理部门(如国家林业局)，针对其业务需求生产 3 个林业定量遥感专题产品，其中森林碳储量和地上生物量是进行国家林业资源普查的核心产品，可以为我国进行碳贸易谈判等提供技术支持，森林扰动/变化是进行森林碳储量和地上生物量年度更新所需的基础产品。

全球农业定量遥感专题产品生产系统主要面向农业生产管理部门(如农业部)和粮食物流与贸易管理部门(如粮食局)，针对这两个部门的业务需求可以生产 7 种农情专题产品，其中产量信息是核心，是农业生产管理与粮食贸易管理的关键信息；种植面积与单产是实现产量估算的必要条件；作物生物量是形成作物单产的基础，还可以用于耕地产能等的估算；长势信息可以使用户尽早获知其全国/全球粮食产量的丰歉变化趋势，可以为农业政策的制定和粮食贸易决策提供早期依据；旱情是影响农业生产最主要的农业灾害，尽管监测作物长势能对旱情的影响有所反映，但旱情专题产品仍然有其独特的地方，可以反映干旱在作物不同生长阶段对作物产量的影响；而复种指数是衡量耕地资源集约化利用程度的基础性指标，也是国家宏观评价耕地资源利用基本状况的重要技术指标。同样在产品生产与发布过程中也遵守这两类部门的业务需求，如分季、分秋粮和夏粮来提供结果，以保障专题产品不但对用户有用，而且是可用的。

全球巨型成矿带定量遥感专题产品生产系统主要面向国土资源与能源部门(如国土资源部)，可以生产线性构造与环形构造、遥感解译地质图、铁染矿物异常、羟基矿物异常、遥感找矿远景区、遥感找矿靶区 6 种矿产专题产品，通过线性构造与环形构造形迹提取，结合遥感解译地质图和其他与成矿相关的背景资料，分析重点地区铁染矿物异常、羟基矿物异常，并最终圈定遥感找矿远景区、遥感找矿靶区，可以提出优势矿产国家，为国家重大决策提供重要依据；此外，还可以生产油气勘探综合异常区遥感专题产品，为我国能源部门进行油气勘测提供技术支持。

区域河流定量遥感专题产品生产系统主要面向水利部门和外交部门，近年来，围绕水资源分配问题湄公河流域国家争论不休，湄公河流域水资源量产品的生产可以为我国水资源分配谈判提供科学依据，而水体淹没面积、水污染异常分布则是遥感灾情监测的两个重要产品，可以为救灾响应和水环境灾害治理提供支持。

全球生态环境遥感监测与诊断专题产品生产系统主要面向环境保护部门(如生态环境部)，针对其生态环境监测和评价需求，围绕生态环境遥感诊断在生态环境格局、功能、问题 3 类要素，可以生产景观破碎度、景观分离度、草原干旱指数、全球环境监测指数等 20 种生态环境遥感专题产品。

5.2　全球森林生物量和碳储量定量遥感专题产品生产系统

全球森林生物量和碳储量定量遥感专题产品生产系统主要面向全球 TB 级遥感数据处理与产品生产任务，按照林业部门规定的技术要求，生产森林生物量、森林碳储量、森林扰动/变化等专题产品。

5.2.1　业务流程

全球森林生物量和碳储量定量遥感专题产品业务化生产流程可以划分为数据准备、产品生产、产品质量检查、产品报告等生产阶段，生产阶段体现了生产过程的进展状态，各生产阶段具有一定的独立性，当前生产阶段的输入需要进行规范性检查，检查通过后启动当前生产阶段的处理功能，当前生产阶段的处理功能完成后需要对输出进行规范性检查，检查通过后关闭当前生产阶段，进入下一生产阶段，当所有生产阶段的工作都完成后，结束生产任务。

根据生产阶段定义工作空间，工作空间用于管理生产阶段所需要的数据和功能，每个生产阶段具有相对应的工作空间，工作空间采用配置文件的方式进行管理，通过配置文件实现输入数据和输出结果的规范性检查。

专题产品的生产过程中，需要一定的人工交互对产品的生产质量进行控制。每个生产阶段均需要人工交互，如果当前生产阶段的输入不符合要求，则返回上一生产阶段；如果当前生产阶段的输出不符合要求，则调整当前生产阶段的处理功能重新处理。

生产流程贯穿于生产阶段之中，在生产阶段内将批处理和人工交互相结合，按照规范化要求将各生产阶段贯穿起来，形成产品生产的完整流程，实现生产任务的业务化运行。在系统的具体运行中，系统首先从数据库中获取遥感共性产品数据、激光雷达数据、地面测量数据及其他辅助数据(图 5-2)，并对这些数据进行相应的数据预处理，使它们满足反演模型的输入要求；再根据应用需求，从数据库中选取适当的反演模型，输入处理后的数据，得到森林生物量和碳储量的反演结果，并存储在系统数据库中；最后可以根据反演结果进行产品制作和质量检验，输出满足要求的森林生物量和碳储量产品，以及相应的质量检查报告。

森林生物量和碳储量数据更新时，从数据库中读取更新后的数据，利用多时相数据提取森林干扰信息，使用基于机理模型的森林生物量和碳储量产品更新技术，结合森林干扰信息，调用必要的反演模型，得到更新后的反演结果，并存储于系统数据库中。

5.2.2　系统技术架构

该系统采用 C/S 技术框架，划分了五层结构，包括硬件支撑层、软件支撑层、数据层、产品生产层和行业应用层，遵循定量遥感专题产品生产系统软件体系规范和定量遥感专题产品生产技术规范(图 5-3)。

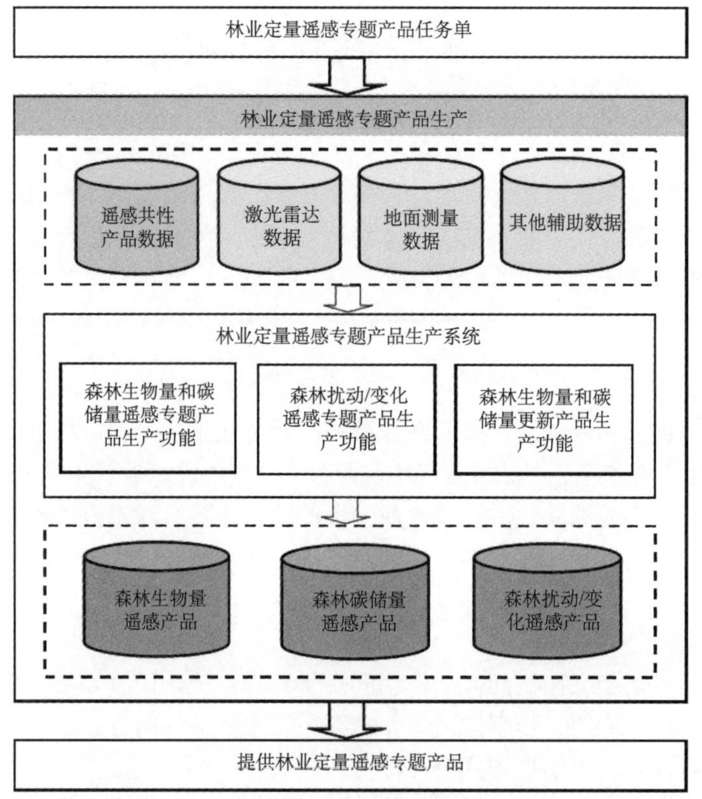

图 5-2　业务流程图

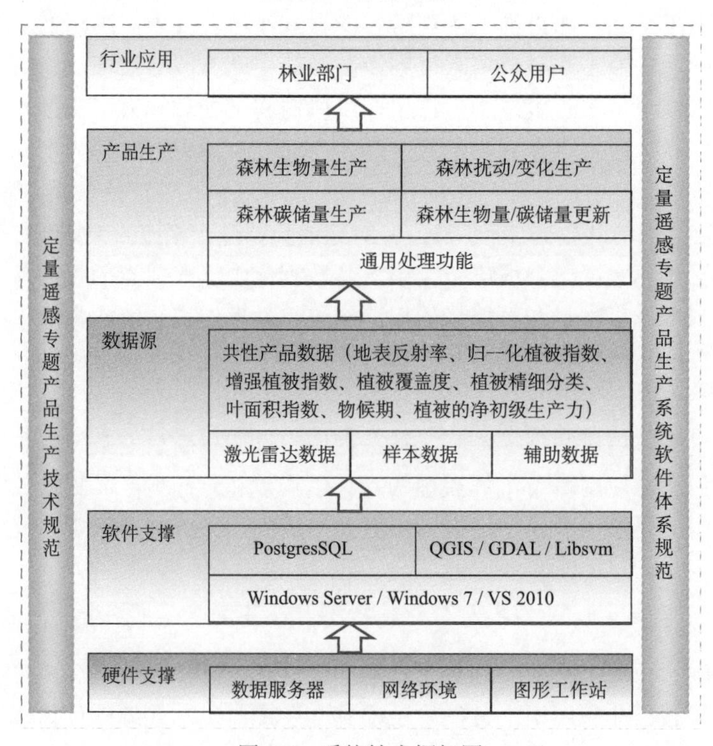

图 5-3　系统技术框架图

系统硬件支撑层布设了数据服务器和图像工作站，通过网络进行通信；软件支撑层采用 Windows Server / Windows 7 / VS 2010 提供基本服务功能，采用 PostgresSQL 提供数据管理功能，采用 QGIS /GDAL / libsvm 提供通用功能支撑。

系统需要使用不同类型的数据，包括共性产品数据、激光雷达数据、样本数据及辅助数据等。共性产品数据主要包括地表反射率、归一化植被指数(NDVI)、增强植被指数(EVI)、植被覆盖度、植被精细分类、叶面积指数(LAI)、物候期、植被净初级生产力等。

产品生产层包括森林生物量定量遥感专题产品生产、森林碳储量定量遥感专题产品生产、森林扰动/变化定量遥感专题产品生产和森林生物量/碳储量定量遥感专题产品更新等，在专题产品生产过程中需要实现算法管理、流程管理等通用处理功能。

系统的数据规范和软件体系规范定义了数据格式和解析方法，并对软件输入输出接口制定了标准，从而保证该系统与运营服务系统进行有效地交互。

5.2.3 软件功能结构

按照全球林业定量遥感专题产品生产的业务流程，将全球森林生物量和碳储量定量遥感专题产品生产系统划分为 10 个功能模块，包括任务管理、数据管理、森林生物量产品生产、森林碳储量产品生产、森林扰动/变化产品生产、专题产品更新、专题产品统计、专题产品制图、数据查看、系统管理等(图 5-4)。

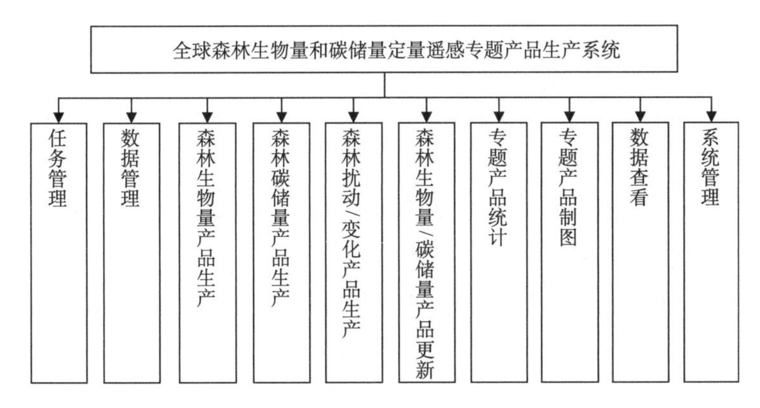

图 5-4 林业系统软件模块结构图

业务流程的任务下达、数据准备、产品生产、产品质量检查、产品报告等生产阶段需要调用不同的功能模块，不同生产阶段的输入输出内容决定了功能模块的调用顺序。

任务下达阶段，需要调用任务管理功能模块，接收来自运营服务系统的外部任务单，以及按照用户要求进行自定义任务单；对任务单进行解析，判断任务单的有效性；对任务单进行管理，存入数据库，记录任务单的状态；生成任务配置文件，用于记录当前的任务状态。任务下达阶段的输入为任务单，输出为任务配置文件。

数据准备阶段，需要调用数据管理功能模块，接收来自系统外部的远程数据，以及准备需要的本地数据；远程数据需要通过网络传输协议进行下载，产品生产时所需的定量遥感共性产品数据、激光雷达数据、样本数据及其他辅助数据以数据目录+数据库的方式进行管理；按照所需数据的特征与数据管理方式，生成所需数据配置文件，包含了所需的全部数据文件列表，根据该数据文件列表判断本地已有多少数据，通过网络可以获取多少远程数据，对确实可以获取的数据文件信息进行数据文件检查，以保证数据文件的有效性、可用性。数据准备阶段的输入为任务配置文件、远程数据和本地数据等，输出为数据配置文件。

产品生产阶段，需要调用森林生物量产品生产、森林碳储量产品生产、森林扰动/变化产品生产、专题产品更新等功能模块，根据任务要求，生产所要求的专题产品。

森林生物量/碳储量产品生产过程可以分为 3 个阶段：第一阶段是调查样本和遥感特征规范化，根据调查样本，从遥感数据中提取遥感特征样本，按照森林生物量/碳储量模型要求，由调查样本和遥感特征样本生成训练样本；第二阶段是森林生物量/碳储量模型训练，通过对训练样本进行统计分析，寻找最适合于当地影像特征的模型参数，对于缺少样本的区域，按照一定的外推方法估计该区域的模型参数，森林生物量/碳储量模型以配置文件的方式进行管理；第三阶段是森林生物量/碳储量预测，按照第一阶段提供的最优模型参数，采用批处理方式，根据遥感数据预测森林生物量/碳储量，该阶段不再使用样本数据。

森林扰动/变化产品生产过程可以分为 3 个阶段：第一阶段是森林扰动/变化数据预处理；第二阶段是森林扰动/变化模型训练，通过样本对遥感数据进行训练，寻找最适合于当地影像特征的模型参数，对于缺少样本的区域，按照一定的外推方法估计该区域的模型参数，森林扰动/变化模型以配置文件的方式进行管理；第三阶段是森林扰动/变化模型预测，按照第一阶段提供的最优模型参数，采用批处理方式，根据遥感数据预测森林扰动/变化。

森林生物量/碳储量产品更新主要以前期森林生物量/碳储量产品为基础，结合森林扰动/变化信息进行后期森林生物量/碳储量产品，实现森林生物量/碳储量的更新。

产品生产阶段的输入为任务配置文件、数据配置文件和数据实体等，输出为模型参数配置文件、专题产品等。

产品质量检查阶段，需要调用专题产品统计、数据查看等功能模块，对专题产品进行检查，自动对不同区域专题产品的可靠性进行分析，识别不可靠区域，以便做进一步的检查。产品质量检查阶段的输入为任务配置文件、专题产品等，输出为专题产品的不可靠区域。

产品报告阶段，需要调用专题产品统计、专题产品制图等功能模块，对专题产品进行统计分析，生成不同级别的统计结果；按照不同制图模版，生成专题图。产品报告阶段的输入为专题产品，输出为统计结果和专题图。

系统管理功能模块主要实现通用的系统操作，包括系统界面管理、算法插件管理、日志管理、出错管理、数据格式管理、投影管理等内容。该功能模块被任务管理、森林生物量产品生产、森林碳储量产品生产、森林扰动/变化产品生产、森林生物量/碳储量产品更新、专题产品统计、专题产品制图、数据显示等功能模块调用。该系统各功能模块之间的关系如图 5-5 所示。

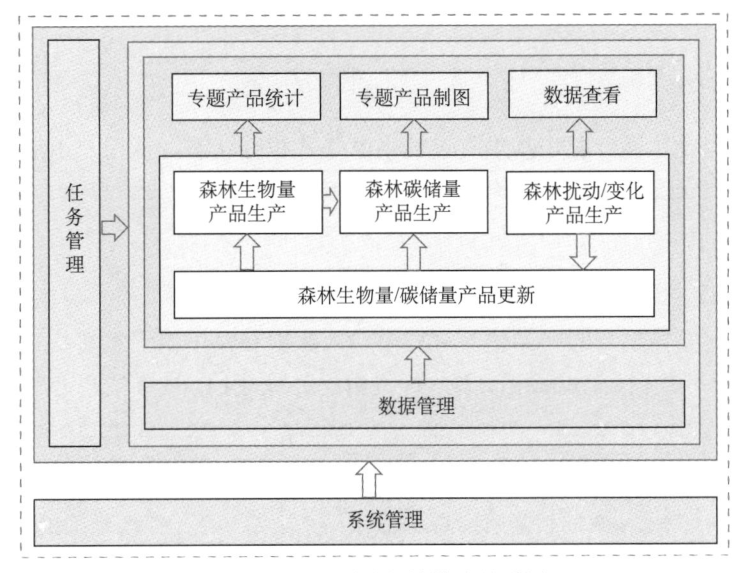

图5-5　林业系统软件模块关系图

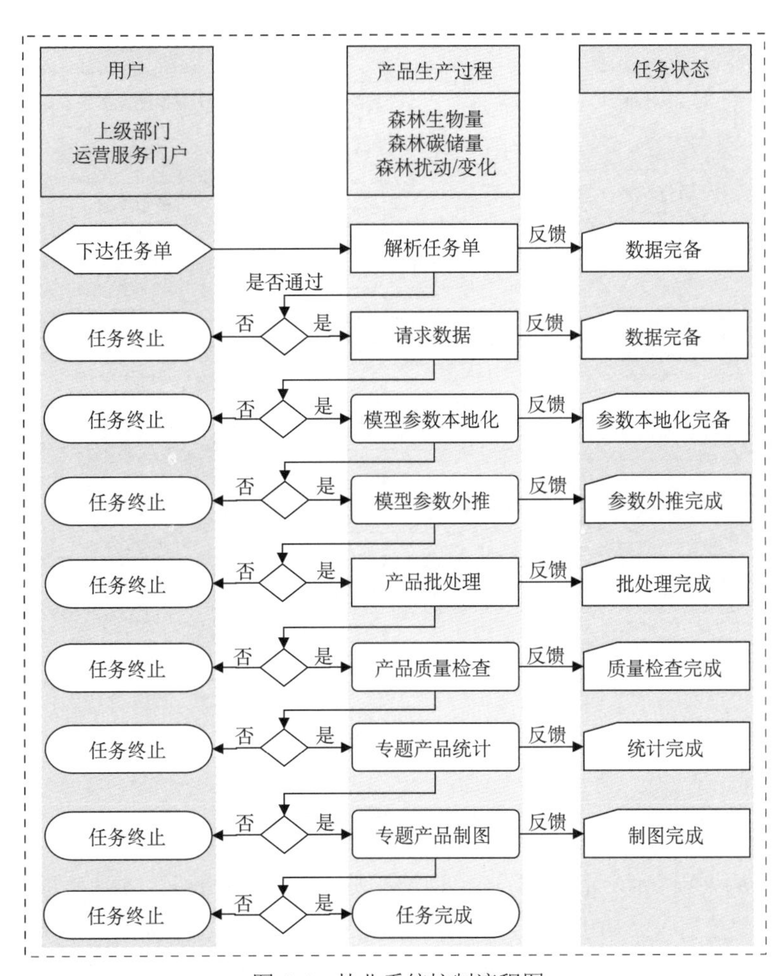

图5-6　林业系统控制流程图

5.2.4　控 制 流 程

控制流程主要体现专题产品生产过程中的任务执行状态，从用户下达任务单开始，经过专题产品生产过程，最终完成任务单(图 5-6)。

5.2.5　数 据 流 程

数据流程主要体现专题产品生产过程中输入数据和输出结果之间的对应关系，从共性产品数据、样本数据、辅助数据开始，经过数据处理流程，最终生产专题产品(图 5-7)。

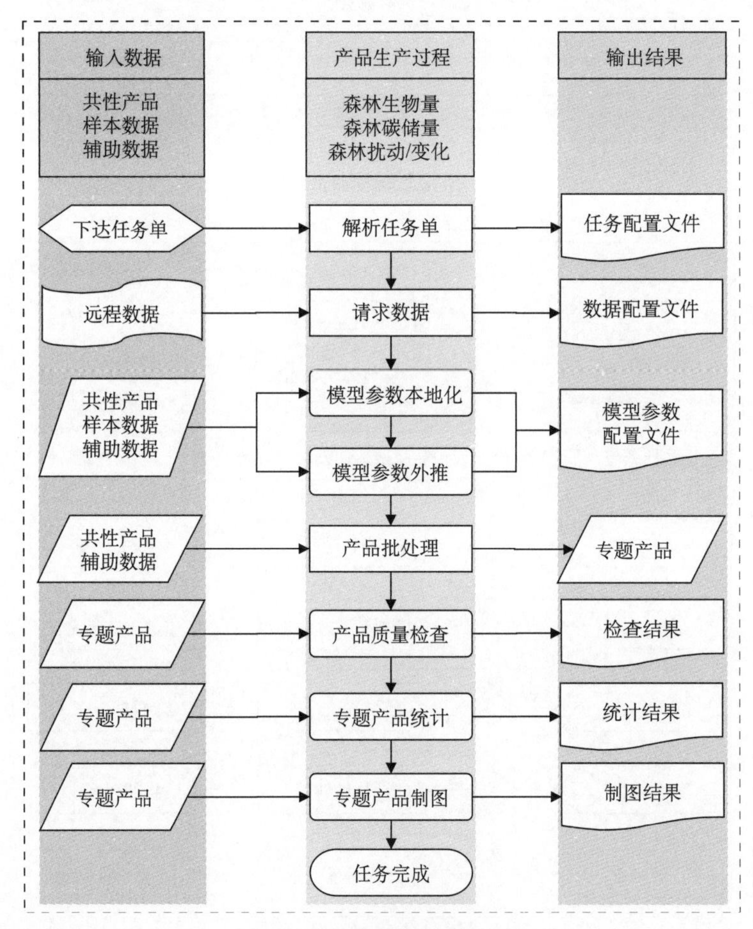

图 5-7　林业系统数据流程图

5.2.6　数据库结构

数据库结构采用文件-关系数据库模型管理实体数据和元数据。实体数据以文件方式进行存储，按照数据目录结构进行管理；元数据以 XML 文件方式和数据库表方式进行存储，XML 文件与数据目录层次结构相对应，根据 XML 文件创建并更新数据库表(图 5-8)。

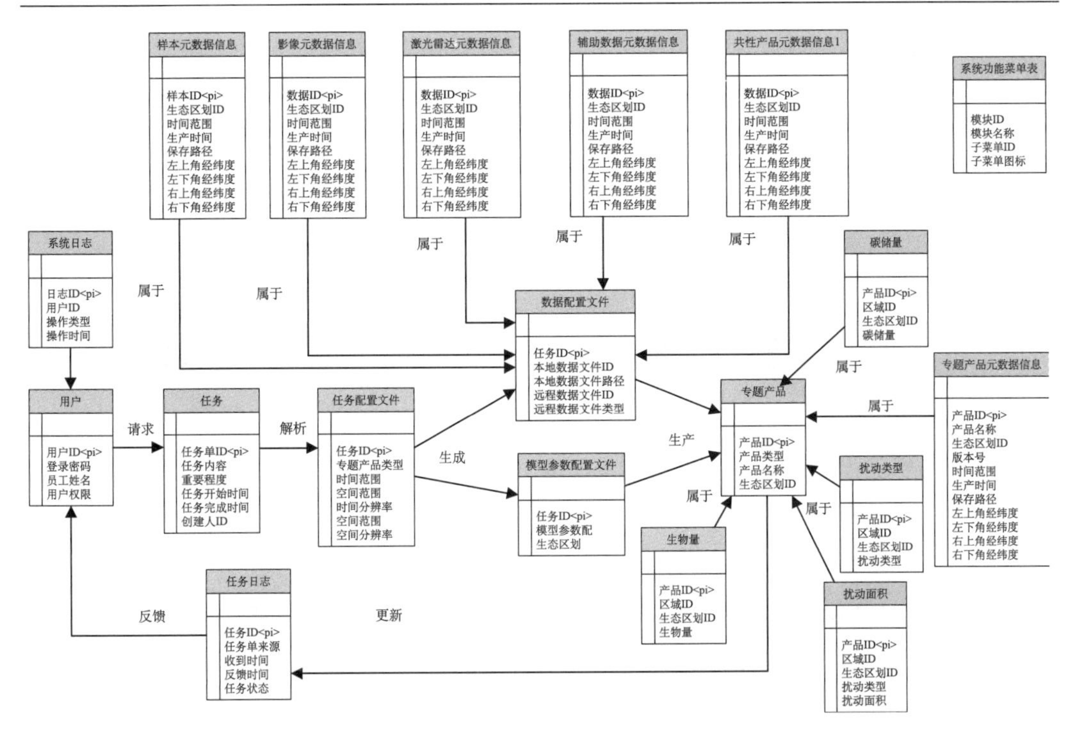

图 5-8　数据库逻辑结构图

数据库中的表包括用户表、任务单相关表、共性产品相关表、专题产品相关表等，具体清单见表 5-1。

表 5-1　数据表清单

序号	数据表名	备注
1	SYSTEM_USER	用户表
2	ORDER_INFO	任务单信息表
3	ORDER_TASKSTATE	任务单状态表
4	SYSTEM_OPERATELOG	系统工作日志表
5	FOREST_PRODUCT_METADATA	专题产品元数据信息表
6	COMMON_PRODUCT_METADATA	共性产品元数据信息表
7	COMMON_PRODUCT_ORDER	共性产品订购信息表
8	GLAS_PRODUCT_METADATA	激光雷达元数据信息表
9	SAMPLE_METADATA	样本元数据信息表
10	AUXILIARY_METADATA	辅助元数据信息表
11	SATELLITE_IMAGE_METADATA	卫星影像元数据信息表
12	FOREST_BIOMASS	森林生物量信息表
13	FOREST_CARBON	森林碳储量信息表
14	FOREST_DISRUPTION_TYPE	森林扰动类型信息表
15	FOREST_DISRUPTION_AREA	森林扰动面积信息表

5.2.7　部 署 结 构

该系统采用Client/Server技术，部署在国家林业局调查规划设计院。该系统与运营服务系统之间的网络部署采用Internet网络，任务管理子系统访问运营服务系统提供的外部接口进行任务交互和数据传输等操作，其余系统全部都是内网运行，网络拓扑结构如图5-9所示。

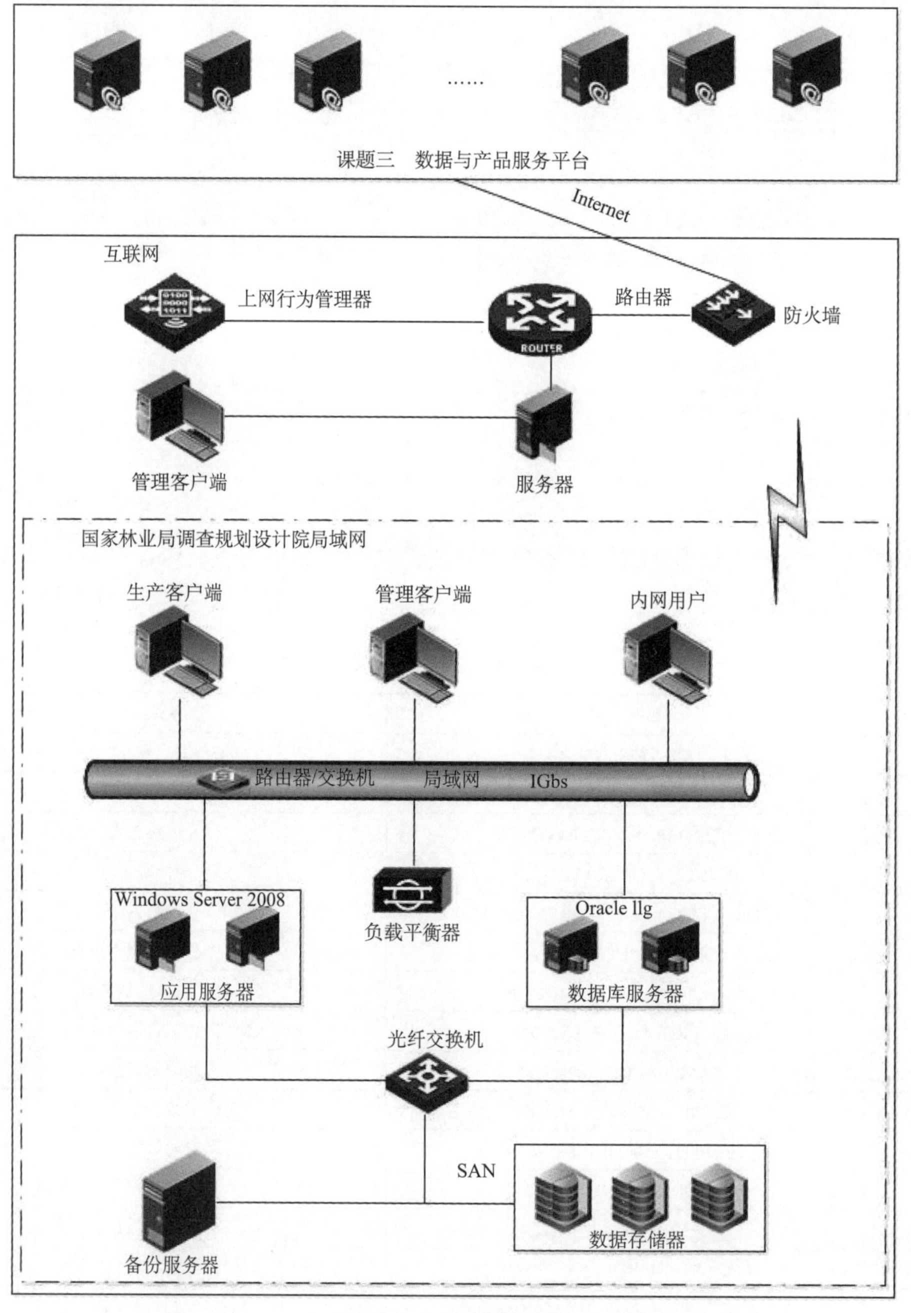

图5-9　网络拓扑环境

5.2.8　系统运行界面

1. 系统主界面

系统主界面包括菜单栏、工具栏、图层管理区、数据显示区，如图 5-10 所示。

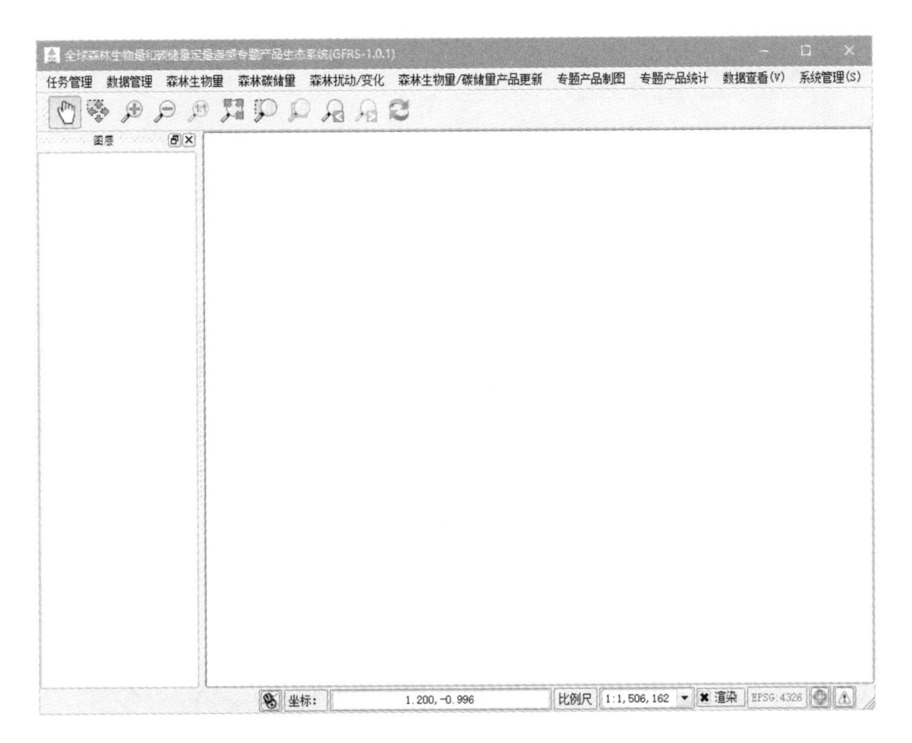

图 5- 10　系统主界面

2. 遥感特征归一化

对 MODIS 遥感特征数据的特征值进行归一化处理，使其特征值取值范围为(0, 1)，以便后续模型训练，如图 5-11 所示。

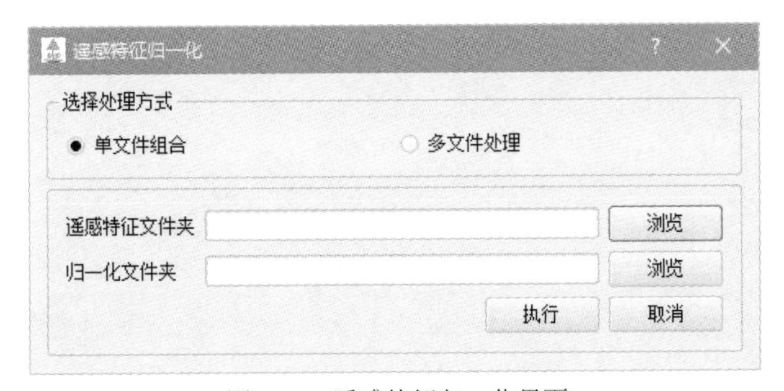

图 5-11　遥感特征归一化界面

3. 森林生物量模型参数优化

把建模样本文件输入 SVM 模型中，对 SVM 模型参数进行自动寻优，如图 5-12 所示。

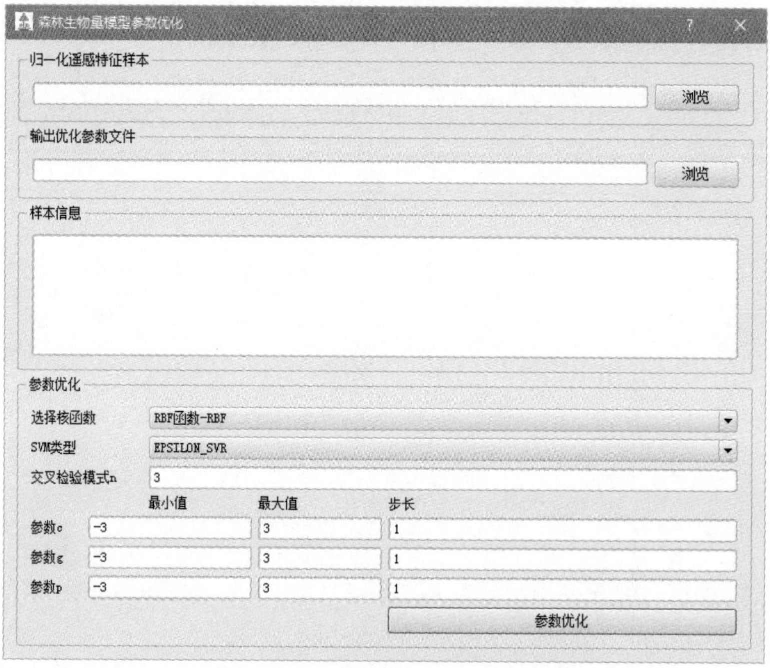

图 5-12　森林生物量模型参数优化界面

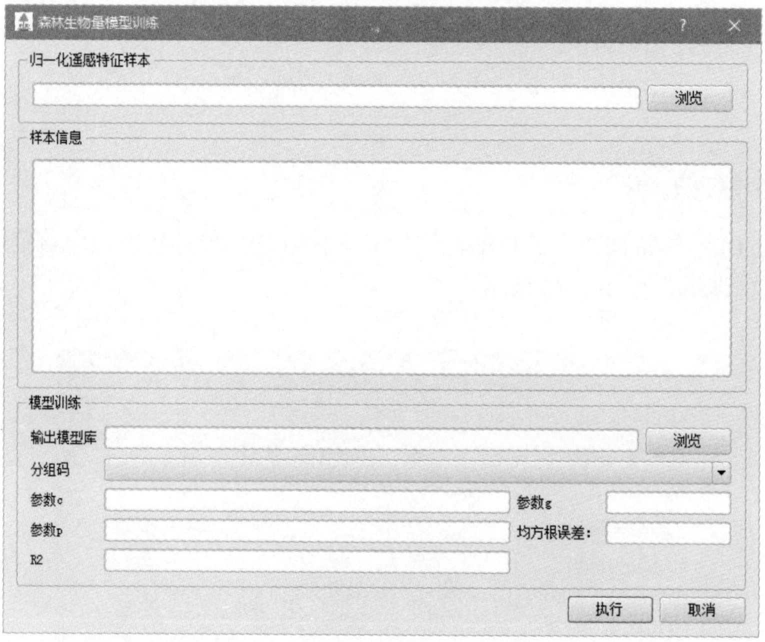

图 5-13　森林生物量模型训练界面

4. 森林生物量模型训练

根据最优模型参数、归一化遥感特征数据等进行模型训练(图 5-13)。

5. 森林生物量模型分组预测批处理

根据生物量模型、归一化遥感特征数据和分组码数据等进行森林生物量批量预测(图 5-14)。

图 5-14　森林生物量模型分组预测界面

碳储量产品批处理
森林生物量文件夹
浏览
分组码文件夹
浏览
碳储量文件夹
浏览
换算系数
更新

	分组码	换算系数
1	0	0.5
2	32	0.5
3	33	0.5
4	34	0.5

执行
取消

图 5-15　碳储量产品批处理界面

6. 森林碳储量批处理

根据森林生物量、转换系数等进行森林碳储量估算(图 5-15)。

7. 宽尺度森林变化

根据两期 NDVI 产品进行森林变化监测(图 5-16)。

图 5-16　森林分布变化界面

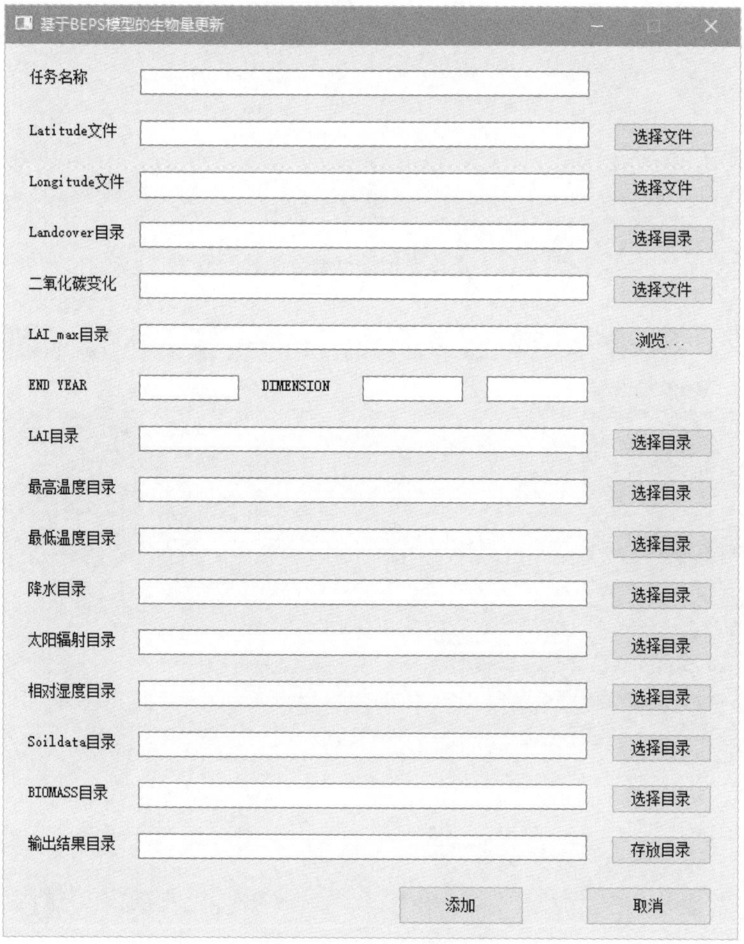

图 5-17　基于 BEPS 模型的生物量更新界面

8. 森林生物量/碳储量更新

根据基底森林生物量/碳储量，利用 BEPS 生态过程模型，对森林生物量/碳储量进行年度更新(图 5-17)。

9. 森林生物量制图

根据森林生物量和制图模板生成森林生物量分布图(图 5-18)。

图 5-18　森林生物量制图界面

5.3　全球农业定量遥感专题产品生产系统

全球农业定量遥感专题产品生产系统主要开展全球与全国包括作物生物量、单产、长势、种植面积、产量、旱情、复种指数 7 种农情监测专题信息产品的生产，该系统具有使用两个尺度(全国 300 m/30 m，全球 1 km)的遥感数据开展全球运行化农情遥感监测的能力，覆盖全球 90%以上的粮食主产区，进行主要粮食作物主产区大宗作物长势、种植面积、单产与产量的运行化监测与分析，以月为频率发布与提供监测结果。该系统能够接收来自综合定量遥感产品服务规范及运营系统的农情专题产品需求订单，解析后向该运营系统反馈所需的共性产品清单；从运营系统接收共性产品；按照订单进行专题产品生产；向订购者或政府决策部门共享专题产品。

5.3.1　系统技术架构

该系统采用 C/S 和 B/S 混合模式与面向对象/组件技术，可插拔的系统体系架构。按照系统与外部的接口，将系统分为两个部分：第一部分是数据准备部分，包括订单接收、共性产品申请与下载，这部分采用 B/S 模式，实现与运营服务系统的订单管理、数据和共性产品的申请与下载、订单产品的共享与信息发布等。第二部分是产品生产部分，实现数据预处理，以及长势监测、单产预测、农田生物量预测、作物种植面积监测、旱情遥感监测、复种指数遥感监测、产量估算 7 个农业专题产品的生产与验证。这部分采用 ArcGIS 和 IDL 语言编程实现，并选用 C#语言完成系统的开发和集成。

该系统一共分为五层，由下至上分别是基础设施层、数据层、组件层、应用层及用户层，各层之间的关系如图 5-19 所示。

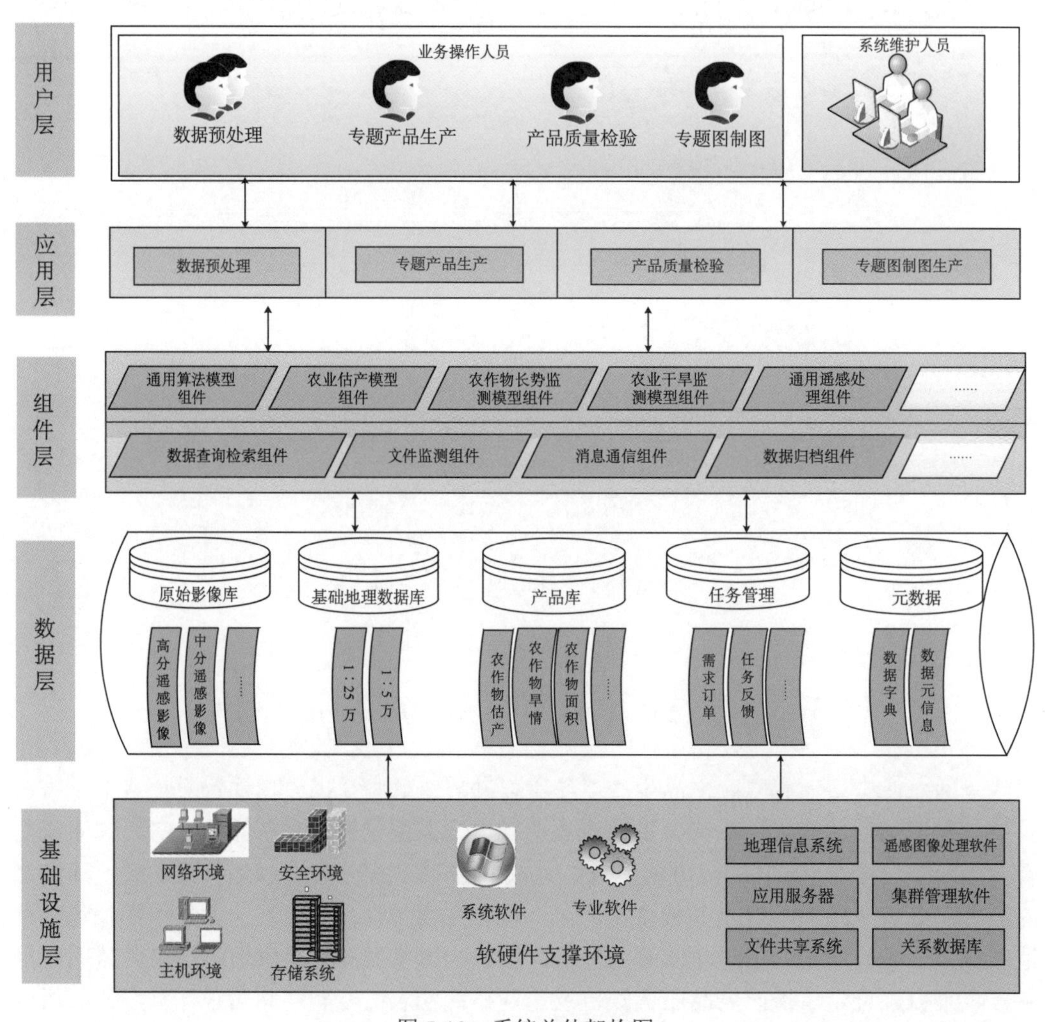

图 5-19 系统总体架构图

5.3.2 系统运行模式

在多尺度农情定量遥感专题产品模型与标准化生产技术流程等研究的基础上，对各部分内容进行系统分析，结合现有开发平台及其实现能力，充分考虑系统长远建设的目标，进行系统架构分析；顶层采用面向用户的系统功能模块设计方式，底层采用数据库分层管理的方式进行设计；利用现有面向对象和组件式系统开发平台，采用 C/S 模式进行软件开发。

全球及全国农业定量遥感专题产品生产系统采用 C/S 架构，在内网运行，系统运行模式如图 5-20 所示。

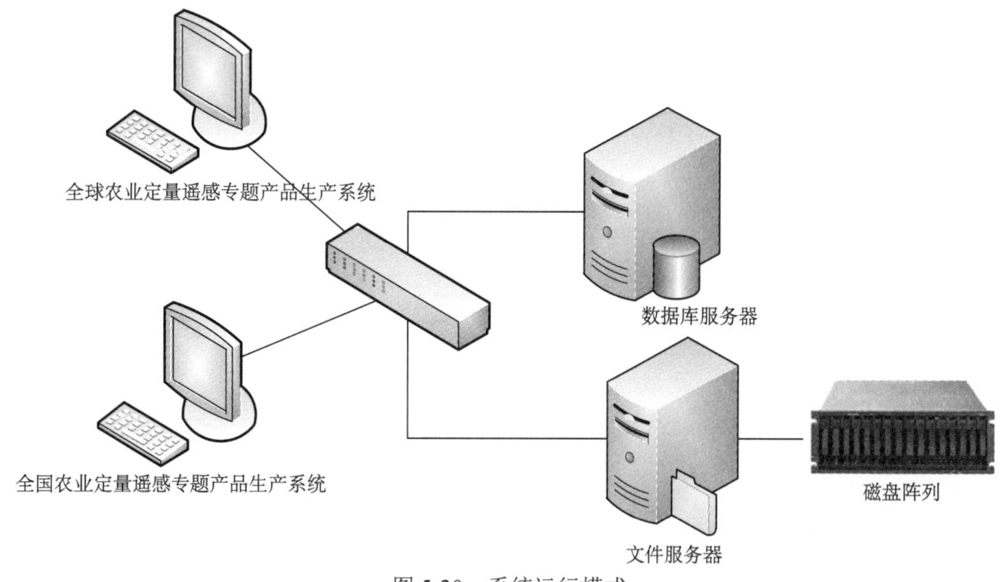

图 5-20　系统运行模式

5.3.3　流 程 设 计

1. 控制流程设计

该系统通过和数据与产品服务平台进行交互，主要流程如图 5-21 所示，接收数据与产品服务平台发送的生产订单，解析与分析订单，将生产专题产品所需的共性产品需求发送给数据与产品服务平台，之后接收数据与产品服务平台反馈的共性产品，下载共性产品并将共性产品入库，对共性产品进行数据预处理并进行专题产品生产，之后再进行产品质检，通过专题产品验证后入库，将产品与报告发送给政府部门和数据与产品服务平台。

2. 数据流程设计

接收数据与产品服务平台发送的生产订单，解析与分析订单。如果不可行，反馈数据与产品服务平台不可以生产；如果可行，将检索本地专题产品库。如果产品库已有订单所需产品，直接反馈产品；如果没有，则在本地共性产品库中检索生产专题产品用到的共性产品。如果检索到，直接生产；如果没有，将生产专题产品所需的共性产品需求发送给数据与产品服务平台。之后接收数据与产品服务平台反馈的共性产品，下载共性产品并将共性产品入库，对共性产品进行预处理并进行专题生产，进行产品质检，通过专题产品验证后入库，将产品与报告发送给政府部门和数据与产品服务平台。数据流程如图 5-22 所示。

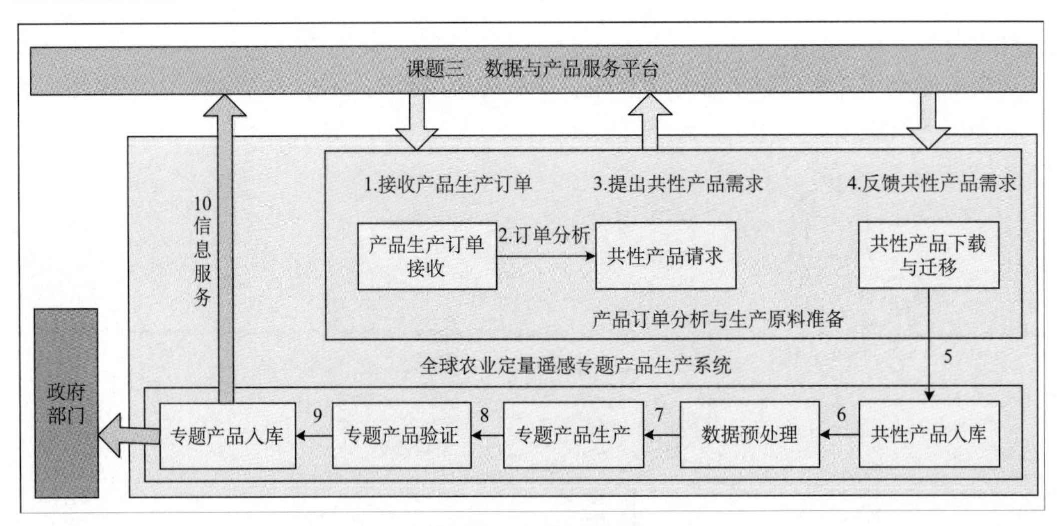

图 5-21　控制流程图

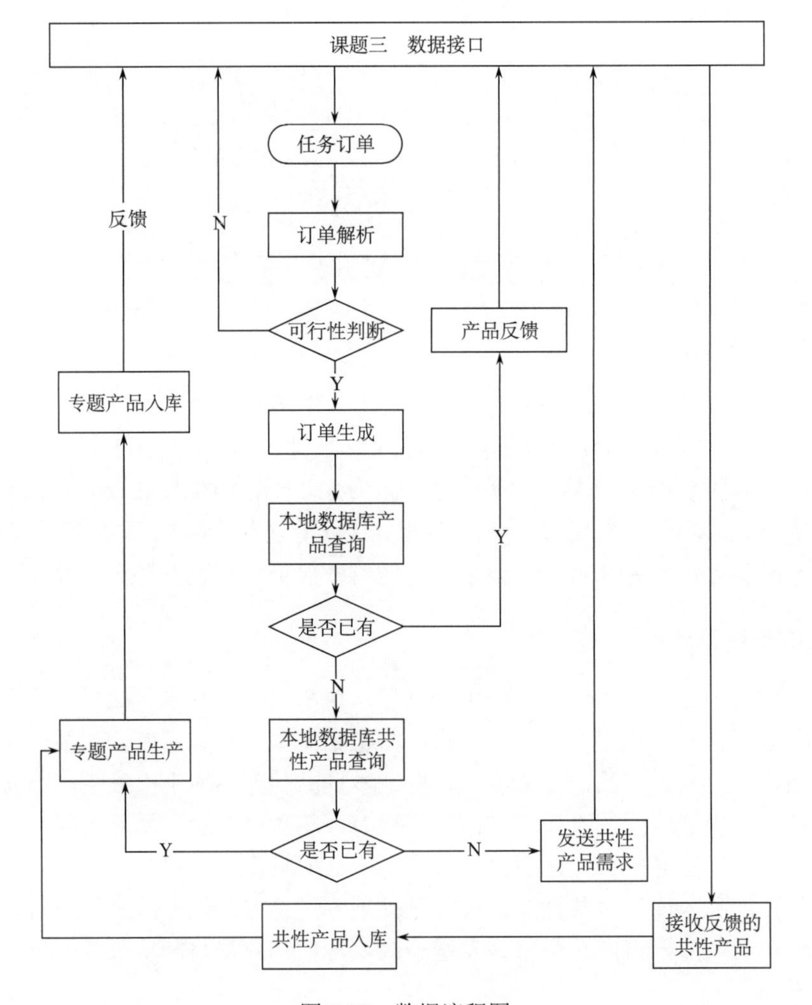

图 5-22　数据流程图

5.3.4　系统功能模块

1. 全球农业定量遥感专题产品生产系统功能模块设计

全球农业定量遥感专题产品生产系统包括种植面积监测模块、长势监测模块、单产预测模块、产量监测模块、复种指数遥感监测模块、旱情遥感监测模块、产品质检与输出模块、数据预处理模块、数据管理模块及系统维护模块 10 个模块(生物量产品的生产包括在单产预测模块中)。功能结构如图 5-23 所示。

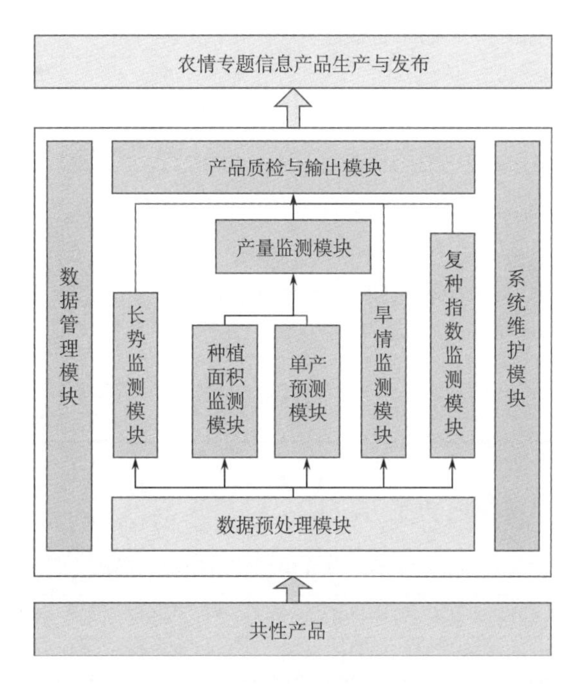

图 5-23　全球农业定量遥感专题产品生产系统结构

全球农业定量遥感专题产品生产系统的一级菜单包括种植面积监测、长势监测、单产预测、产量监测、复种指数遥感监测、旱情遥感监测、产品质检与输出、数据预处理、数据管理及系统维护 10 个模块，其中种植面积监测、长势监测、单产预测、产量监测、复种指数遥感监测、旱情遥感监测模块无二级菜单；产品质检与输出模块的二级菜单包括专题产品质检与评价功能、专题制图与输出功能；数据预处理模块的二级菜单包括影像融合、镶嵌、裁切、投影转换、格式转换、波段组合、重采样、插值、数据检验及标准化等功能；数据管理模块包括数据入库、数据查询检索、数据浏览、数据统计、数据备份、数据恢复、数据库维护等功能；系统维护模块包括用户、权限、角色、功能、任务及日志等信息的添加、修改、查询、删除等功能。

(1)长势监测模块功能(表 5-2)。

表 5-2　长势监测模块功能描述

模块编号：1	模块名称：长势监测模块	模块标识符：ZWZSJC
输入	处理	输出
土地覆盖、蒸散、归一化植被指数、增强植被指数、植被覆盖度、植被精细分类、叶面积指数、物候期、植被净初级生产力	分析某一特定生长阶段的作物生长状态；不同时间段内，不同序列的植被指数所对应的作物长势状况；不同格网植被指数时间序列数据的年际变化规律	数据名称：农作物长势产品数据； 数据类型：矢量、栅格、图片、数字、文字等； 数据格式：Shape、GeoTIFF、jpg、xls、doc/txt

(2)单产预测模块及农田生物量监测模块功能(表 5-3)。

表 5-3　单产预测模块及农田生物量监测模块功能描述

模块编号：2	模块名称：单产预测模块及农田生物量监测模块	模块标识符：ZWDCSWL
输入	处理	输出
光合有效辐射(PAR)、反照率、地表温度、土地覆盖、蒸散(ET)、归一化植被指数、增强植被指数、植被精细分类、叶面积指数、物候期、光合有效辐射吸收比例、植被净初级生产力	在作物生长的不同阶段，进行作物单产形成的主导因子和限制因子筛选，结合作物生长模型，模拟作物单产增减幅度	数据名称：农作物单产及生物量产品数据； 数据类型：矢量、栅格、图片、数字、文字等； 数据格式：Shape、GeoTIFF、jpg、xls、doc/txt

(3)作物种植面积监测模块功能(表 5-4)。

表 5-4　作物种植面积监测模块功能描述

模块编号：3	模块名称：作物种植面积监测模块	模块标识符：ZWZZMJJC
输入	处理	输出
地表反射率、土地覆盖、归一化植被指数、植被覆盖度、植被精细分类、物候期	作物区分与识别的分类、提取大宗作物可分性指示因子、高精度分类结果外推、作物种植面积订正	数据名称：作物种植面积产品数据； 数据类型：矢量、栅格、图片、数字、文字等； 数据格式：Shape、GeoTIFF、jpg、xls、doc/txt

(4)产量估算模块功能(表 5-5)。

表 5-5　产量估算模块功能描述

模块编号：4	模块名称：产量估算模块	模块标识符：ZWCLGS
输入	处理	输出
光合有效辐射、地表温度、土地覆盖、蒸散、归一化植被指数、增强植被指数、植被精细分类、叶面积指数、物候期、光合有效辐射吸收比例、植被净初级生产力	在作物生长前期、作物生长中期及作物生长后期，进行大宗作物产量预测及估算；进行作物单产由像元尺度向报告单元的转化	数据名称：农作物产量产品数据； 数据类型：矢量、栅格、图片、数字、文字等； 数据格式：Shape、GeoTIFF、jpg、xls、doc/txt

(5) 复种指数遥感监测模块功能(表 5-6)。

表 5-6　复种指数遥感监测模块功能描述

模块编号：5	模块名称：复种指数遥感监测模块	模块标识符：　GDFZZSJC
输入	处理	输出
反照率、土地覆盖、归一化植被指数、增强植被指数、植被覆盖度、植被精细分类、叶面积指数、物候期	采用SG滤波平滑处理和基于离散点峰值数提取技术，生成全球粮食主产区内的峰值频数分布图，再利用空间统计模块得到以国家为单元的复种指数	数据名称：耕地复种指数产品数据； 数据类型：矢量、栅格、图片、数字、文字等； 数据格式：Shape、GeoTIFF、jpg、xls、doc/txt

(6) 旱情遥感监测模块功能(表 5-7)。

表 5-7　旱情遥感监测模块功能描述

模块编号：6	模块名称：旱情遥感监测模块	模块标识符：HQZSJC
输入	处理	输出
地表温度、土地覆盖、土壤水分、感热通量、潜热通量、蒸散、归一化植被指数、增强植被指数、植被覆盖度、物候期、干旱指数	指数计算、全球不同区域旱情指标结果分析、适宜旱情指标选取、全球尺度旱情监测时空分析产品生成	数据名称：农业旱情产品数据； 数据类型：矢量、栅格、图片、数字、文字等； 数据格式：Shape、GeoTIFF、jpg、xls、doc/txt

(7) 产品输出模块功能(表 5-8)。

表 5-8　产品输出模块功能描述

模块编号：7	模块名称：产品输出模块	模块标识符：CPSC
输入	处理	输出
各类农业专题产品数据	格式、投影转换、专题图渲染，添加指北针、图例、比例尺和标题等	数据名称：各类农业专题产品数据及专题图； 数据格式：Shape、GeoTIFF、jpg、xls、doc/txt

(8) 数据预处理模块功能(表 5-9)。

表 5-9　数据预处理模块功能描述

模块编号：8	模块名称：数据预处理模块	模块标识符：SJYCL
输入	处理	输出
遥感影像数据、共性产品数据、气象数据、地面数据	镶嵌、裁切、投影转换、格式转换、波段组合、融合、重采样、插值、数据检验及标准化等处理	标准化后符合农业专题产品数据生产要求的遥感影像数据、共性产品数据、气象数据、地面数据

(9) 数据管理模块功能(表 5-10)。

表 5-10　数据管理模块功能描述

模块编号：9	模块名称：数据管理模块	模块标识符：SJGL
输入	处理	输出
遥感影像数据、共性产品数据、气象数据、地面数据	数据入库、数据查询检索、数据浏览、数据统计、数据备份、数据恢复、数据库维护	整理入库后的遥感影像数据、共性产品数据、气象数据、地面数据

(10)系统维护模块功能(表 5-11)。

表 5-11　系统维护模块功能描述

模块编号：10	模块名称：系统维护模块	模块标识符：XTWH
输入	处理	输出
用户、权限、角色、功能、任务及日志	添加、修改、查询、删除	用户信息、角色信息、权限信息、功能信息、任务信息、日志信息

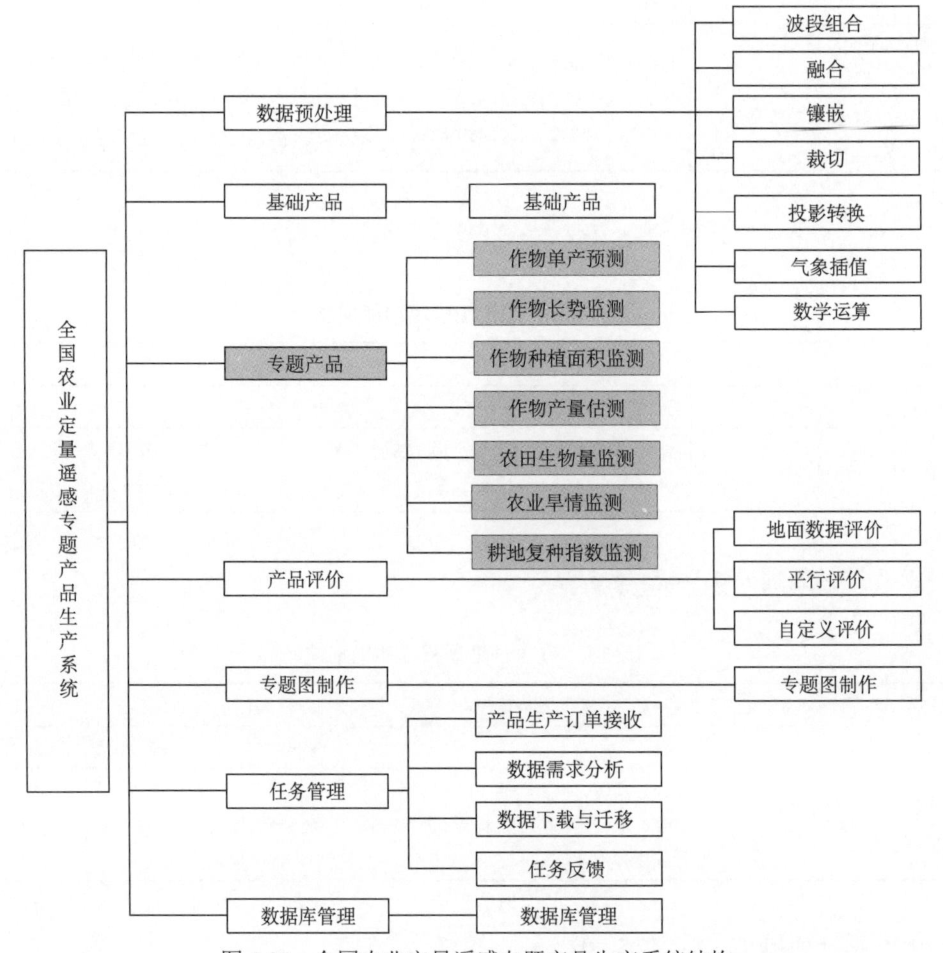

图 5-24　全国农业定量遥感专题产品生产系统结构

2. 全国农业定量遥感专题产品生产系统功能模块设计

全国农业定量遥感专题产品生产系统包括 7 个子系统：数据预处理子系统、农情基础产品生产子系统、农情专题产品生产子系统、产品质量检验子系统、专题图制作子系统、任务管理子系统、数据库管理子系统。模块功能结构如图 5-24 所示。

1) 数据预处理子系统

数据预处理功能部分将在共性产品软件开发的基础上，立足于农业专题产品生产过程中所需的遥感、气象、地面调查、农业统计、基础背景等 6 类数据，面向农业专题产品生产的迫切需求，主要针对遥感数据、气象数据进行数据预处理部分的开发。

针对遥感数据，实现影像波段组合、融合、镶嵌、裁切、投影转换等模块的开发；针对气象数据，主要实现气象数据空间插值模块的开发；针对专题产品生产过程中的波段、矢量，以及空间叠加运算等，开发数学运算模块。其共进行 7 个模块的开发，各模块概略功能如下所述。

(1) 波段组合模块功能(表 5-12)。

表 5-12　波段组合模块功能描述

模块编号：1	模块名称：波段组合模块	模块标识符：BDZH
输入	处理	输出
具有相同空间位置或相同空间投影、相同或不同空间分辨率的 2 个或 2 个以上单波段影像或者单波段文件	具有相同空间分辨率的影像，合并为 1 个虚拟显示的影像； 具有相同空间分辨率的影像，合并为 1 个磁盘文件； 具有不同空间分辨率的影像，按照高空间分辨率合并为 1 个虚拟显示的影像； 具有不同空间分辨率的影像，合并为 1 个磁盘文件	虚拟合成文件的显示； 磁盘文件的合成与存储

(2) 融合模块功能(表 5-13)。

表 5-13　融合模块功能描述

模块编号：2	模块名称：融合模块	模块标识符：RH
输入	处理	输出
具有相同投影、相同位置的高空间分辨率全色影像、低空间分辨率多光谱影像	对低空间分辨率数据采用 HSV、HLS 等彩色空间变换，在变化后的空间采用线性等方案加入高空间分辨率影像特征，再对低空间分辨率数据进行反变换	加入高空间全色波段反射(DN)值特征的低空间分辨率多光谱数据，具有高空间分辨率的纹理与地物可辨特征

(3)镶嵌模块功能(表 5-14)。

表 5-14　镶嵌模块功能描述

模块编号：3	模块名称：镶嵌模块	模块标识符：XQ
输入	处理	输出
具有相同投影、相同空间分辨率、相同波段序列的 2 个以上待处理遥感影像	将 2 个以上的影像文件按照原波段顺序拼接为 1 个影像文件，并具有影像灰度一致或保留原灰度的能力	具有灰度一致化的统一数据文件； 具有原文件各自灰度特征的同一文件数据

(4)裁切模块功能(表 5-15)。

表 5-15　裁切模块功能描述

模块编号：4	模块名称：裁切模块	模块标识符：CQ
输入	处理	输出
具有某一特定地理坐标的待裁切的影像；具有某一特定地理坐标的裁切影像或矢量数据	将待裁切影像按照裁切影像的地理范围进行裁切	按照裁切影像或矢量范围输出，具有与原待裁切影像相同空间、灰度特征的影像文件

(5)投影转换模块功能(表 5-16)。

表 5-16　投影转换模块功能描述

模块编号：5	模块名称：投影转换模块	模块标识符：TYZH
输入	处理	输出
已知地球投影、无坐标信息的遥感影像； 具有某一地球投影信息的遥感影像	对已知地球投影、无坐标信息的遥感影像，通过指定头文件，形成带有特定地球投影信息的遥感影像； 按照用户指定的地球投影特征进行投影转换	带有指定投影信息的影像数据文件； 具有用户指定地球投影信息的影像数据文件

(6)气象插值模块功能(表 5-17)。

表 5-17　气象插值模块功能描述

模块编号：6	模块名称：气象插值模块	模块标识符：QXCZ
输入	处理	输出
待处理气象要素观测数据(文本文件或 Excel 文件)； 气象台站的空间分布矢量数据	按气象台站编号，自动与站点的空间位置连接，选择插值算法，完成 1 个或批量气象要素空间插值	空间化的气象要素

(7) 数学运算模块功能(表 5-18)。

表 5-18　数学运算模块功能描述

模块编号：7	模块名称：数学运算模块	模块标识符：SXYS
输入	处理	输出
待处理影像	影像间或波段间的加减乘除等简单的数学运算	处理好的影像

2) 农情基础产品生产子系统

其生产内容包括两类产品：一类是遥感基础产品，如地表反射率、地表温度、NDVI、EVI 等；另一类是农情基础产品，如作物物候期、LAI、PAR 及 ET 等。前者是以 1 期项目内容形成的产品，后者则依托于形成一个农情基础产品模块进行生产(表 5-19)。

表 5-19　农情基础产品生产模块功能描述

模块编号：8	模块名称：农情基础产品模块	模块标识符：JCCP
输入	处理	输出
全国区域 8 天或 10 天合成的 250 m 或 500 m 空间分辨率 EOS/MODIS-NDVI 或 EVI 或地表反射率数据，1000 m 空间分辨率的 LST 数据； 全国区域 8 天或 10 天合成的 250 m 空间分辨率 FY-1A/B-NDVI 或 EVI 或地表反射率数据，1000 m 空间分辨率的 LST 数据； 全国 250 m、500 m 和 1000 m 空间分辨率的气温、降水、日照等气象要素的空间插值数据； 东北/华北区域以 10 天为间隔的 HJ-1A/B 卫星 30m 空间分辨率的 NDVI 和地表反射率数据	对 NDVI 或 EVI 阈值、均值、最大化变化斜率、最大曲率突变等进行处理，获取作物物候期产品； 通过辐射传输模型获取神经元网络，通过地表反射率的输入获得 LAI； 通过辐射传输模型构建各种观测几何和土壤背景下的各波段反射率输入与 LAI 的关系表，采用查找表的方式搜寻观测反射率与模拟反射率最为接近时的 LAI 值； 基于辐射传输方程，构建大气参数与地表反射率的查找表，实现 PAR 的计算； 基于 Penman-Monteith 算法，逐像元输入气温、降水、日照、风速等气象要素，实现基于气象数据的 ET 获取	全国范围 250 m 或 500 m 或 1000 m 空间分辨率的物候期产品； 全国范围 250 m 或 500m 或 1000 m 空间分辨率的 LAI 产品； 全国范围 250 m 或 500 或 1000 m 空间分辨率的 PAR 产品； 全国范围 250 m 或 500 m 或 1000 m 空间分辨率的 ET 产品； 东北/华北区域 30 m 空间分辨率作物物候期产品； 东北/华北区域 30 m 空间分辨率 LAI 产品； 东北/华北区域 30 m 空间分辨率 PAR 产品

3) 农情专题产品生产子系统

其主要包括作物单产预测、作物长势监测、作物种植面积监测、作物产量估测、农田生物量监测、农业旱情监测和耕地复种指数监测 7 个模块的开发，主要功能概述如下。

(1)作物单产预测模块功能(表 5-20)。

表 5-20　作物单产预测模块功能描述

模块编号：9	模块名称：作物单产预测模块	模块标识符：ZWDCYC
输入	处理	输出
全国区域 8 天或 10 天合成的 250 m 或 500 m 或 1000 m 空间分辨率 EOS/MODIS-NDVI 或 EVI、LAI 和 PAR 数据； 全国区域 8 天或 10 天合成的 250 m 或 1000 m 空间分辨率 FY-1A/B-NDVI 或 EVI、LAI 和 PAR 数据； 全国 250 m、500 m 和 1000 m 空间分辨率的气温、降水、日照等气象要素的空间插值数据； 东北/华北区域以 10 天为间隔的 HJ-1A/B 卫星 30 m 空间分辨率的 NDVI、LAI 和 PAR 数据； 全国分区的光能利用效率/作物收获系数/干物质比参数； 全国以县为单元的空间化的年际单产统计数据； 全国 250 m、500 m 和 1000 m 空间分辨率作物空间分布图； 东北/华北 30 m 空间分辨率作物空间分布图； 典型区域样方尺度年季单产数据	气象-统计单产模型，基于空间气象数据与县级统计单元空间或年际间的统计回归计算； NDVI/EVI/NPP-统计单产模型，基于县级单元 NDVI/EVI/NPP 等参量雨县级统计单元间的空间或年际统计回归计算； 空间化的 WOFOST 机理模型，在作物参数空间化的基础上，基于逐点作物生长机理模拟的空间产量； 基于权重的作物单产模型，针对不同模型单产结果，采用专家评判权重的方法，获得优化的单产结果	基于气象-统计单产模型的全国 250 m、500 m 和 1000 m 空间分辨率主要农作物单产； 基于 NDVI/EVI/NPP-统计单产模型的全国 250 m、500 m 和 1000 m 空间分辨率主要农作物单产； 基于空间化的 WOFOST 机理模型的全国 250 m、500 m 和 1000 m 空间分辨率主要农作物单产； 基于气象-统计单产模型的东北/华北 30 m 空间分辨率主要农作物单产； 基于 NDVI/EVI/NPP-统计单产模型的东北/华北 30 m 空间分辨率主要农作物单产； 基于空间化的 WOFOST 机理模型的东北/华北 30 m 空间分辨率主要农作物单产

(2)作物长势监测模块功能(表 5-21)。

表 5-21　作物长势监测模块功能描述

模块编号：10	模块名称：作物长势监测模块	模块标识符：ZWZSJC
输入	处理	输出
全国 250 m、500 m 和 1000 m 空间分辨率的 EOS/MODIS-NDVI/EVI 多年数据； 全国 250 m 和 1000 m 空间分辨率的 FY-3A/B-NDVI/EVI 多年数据； 东北/华北 30 m 空间分辨率的 HJ-1A/B-NDVI 数据； 全国气温/降水/日照等气象要素 250 m、500 m 和 1000 m 空间分辨率数据； 东北/华北气温/降水/日照等气象要素 30m 空间分辨率数据	作物长势距平遥感模型，采用当年 NDVI/EVI 与多年平均值或某一年度 NDVI/EVI 值的差值，获得当年作物生长状况与多年平均状况比较的长势信息； 作物气候-遥感参数长势场景分析模型，以县级单元为基础，将气候类别与 NDVI/EVI 对应归类，获得不同年景对应的 NDVI/EVI 波动信息，作为长势分析的指标； 作物长势权重综合模型，采用专家打分的方法，获得不同年景条件下上述两种监测方法综合的结果	基于距平模型的全国范围 250 m、500 m 和 1000 m 空间分辨率的作物长势产品； 基于距平模型的东北/华北范围 30m 空间分辨率的作物长势产品； 基于气候-遥感参数长势场景分析模型的全国范围 250 m、500 m 和 1000 m 空间分辨率的作物长势产品； 基于气候-遥感参数长势场景分析模型的东北/华北范围 30 m 空间分辨率的作物长势产品； 基于权重综合的全国范围 250 m、500 m 和 1000 m 空间分辨率的作物长势产品； 基于权重综合的东北/华北范围 30 m 空间分辨率的作物长势产品

(3)作物种植面积监测模块功能(表5-22)。

表5-22 作物种植面积监测模块功能描述

模块编号：11	模块名称：作物种植面积监测模块	模块标识符：ZWZZMJJC
输入	处理	输出
全国250 m、500 m和1000 m空间分辨率的EOS/MODIS-NDVI/EVI/地表反射率多年数据； 全国250 m和1000 m空间分辨率的FY-3A/B-NDVI/EVI/地表反射率多年数据； 东北/华北 30 m 空间分辨率的HJ-1A/B-NDVI/地表反射率数据； 基于RapidEye/WorldView/无人机照片等高空间分辨率的作物样本数据	波谱角分类模型，在高分辨率影像样方的支持下，提取不同区域待识别作物中低分辨率数据NDVI/EVI/地表反射率季节波动曲线，采用波谱角度分类的方法提取作物面积； 决策树分类模型，在高分辨率影像样方的支持下，以高、中分辨率遥感数据作为数据源，采用面向目标的优化方法建立决策树，实现待分类作物的识别； 中高分辨率结合的高中分辨率遥感数据面积提取模型，在高分辨率影像样方的支持下，在低分辨率影像粗提背景的支持下，进行中分辨率待分类作物的识别； 不同模型结果综合权重结果，针对同一目标作物，采用专家打分的方法，获得更为可靠的面积分类产品	基于波谱角分类的全国 250 m、500 m 和1000 m空间分辨率主要作物面积空间产品； 基于波谱角分类的东北/华北 30m 空间分辨率主要作物面积空间产品； 基于决策树分类的全国 250 m、500 m 和1000 m空间分辨率主要作物面积空间产品； 基于决策树分类的东北/华北 30 m 空间分辨率主要作物面积空间产品； 基于中高分辨率结合的东北/华北 30 m 空间分辨率主要作物面积空间产品； 基于不同模型结果综合的全国250 m、500 m和 1000 m 空间分辨率主要作物面积空间产品； 基于不同模型结果综合的东北/华北 30 m 空间分辨率主要作物面积空间产品

(4)作物产量估测模块功能(表5-23)。

表5-23 作物产量估测模块功能描述

模块编号：12	模块名称：作物产量估测模块	模块标识符：ZWCLGC
输入	处理	输出
作物单产结果； 作物面积结果； 县级单元作物产量数据	作物面积与作物单产乘法模型，根据不同方法的作物面积、单产结果进行组合乘法，获取作物产量； 作物产量乘法优化模型，根据综合的面积、单产结果进行乘法，结合长势场景分析结果，获取作物产量	全国范围250 m、500 m和1000 m空间分辨率产量空间分布产品； 东北/华北30 m空间分辨率产量空间分布产品

(5)农田生物量监测模块功能(表5-24)。

表5-24 农田生物量监测模块功能描述

模块编号：13	模块名称：农田生物量监测模块	模块标识符：NTSWLJC
输入	处理	输出
全国范围250 m、500 m和1000 m空间分辨率的PAR产品； 全国范围250 m、500 m和1000 m空间分辨率的LST产品； 东北/华北30 m空间分辨率的PAR产品； 全国不同区域光能利用效率、作物干物质比参数	农田生物量模型	全国范围250 m、500 m和1000 m空间分辨率的农田生物量产品； 东北/华北30 m空间分辨率农田生物量产品

(6)农业旱情监测模块功能(表 5-25)。

表 5-25　农业旱情监测模块功能描述

模块编号：14	模块名称：农业旱情监测模块	模块标识符：NYHQJC
输入	处理	输出
全国范围多年 250 m、500 m 和 1000 m 空间分辨率的 NDVI/EVI/LAI 产品； 全国范围多年 250 m、500 m 和 1000 m 空间分辨率的 LST 产品； 东北/华北 30 m 空间分辨率的 NDVI/LAI 产品； 全国范围干旱分区及干旱评价指标； 全国范围 30 m、250 m、500 m 和 1000 m 空间分辨率气象要素插值产品	PTI、CWSI、VCI、TVI、TVDI、VTCI 和 NMDI 等干旱指数模型； 基于 SWAP 模型的作物土壤水分模拟模型	全国范围 250 m、500 m 和 1000 m 空间分辨率的 PTI、CWSI、VCI、TVI、TVDI、VTCI 和 NMDI 等干旱指数产品； 东北/华北 30 m 空间分辨率的 PTI、CWSI、VCI、TVI、TVDI、VTCI 和 NMDI 等干旱指数产品； 东北/华北 250 m、500 m 和 1000 m 空间分辨率的 SWAP 土壤水分产品

(7)耕地复种指数监测模块功能(表 5-26)。

表 5-26　耕地复种指数监测模块功能描述

模块编号：15	模块名称：耕地复种指数监测模块	模块标识符：GDFZZSJC
输入	处理	输出
全国范围 250 m、500 m 和 1000 m 空间分辨率作物面积空间分布产品； 东北/华北 30 m 空间分辨率作物面积空间分布产品； 全国范围多年 250 m、500 m 和 1000 m 空间分辨率 NDVI/EVI 产品； 东北/华北多年 30 m 空间分辨率 NDVI 产品	基于作物面积的复种指数模型； 基于二次差分技术的作物曲线波峰数提取的复种指数模型	基于作物面积复种指数模型的全国范围 250 m、500 m 和 1000 m 空间分辨率作物复种指数产品； 基于波峰数模型的全国范围 250 m、500 m 和 1000 m 空间分辨率作物复种指数产品； 基于作物面积复种指数模型的东北/华北范围 30 m 空间分辨率作物复种指数产品； 基于波峰数模型的东北/华北范围 30 m 空间分辨率作物复种指数产品

4) 产品质量检验子系统

其主要包括地面数据评价、平行评价等内容，此外，还提供根据用户需要的自定义评价功能。

(1)地面数据评价模块功能(表 5-27)。

表 5-27　地面数据评价模块功能描述

模块编号：16	模块名称：地面数据评价模块	模块标识符：DMSJPG
输入	处理	输出
待评价区域的矢量数据； 待评价的基础或专题产品； 地面实测数据的空间矢量数据	将地面实测数据与待评价产品进行比较，给出待评价产品与地面实测结果的差异	待评价产品与地面实测数据对比的统计数据和精度评价

(2)平行评价模块功能(表 5-28)。

表 5-28　平行评价模块功能描述

模块编号：17	模块名称：平行评价模块	模块标识符：PXPJ
输入	处理	输出
待评价区域的矢量数据； 待评价的基础或专题产品； 其他单位或利用其他数据生产的同类产品	将待评价的产品和同类产品按照选定区域进行比较，给出待评价产品与同类产品的差异	待评价产品与同类产品对比的统计数据和精度评价

(3)自定义评价模块功能(表 5-29)。

表 5-29　自定义评价模块功能描述

模块编号：18	模块名称：自定义评价模块	模块标识符：ZDYPJ
输入	处理	输出
待评价区域的矢量数据； 待评价的基础或专题产品； 参考影像数据	从参考影像中选择适合用于精度检验的线状或面状区域作为验证样本，与待评价产品进行比较，给出待评价产品与验证样本的差异	待评价产品与自定义检验数据对比的统计数据和精度评价

5)专题图制作子系统

其主要针对各类基础、专题产品进行制图，包括 1 个模块的开发，见表 5-30。

表 5-30　专题图制作模块功能描述

模块编号：19	模块名称：专题图制作模块	模块标识符：ZTTZZ
输入	处理	输出
选择区域矢量数据、地面实测数据、基础产品、专题产品	专题图制作，实现专题图渲染，添加指北针、图例、比例尺和标题等	地面实测数据、基础产品、专题产品的专题图

6)数据库管理子系统

其主要针对基础产品、专题产品、地面实测产品、用户信息、用户权限内容进行相关数据库管理，包括 1 个模块的开发，见表 5-31。

表 5-31　数据库管理模块功能描述

模块编号：20	模块名称：数据库管理模块	模块标识符：SJKGL
输入	处理	输出
基础产品、专题产品、地面实测产品、用户信息、用户权限内容	数据库管理	基础产品、专题产品、地面实测产品、用户信息、用户权限表

7) 任务管理子系统

其实现任务调度、任务管理、目标数据下载、迁移与存储等功能数，包括以下4个模块的开发。

(1) 产品生产订单接收模块功能(表5-32)。

表5-32　产品生产订单接收模块功能描述

模块编号：21	模块名称：产品生产订单接收模块	模块标识符：CPSCDDJS
输入	处理	输出
需求订单	产品生产订单接收	需求订单

(2) 数据需求分析模块功能(表5-33)。

表5-33　数据需求分析模块功能描述

模块编号：22	模块名称：数据需求分析模块	模块标识符：SJXQFX
输入	处理	输出
需求订单	数据需求分析	需求订单

(3) 数据下载与迁移模块功能(表5-34)。

表5-34　数据下载与迁移模块功能描述

模块编号：23	模块名称：数据下载与迁移模块	模块标识符：SJXZYQY
输入	处理	输出
需求订单	数据下载与迁移	需求订单

(4) 任务反馈模块功能(表5-35)。

表5-35　任务反馈模块功能描述

模块编号：24	模块名称：任务反馈模块	模块标识符：RWFK
输入	处理	输出
订单	任务反馈	订单完成情况

5.3.5　系 统 环 境

1. 硬件环境

全球农业定量遥感专题产品生产系统的硬件环境要求如下。

(1) CPU：Intel Core i3 2.4GHz 以上；
(2) 内存：2G 以上；
(3) 硬盘：300G 以上；
(4) 网卡：100M 以太网卡；
(5) 操作系统：Windows 7 以上操作系统；
(6) 显卡：显存 512M 以上。

2. 软件环境

全球农业定量遥感专题产品生产系统开发拟采用以下软件环境。

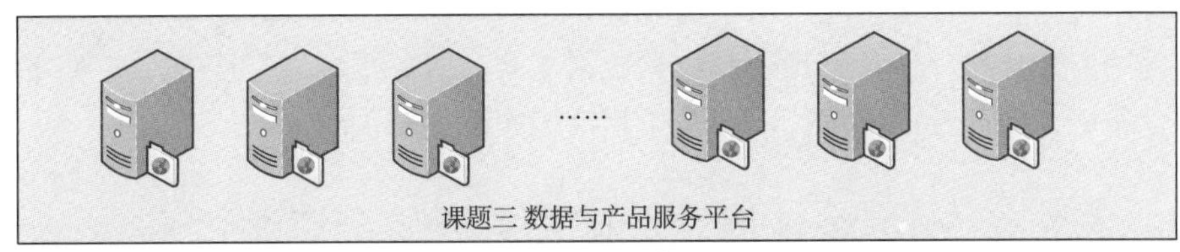

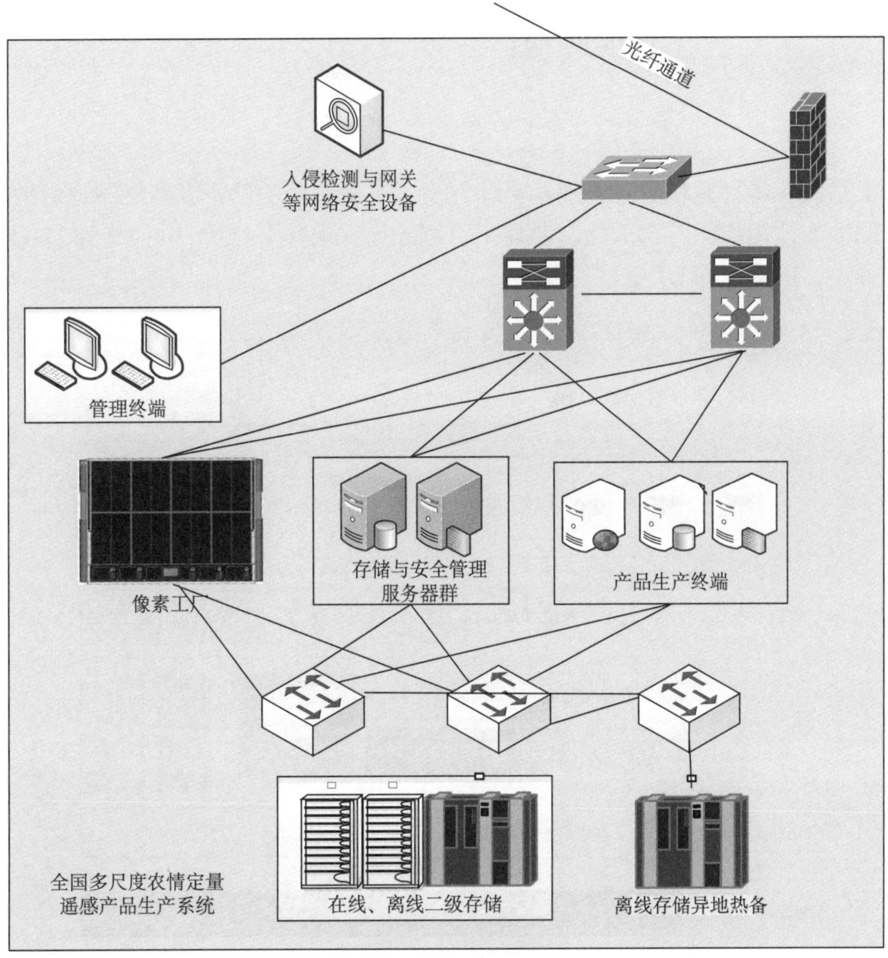

图 5-25　网络拓扑结构图

(1) 操作系统：Windows Server/ Windows 7；

(2) 微软 .Net Framework 3.5；

(3) 开发工具：Visio Studio 2010；

(4) 数据库管理软件：服务器端使用商业数据库软件 Oracle 11g；

(5) GIS 基础支撑软件：ArcGIS 10.0/10.1 系列软件(ArcGISServer\SDE\Engine 等)；

(6) 遥感影像处理软件：ENVI4.8/ENVI5.0。

3. 系统部署

全球农业定量遥感专题产品生产系统部署在中国农业科学院农业资源与农业区划研究所。该单位是农业部遥感应用中心的业务单位，承担农业部农业遥感常规运行任务。该系统采用 C/S 架构，任务管理子系统和数据与产品服务平台进行连接，并对外提供接口，其余系统全部都是内网运行，网络拓扑结构如图 5-25 所示。

5.4 全球巨型成矿带重要矿产资源和能源遥感探测与评价系统

5.4.1 系统构架

基于系统总体目标和概念模型，全球巨型成矿带重要矿产资源和能源遥感探测与评价系统的框架结构如图 5-26 所示，总体上可划分为软硬件支撑层、功能支撑层、数据层、数据服务层、应用层和 UI 层。

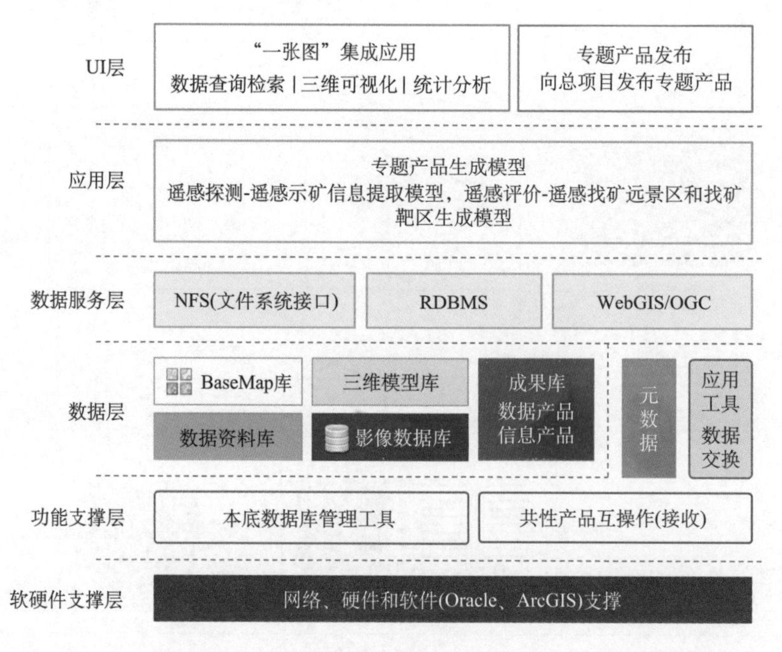

图 5-26　全球巨型成矿带重要矿产资源和能源遥感探测与评价系统框架结构

1)软硬件支撑层

软硬件支撑层包括支撑系统运行所需的网络、硬件、软件等。

2)功能支撑层

功能支撑层是系统的核心功能部分，该部分包括 4 个组成部分：系统管理模块(数据中心管理工具)、共性产品互操作模块、数据交换工具和元数据。系统管理模块提供了数据中心的基本管理功能，如数据、数据服务的管理、添加、修改等功能，以及数据中心运行、维护所需的管理、监测、维护工具。共性产品互操作模块主要负责读入总项目的共性产品。数据交换工具主要面向数据中心的各类数据，提供数据采集、编辑、维护等功能。元数据存储了数字化资料、数据产品、业务数据等对象的名称、描述、关键字、空间位置、摘要、时间等信息，是系统管理模块和应用工具对数据管理、维护的基础数据支撑，也是数据中心的数据查询、检索系统的基础。

3)数据层

数据层由数据资料库、BaseMap 库、影像数据库(包括共性产品)、三维模型库和成果数据库组成，实现了系统数据的统一存储、管理。

4)数据服务层

数据服务层在统一的数据模型的基础上，面向业务应用系统和信息提取模型，提供了统一的数据服务接口层。通过为业务应用和遥感信息提取模型提供统一的数据服务接口，实现了数据与系统解耦，为基于 Web 服务和 WPS 的遥感信息提取模型集成提供了基础支撑。

5)应用层

应用层在统一的数据服务层的基础上，提供了多源、多尺度数据一体化管理，遥感探测与评价模型的松耦合集成、管理和调用，探测与评价过程和结果数据的集成管理。通过统一的数据模型，以及遥感探测与评价模型开发、集成的标准和规范，实现相关项目研制开发的业务模型的集成、管理和调用。

6)UI 层

UI 层通过三维地理信息系统和 Virtual Globes，通过数据集成、应用集成和成果集成，实现各个业务应用模块的集成应用，为用户提供了统一的应用接口。UI 层提供了多源、多尺度数据一体化管理与快速查询，遥感探测与评价模型的松耦合集成、管理和调用，实现模型的过程和结果数据的三维建模和可视化，探测与评价过程和结果数据的集成管理、可视化和查询统计等业务应用。

系统采用 C/S 和 B/S 混合结构，本底数据库管理模块、元数据管理模块及信息提取等业务模块采用 C/S 架构，统一集成于基于三维 GIS 的“一张图”应用系统；而数据查询检索、统计分析等面向示矿信息遥感提取和基于遥感示矿信息的矿产资源评价成果数据的业务应用可采用 B/S 架构；遥感探测与评价模型构建于统一的数据中心(本底数据库)之上，基于统一的接口标准独立开发，通过集成规范松耦合集成于系统，实现模型的松耦合集成、管理和调用。

5.4.2 业务流程

全球巨型成矿带重要矿产资源和能源遥感探测与评价系统业务流程如图 5-27 所示。

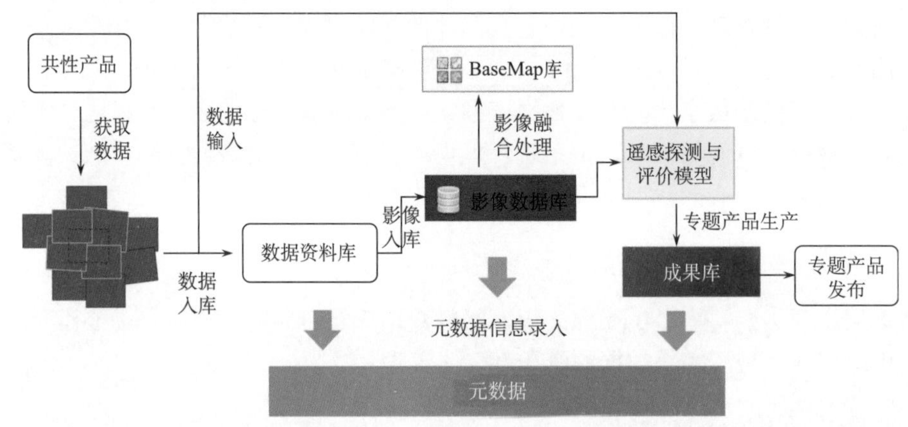

图 5-27　全球巨型成矿带重要矿产资源和能源遥感探测与评价系统业务流程图

(1) 系统从外部获取遥感影像数据(包括共性产品)，存入系统的数据资料库，并更新元数据信息；

(2) 如果数据符合专题产品的生产要求，则直接调用遥感探测与评价模型，完成专题产品生成，并将结果数据保存到成果库，同时更新元数据信息；

(3) 对于需要进行信息提取的数据，按照项目建立的数据标准，应用本底数据库管理工具，存入影像数据库，并更新元数据信息；

(4) 从影像数据库抽取所需的 DEM、影像等数据，构建 BaseMap 库；

(5) 定期从影像数据库选择新的影像数据，通过融合、处理，更新到 BaseMap 库，保持 BaseMap 库的时效性；

(6) 用户通过元数据信息，从影像数据库选择要进行信息提取的影像数据，调用遥感探测与评价模型，完成专题产品生成，将结果数据保存到成果库，并更新元数据信息；

(7) 专题产品分布与共享，通过重大项目门户网站发布专题产品，同时面向地矿行业发布。

5.4.3 功能结构

全球巨型成矿带重要矿产资源和能源遥感探测与评价系统主要功能包括数据管理模块(包括本底数据库管理、元数据管理、数据字典管理及数据查询检索)、订单管理模块(包括订单接收、任务分配及订单提交)、遥感探测模块[包括遥感解译地质图(包括线性构造与环形构造)模块、铁染矿物异常生成模块、羟基矿物异常生成模块、泥化-绢英岩化类蚀变矿物组合信息生成模块和青磐岩化蚀变矿物组合信息生成模块 5 种专题产品生成模块]、遥感评价模块(包括遥感找矿远景区预测模块和遥感找矿靶区预测模块、油气勘探综合异常区预测模块 3 种专题产品生成模块)、专题产品管理与发布模块。

1) 数据管理模块

该模块主要存储和管理全球巨型成矿带重要矿产资源和能源遥感探测与评价业务示范区所需的共性产品(多源卫星数据)，探测与评价所需的地质、矿产、地理等多尺度基础数据，以及生成遥感探测与评价专题产品并提供服务。该模块还包括元数据库管理、数据字典管理及基础数据的查询检索。

2) 订单管理模块

该模块主要实现接收由运营服务系统发送的专题产品订购的需求订单并反馈结果，对通过审核的任务进行解析，调用课题三的共性产品编目接口查询共性产品，再向课题三提交订购需求或生产需求，并接收请求的产品。基于这些共性产品，调用相应的专题产品生成模块进行模型运算，生产专题产品之后，将订单结果(专题产品)反馈并提交到运营服务系统。

3) 遥感解译地质图(包括线性构造与环形构造)模块

构建遥感解译地质图(包括线性构造与环形构造)专题信息提取软件平台与技术流程框架。该模块综合利用国内外各种卫星遥感数据和共性产品获得地质-地貌-景观背景的映射规律，建立线性构造与环形构造和岩层解译标志，并提取线性构造与环形构造和岩层信息，综合典型区的地质找矿模型，生成工作区的遥感解译地质图。

4) 铁染矿物异常生成模块

该模块针对与铜、铁、金等成矿作用密切相关的铁质蚀变矿物异常，利用其特定的相对吸收谷和反射峰特征，基于多光谱卫星反射率共性产品，结合归一化植被指数特征，采用特定波段组合的主成分分析法或比值法，实现铁染矿物异常专题产品半自动或自动化生成的模块。

5) 羟基矿物异常生成模块

该模块针对与成矿作用密切相关的高岭石、绢云母、伊利石、蒙脱石和绿泥石等羟基蚀变矿物，利用其吸收谷和反射峰特征，基于多光谱卫星反射率共性产品，结合归一化植被指数特征，采用特定波段组合的主成分分析法或比值法，实现羟基矿物异常专题产品半自动或自动化生成的模块。

6) 泥化-绢英岩化类蚀变矿物组合信息生成模块

该模块针对与斑岩铜矿成矿密切相关的典型蚀变带矿物，即泥化-绢英岩化类蚀变矿物组合信息，利用其特定的吸收谷特征，基于 ASTER 多光谱卫星反射率共性产品，结合归一化植被指数特征，采用特定波段组合的主成分分析法或比值法，实现泥化-绢英岩化类蚀变矿物组合信息半自动或自动化生成的模块。

7) 青磐岩化蚀变矿物组合信息生成模块

该模块针对与斑岩铜矿成矿密切相关的典型蚀变带——青磐岩化蚀变矿物组合信息，利用其特定的吸收谷特征，基于 ASTER 多光谱卫星反射率共性产品，结合归一化植被指数特征，采用特定波段组合的主成分分析法或比值法，实现青磐岩化蚀变矿物组合信息半自动或自动化生成的模块。

8) 遥感找矿远景区预测模块

该模块针对区域尺度(1∶100 万～1∶25 万)找矿远景区进行预测，基于遥感综合评价基础专题产品，包括遥感解译地质图(主要利用其控矿的线性构造与环形构造、矿源层和富矿岩体等)、铁染矿物异常和羟基矿物异常，采用特定的数学模型或算法，实现遥感找矿远景区半自动或自动化生成的模块。

9) 遥感找矿靶区预测模块

构建遥感找矿靶区专题产品生成软件平台与技术流程框架。该模块针对重点区中大比例尺(≥1∶10 万)找矿有利区段或靶区进行预测，基于重点区遥感综合评价基础专题产品，包括遥感解译地质图(主要利用其控矿的线性构造与环形构造、矿源层和富矿岩体等)、铁染矿物异常和羟基矿物异常、泥化-绢英岩化类和青磐岩化蚀变矿物组合，利用该区遥感找矿模型(遥感找矿地质特征和专家知识)，圈定出遥感找矿靶区的模块。

10) 油气勘探综合异常区预测模块

该模块针对我国西部油气重点区(1∶5 万)，结合其他地面勘测资料，根据黏土矿物含量综合异常、碳酸盐矿物含量综合异常、地面光谱综合异常、航空/航天卫星数据异常 4 类异常，利用油气示矿信息和专家知识来圈定油气勘探综合异常区，并且生产相应专题产品的预测模块。

11) 专题产品管理与发布模块

该模块针对基于遥感探测与评价生产的专题产品，通过专题制图加工，形成标准的专题成果图，并实现入库管理与成果发布(包括向运营服务系统和行业发布)，根据任务驱动模式，运营服务系统下达的任务订单(该课题专项经费支持，通常为比例尺≤1∶25 万尺度的产品：包括南美洲 1∶500 万、秘鲁和智利 1∶100 万、秘鲁和智利重点成矿远景区 1∶25 万遥感解译地质图，秘鲁和智利安第斯成矿带铁染矿物异常和羟基矿物异常分布图，秘鲁和智利重点成矿远景区铁染矿物异常和羟基矿物异常分布图)生产的专题产品成果均向课题三反馈并发布共享；上级主管部门下达任务(即国家财政经费支持)生产的专题产品成果发布专题产品元数据，可通过联系并根据用途协议共享；相关单位和企业

(甲方)委托业务生产的专题产品无反馈。整个系统的功能模块结构如图 5-28 所示。

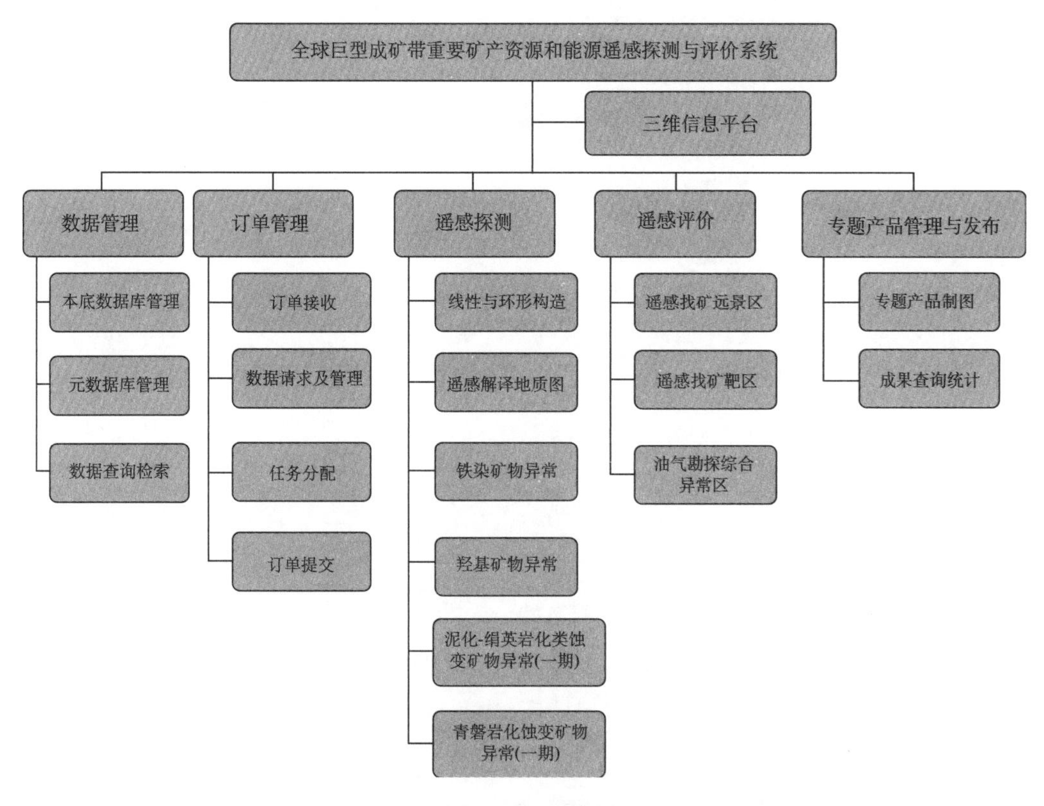

图 5-28　全球巨型成矿带重要矿产资源和能源遥感探测与评价系统功能模块结构图

5.4.4　系 统 界 面

1. 数据管理

数据管理由 BaseMap 数据库管理、数据文件管理和数据查询检索等模块组成。BaseMap 数据库管理用于管理底层数据模型，数据文件管理用于管理文件数据，数据查询检索为根据不同的条件对系统中数据进行查询检索。

1) BaseMap 数据库管理

BaseMap 数据库管理用于管理三维可视化中基础的图层，包括 DOM 影像数据管理、DEM 地形数据管理、GIS 矢量数据管理及标注。其中，DOM 影像数据管理包括 DOM 影像数据集管理和 DOM 影像数据服务管理，DEM 地形数据管理包括 DEM 地形数据集管理和 DEM 地形数据服务管理，GIS 矢量数据管理包括 GIS 矢量数据集管理和 GIS 矢量数据服务管理，标注信息包括 SQL Server、Access 和 Oracle 数据的管理(图 5-29)。

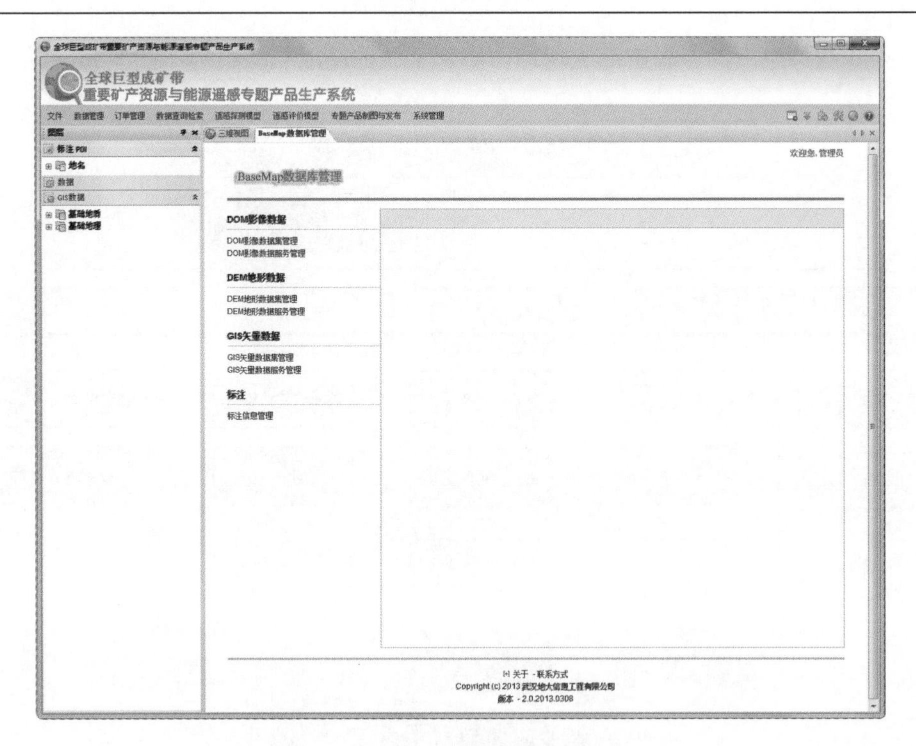

图 5-29　BaseMap 数据库管理界面

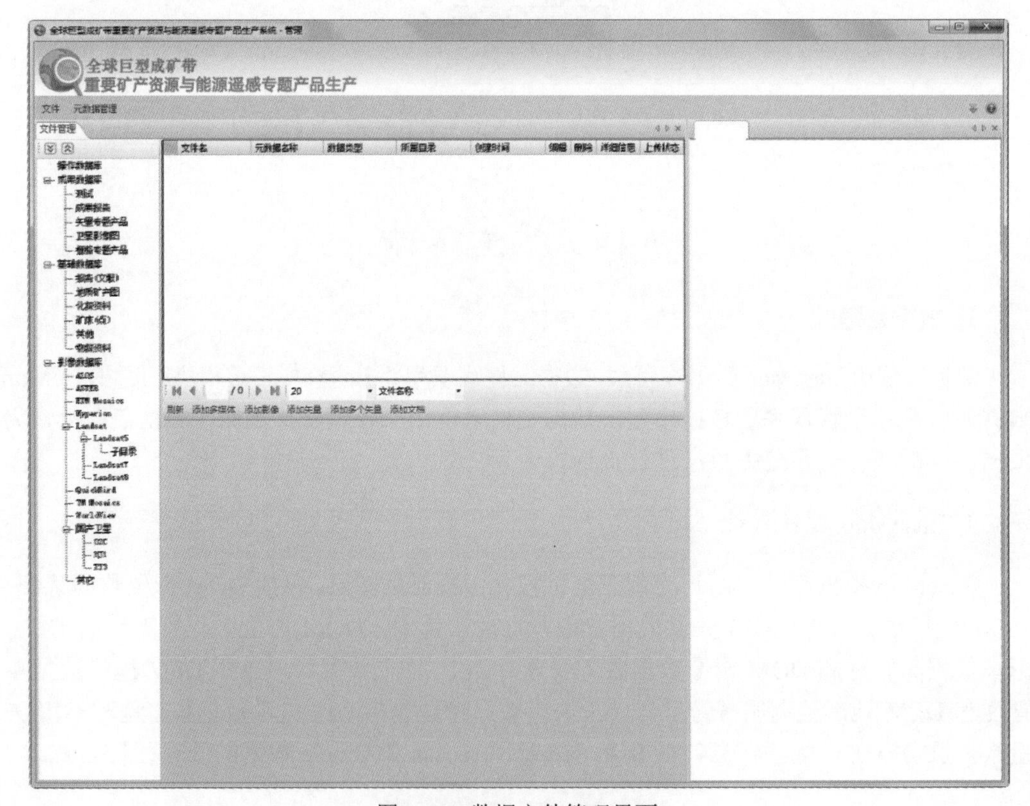

图 5-30　数据文件管理界面

2) 数据文件管理

其主要用于数据的上传、文件的编辑、分类目录管理和字典管理(全球巨型成矿带重要矿产资源和能源遥感探测与评价系统也有分类目录管理和字典管理，这里就只介绍数据的上传和文件的编辑)(图 5-30、图 5-31)。

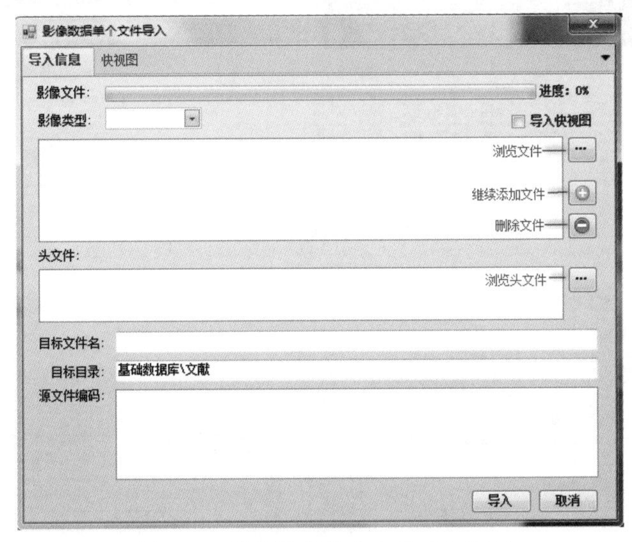

图 5-31　影像数据单个文件导入界面

3) 数据查询检索

基于本底数据库源文件和元数据的存储管理，实现基础数据、影像数据、成果数据的管理、查询、检索，数据查询检索系统可以实现以下内容。

(1) 数据目录查询检索，如根据不同比例尺数据目录、专业业务方向数据目录、项目或数据来源数据目录等方式浏览查询数据；

(2) 空间查询：实现基于任意空间范围的查询检索；

(3) 数据内容和元数据信息关键字查询：基于数据名称、内容、元数据信息的关键字查询。

查询检索结果可以在基于本底数据库的三维可视化环境下以空间范围的方式展示(图 5-32)。

2. 订单管理

订单管理模块主要包括对订单的获取、管理和查询功能。

1) 订单的获取

可以通过选择专题产品类型(图 5-33)，以及将其起始时间和结束时间作为查询条件来获取符合条件的订单。

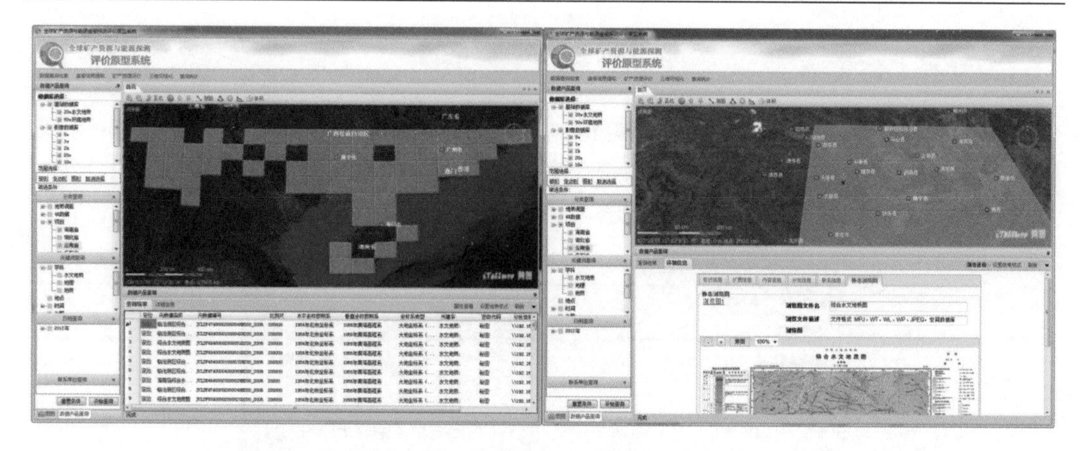

图 5-32　数据查询检索及元数据信息浏览

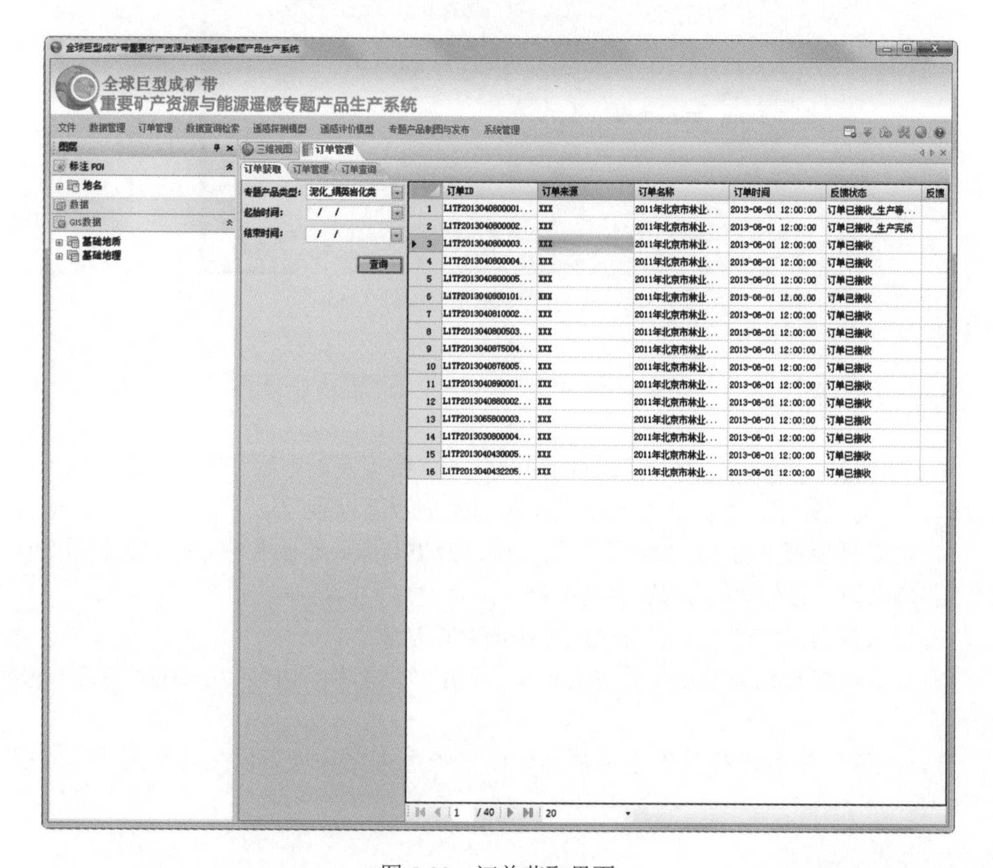

图 5-33　订单获取界面

2) 订单的管理

可以对已经生成的订单进行编辑，包括修改、删除等，还可以生产新的订单（图 5-34）。

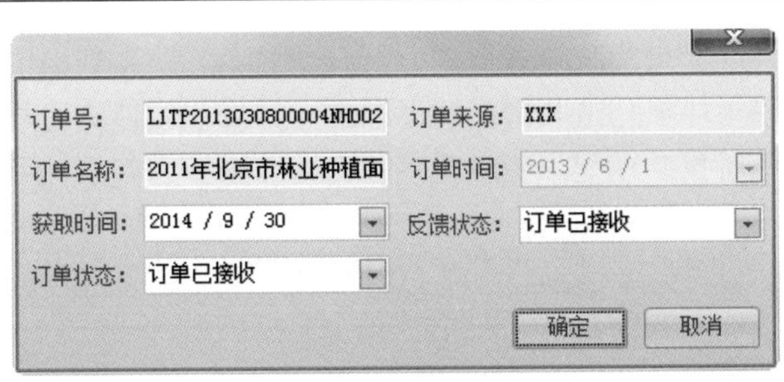

图 5-34　订单编辑

3) 订单的查询

将订单来源、订单名称、订单状态、反馈状态、订单时间和接收时间作为条件来查询订单，可进行组合查询和模糊查询，查询详情在图 5-35 右侧显示。

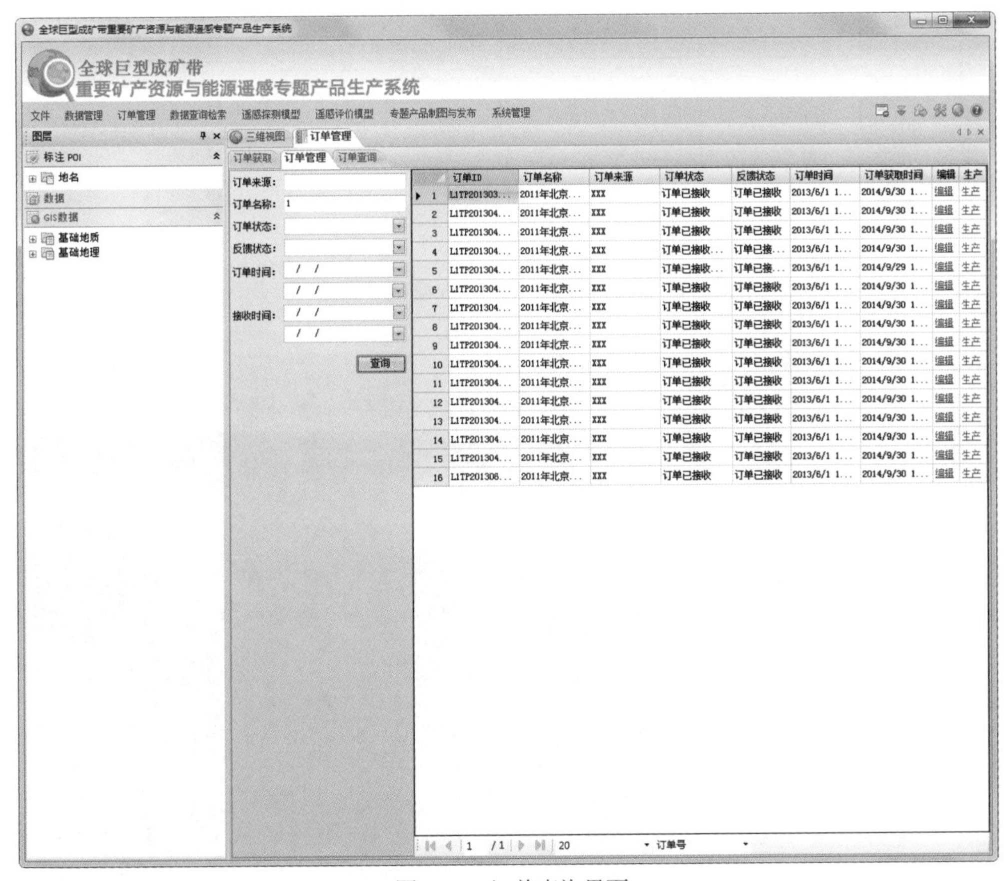

图 5-35　订单查询界面

3. 遥感探测模型

1) 遥感解译地质图（包括线性构造与环形构造）模块

综合利用 HJ、02C、ZY-3、ENVISAT、Landsat7、SPOT 和高光谱等卫星数据与共性产

品获得地质-地貌-景观背景的映射规律，利用航磁数据与 SAR 数据图像处理得到植被覆盖区，建立线性构造与环形构造和岩层解译标志，并提取线性构造与环形构造和岩层信息，综合典型区的地质找矿模型，生成遥感解译地质图专题产品(图 5-36，图 5-37)。

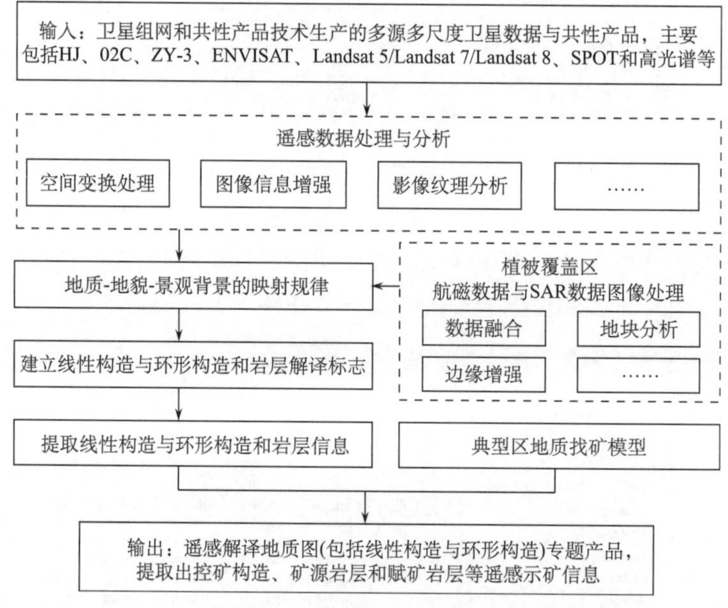

图 5-36　遥感解译地质图专题产品生产技术流程

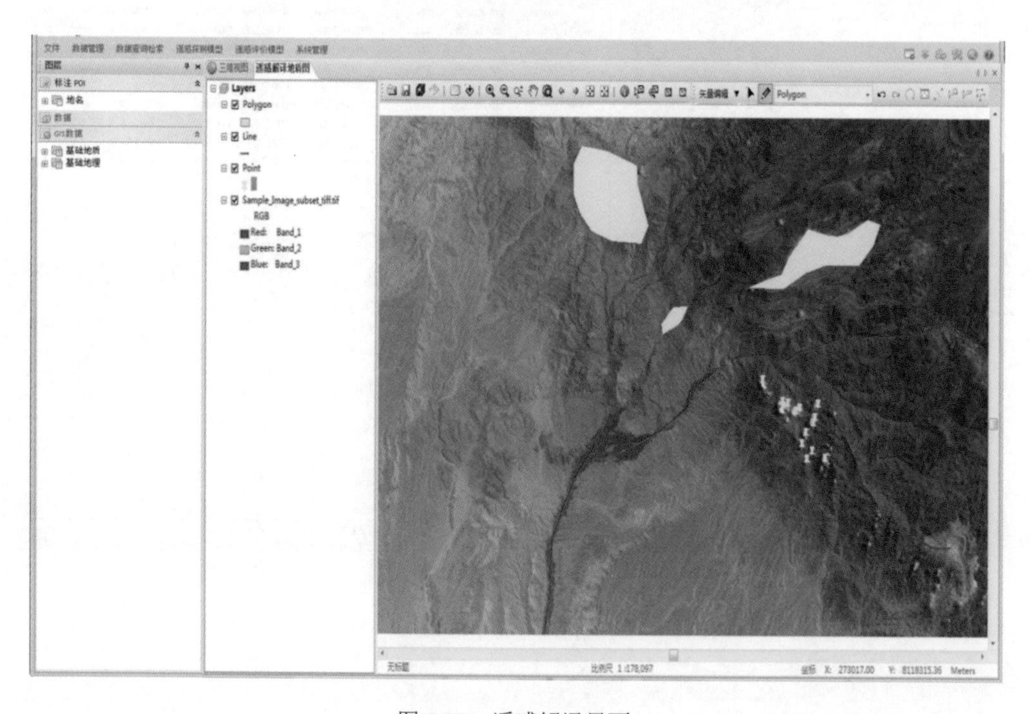

图 5-37　遥感解译界面

2)铁染矿物异常

地面上的各种岩石、土壤、植被及水体等均有各自独特的光谱特征，作为指示矿床和矿带存在的蚀变岩及蚀变带也具有独特的光谱特征。一般来说，含铁矿物在 ETM+1 和 ETM+4 波段有强吸收带，其为遥感矿化蚀变异常信息提取提供波谱依据(图 5-38)。

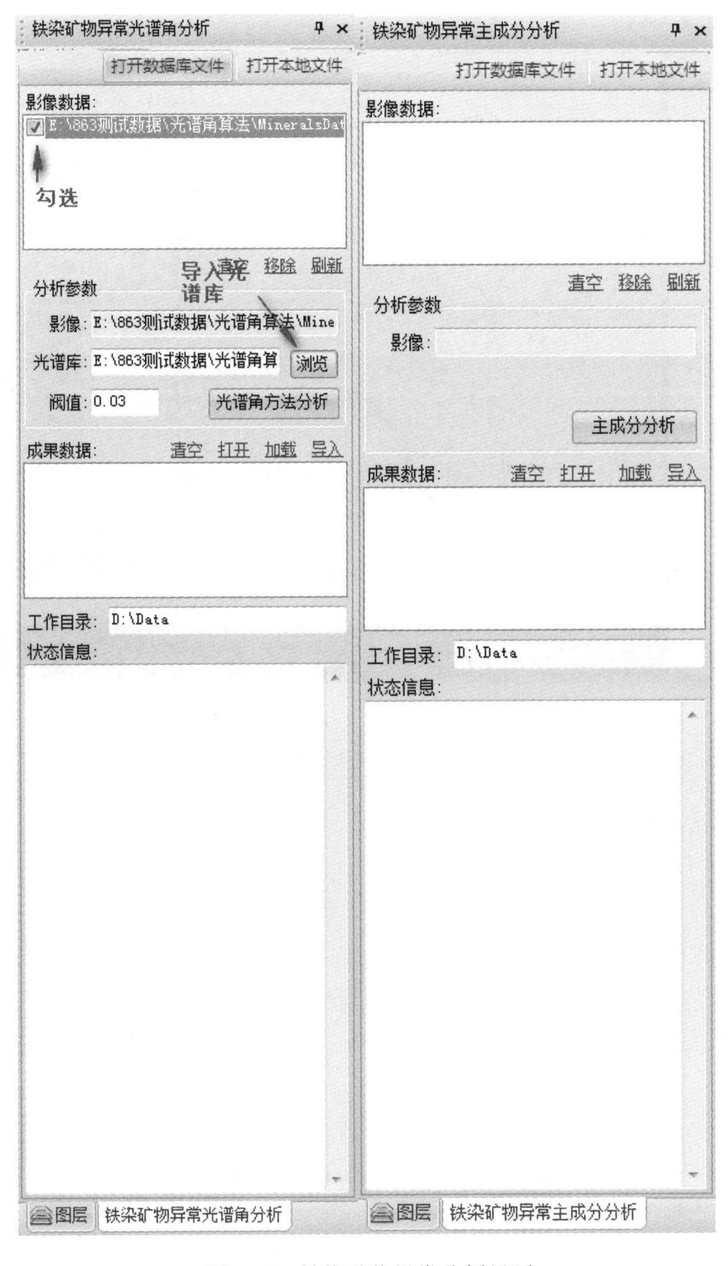

图 5-38　铁染矿物异常分析界面

3)羟基矿物异常

遥感蚀变信息是蚀变岩(带)在遥感影像上反映出来的一种综合光谱信息，一般说来，含羟基基团和含水的矿物在 ETM+7 波段附近有较强的吸收谱带，即在 ETM+7 波段产生低值，而在 ETM+5 波段有较强的反射谱带，即有相对的高值，利用这两个波段的处理结果数据做比值运算，以进行羟基蚀变异常信息的提取(图 5-39)。

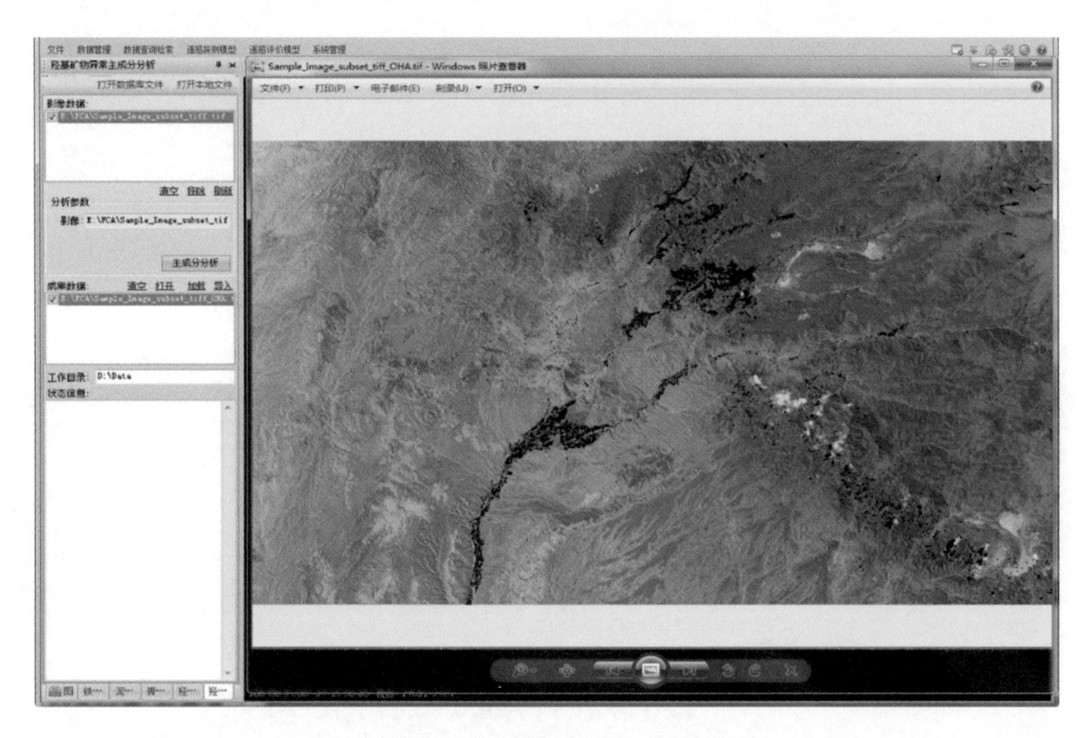

图 5-39　羟基矿物异常分析界面

4. 遥感评价模型

1)遥感找矿远景区

在线性构造与环形构造专题产品、遥感解译地质图(矿源和赋矿岩层)专题产品、铁染矿物异常和羟基矿物异常专题产品，以及其他辅助信息的基础上，选取已知矿点数据作为训练数据，采用适当的遥感综合评价数学模型，综合计算成矿概率，并结合遥感综合评价技术体系，得到遥感找矿远景区专题产品。

首先进行数据检查，并根据已知矿点数据选择训练数据(X, Y)，之后选取遥感综合评价数学模型，计算每个单元/证据的成矿概率，并综合遥感找矿模型和遥感综合评价技术体系，最后得到遥感找矿远景区专题产品，如图 5-40 和图 5-41 所示。

图 5-40　数据读取参数输入界面

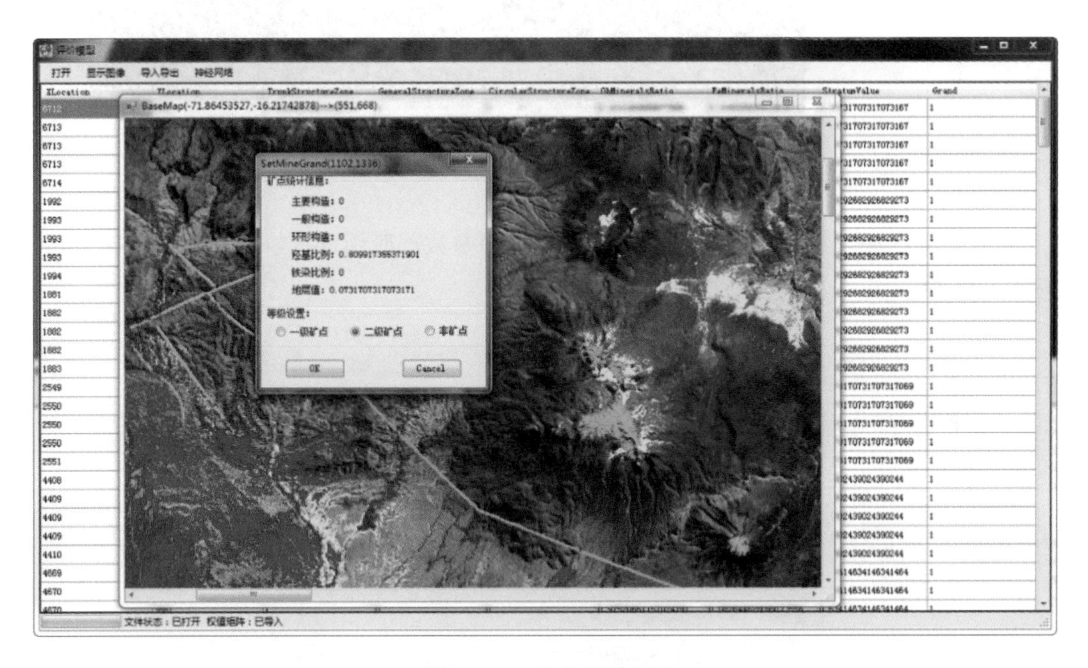

图 5-41　矿点采样界面

主要方法有 BP 神经网络、逻辑回归法和证据权法。

(1) BP 神经网络。BP 神经网络是通过读取已有参数文件，设置缓冲半径参数及 RGB 值，在 BaseMap 窗体对影像进行矿点采样，导入权值矩阵，进行采样点训练，对遥感找矿远景区进行预测，输出预测成果。

(2) 逻辑回归法。通过分别填入相关的参数，应用逻辑回归法计算并输出数据(图 5-42)。

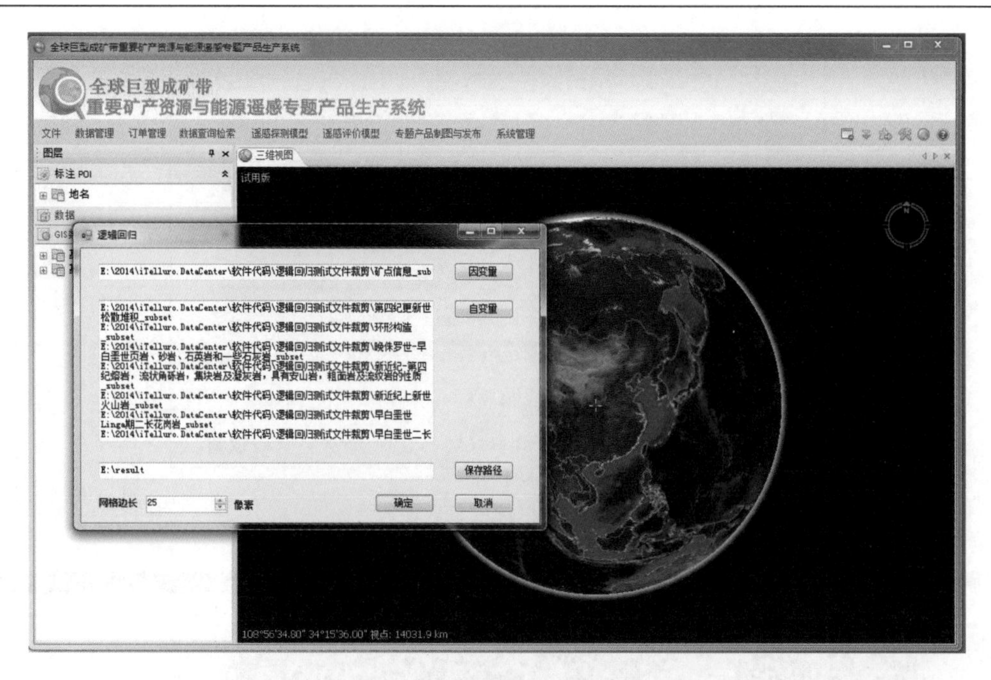

图 5-42　逻辑回归法界面

(3) 证据权法。通过输入地质图、环形断裂等参数，应用证据权法计算并输出数据，如图 5-43 所示。

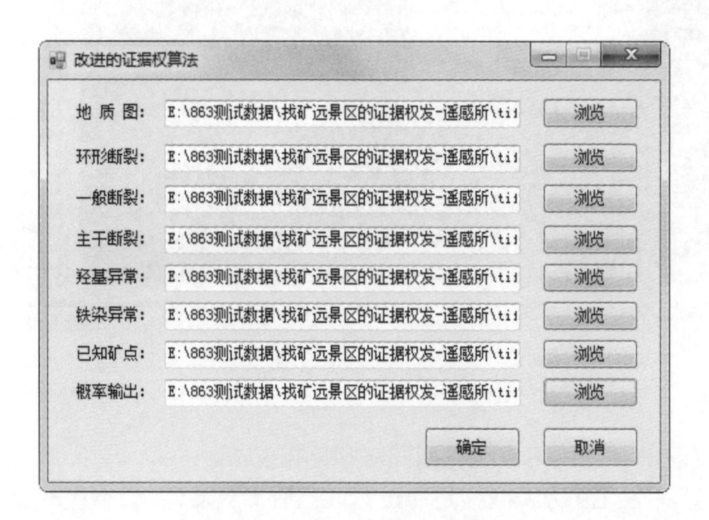

图 5-43　证据权数据导入界面

2) 遥感找矿靶区

综合基础专题产品(包括线性构造与环形构造专题产品、遥感解译地质图专题产品、铁染矿物异常和羟基矿物异常专题产品，以及蚀变矿物组合信息专题产品)和重要找矿资料(包括物化探资料、典型矿床资料、矿点/矿化点资料等)，结合专家知识库和遥感找矿综合评价技术体系，最后圈定遥感找矿靶区。

3) 油气勘探综合异常区

结合其他地面勘测资料，根据黏土矿物含量综合异常、碳酸盐矿物含量综合异常、地面光谱综合异常、航空/航天卫星数据异常和其他地面勘测资料 5 类异常来圈定油气勘探综合异常区，并且生产相应的专题产品。

(1) 光谱域去噪之全变差滤波。通过单击主界面上的“高光谱图像预处理”按钮，然后在其下拉菜单下单击“去噪”按钮，再在其子菜单下单击“全变差滤波”按钮，即可对图像进行全变差滤波(即 TV 去噪)的操作(图 5-44)。

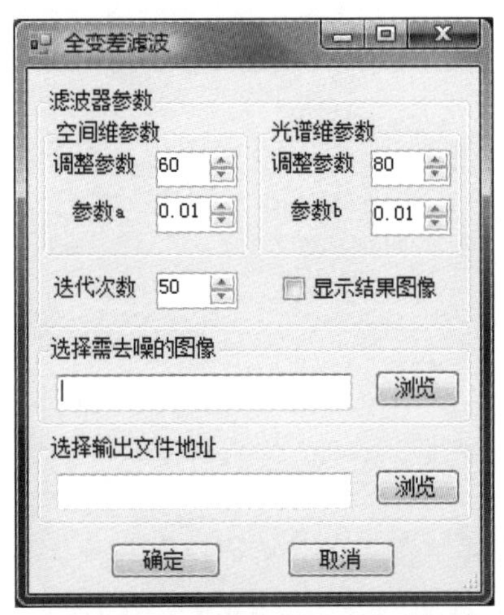

图 5-44　设置全变差滤波参数

(2) 光谱域去噪之 Savitzky-Golay 滤波。通过单击主界面上的“高光谱图像预处理”按钮，然后在其下拉菜单下单击“去噪”按钮，再在其子菜单下单击“Savitzky-Golay 滤波”按钮，即可对图像进行 Savitzky-Golay 滤波(即 SG 去噪)的操作(图 5-45)。

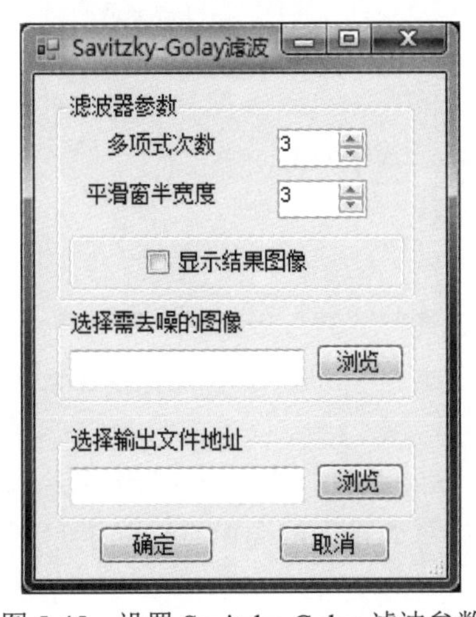

图 5-45　设置 Savitzky-Golay 滤波参数

(3)决策树分类。单击主界面上的“特征提取与分类”按钮，然后在其下拉菜单下单击“决策树分类”按钮，即可对去噪后的图像进行基于植被指数的决策树分类(图 5-46)。

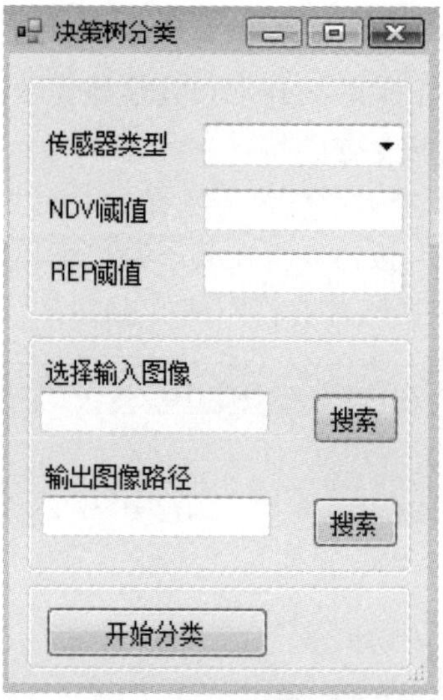

图 5-46　设置决策树分类参数

(4)最大似然分类。单击主界面上的“特征提取与分类”按钮，然后在其下拉菜单下单击“最大似然分类”按钮，即可对经小波 PCA 处理后的图像，利用感兴趣选择的结果进行最大似然分类(图 5-47)。

图 5-47　设置最大似然分类参数

(5)光谱角制图。单击主界面上的“特征提取与分类”按钮，然后在其下拉菜单下单击“光谱角制图”按钮，即可对去噪后的图像进行光谱角制图(图 5-48)。

图 5-48 设置光谱角制图参数

4) 专题产品管理与发布

专题产品管理与发布子系统面向系统生成的各类成果数据，通过专题制图和成果发布，以空间数据门户的方式，面向最终用户进行成果发布。专题制图产品与发布模块主要包括本地影像数据加载、本地矢量数据加载、专题产品制图，以及成果查询与统计。输入项主要为遥感信息提取模型提取的成果数据，输出为加工后的专题产品。选择出图比例尺、拉框选择出图范围、添加出图数据、设置详细制图参数、设置成果图保存路径，最后成图。

5.5 区域河流定量遥感专题产品生产系统

区域河流定量遥感专题产品生产系统主要基于共性产品与数据，选择适合于不同卫星数据的科学算法，最终形成一套可以业务化运行的区域河流定量遥感监测系统，具备 3 个专题应用产品(水资源总量、淹没面积、水污染异常分布)的生产能力。该系统共分为区域河流水文模拟专题产品生产系统和区域河流灾害遥感监测专题产品生产系统两个分系统。

5.5.1 区域河流水文模拟专题产品生产系统

区域河流水文模拟专题产品生产系统是在遥感驱动的区域河流分布式水文模型的基

础上，解决多源多尺度遥感共性产品驱动模型的时空尺度自动匹配问题，构建区域河流水文模拟系统数据库，完善湄公河区域河流地区水资源径流总量模拟模型验证方案，从而建立澜沧江-湄公河流域年水资源总量专题产品生产流程，完成适用于缺资料流域的遥感驱动的水文模拟系统软件代码的工程化开发，最终形成区域河流水资源量专题产品生产工具软件。该系统总体设计如图 5-49 所示。

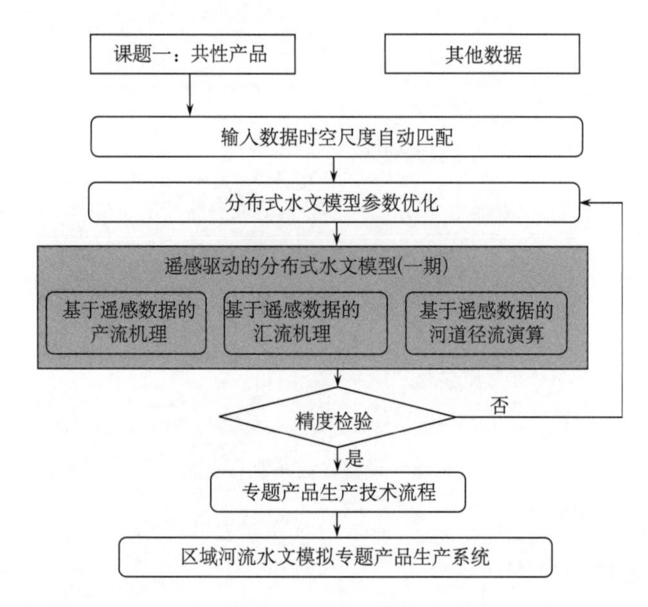

图 5-49　区域河流水文模拟专题产品生产系统总体设计

1. 区域河流水文模拟专题产品生产系统标准规范

1) 产品定义

区域河流水文模拟专题产品名称为水资源径流总量(total water resource)，定义为流域全年降水所形成的地表和地下的产水量，即天然河川径流量和降水入渗补给量之和。水资源径流总量产品属于定量遥感产品体系的区域河流定量遥感专题产品，其基于分布式水文模型和遥感资料的水资源进行估算。

水资源径流总量产品的覆盖区域为澜沧江-湄公河流域，时间分辨率为年，产品的级别为 1 级，产品的受限程度为境内受限、境外非受限，表示产品算法的成熟度和应用水平都高，数据源具有较高的保障能力且市场需求大，对于这类产品我们将优先保障其生产并在生产过程中进行严格的精度控制，产品体系图如图 5-50 所示。

2) 产品生产流程

水资源径流总量产品生产流程如图 5-51 所示。产品生产输入数据包括降水量、蒸散和归一化植被指数，前者为卫星遥感反演降水产品，后两者来自于定量遥感共性产品。输出数据主要包括 3 个：年地表水资源量(年度全流域降雨的地表产水量)、年地下水资源量(年度全流域降雨的地下产水量)、年水资源总量(年度流域降水形成的地表、地下产水总量)。

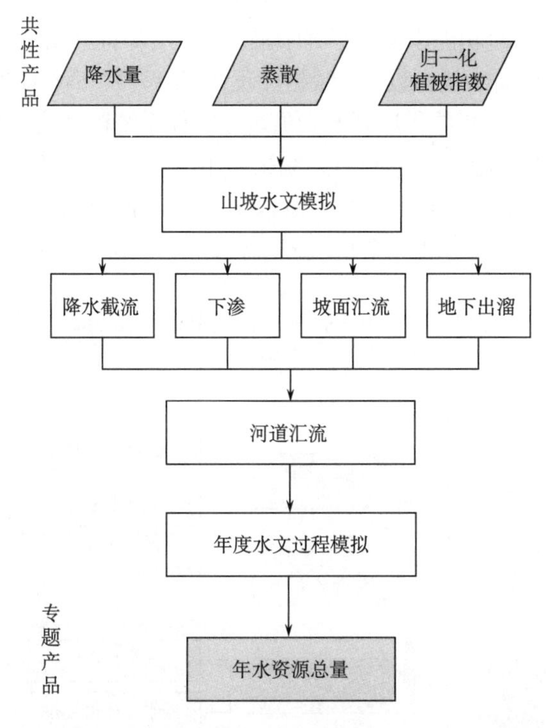

图 5-50　流域年水资源总量生产产品体系图

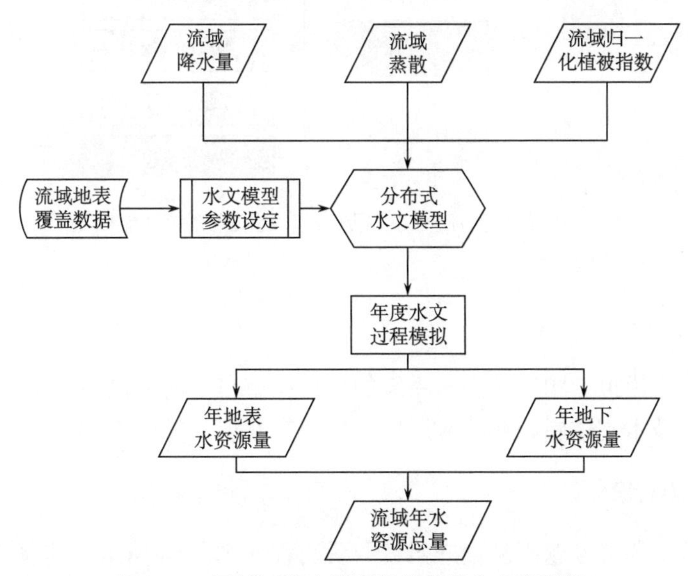

图 5-51　区域河流水资源径流总量生产流程图

2. 区域河流水文模拟专题产品生产系统设计

系统设计在区域河流水文模拟专题产品生产算法完善优化、产品生产体系标准规范的基础上，对概要设计中的系统功能模块进行详细描述，主要对程序系统的总体业务流程、功能结构、目录结构、模块设计、接口设计、数据库设计运行开发环境和集成与部署设计等实现细节进行精确地描述，用于指导程序开发人员进行软件系统程序编码的编写。

区域河流水文模拟专题产品生产分系统采用 B/S 构架，基于 Tomcat+Java 开发，数据库为 Oracle10g，应用服务器为 ArcGIS Server。整个分系统包括订单管理、数据管理、水文模拟、水情服务和系统管理 5 个功能模块，12 个功能子模块，具体如图 5-52 所示。

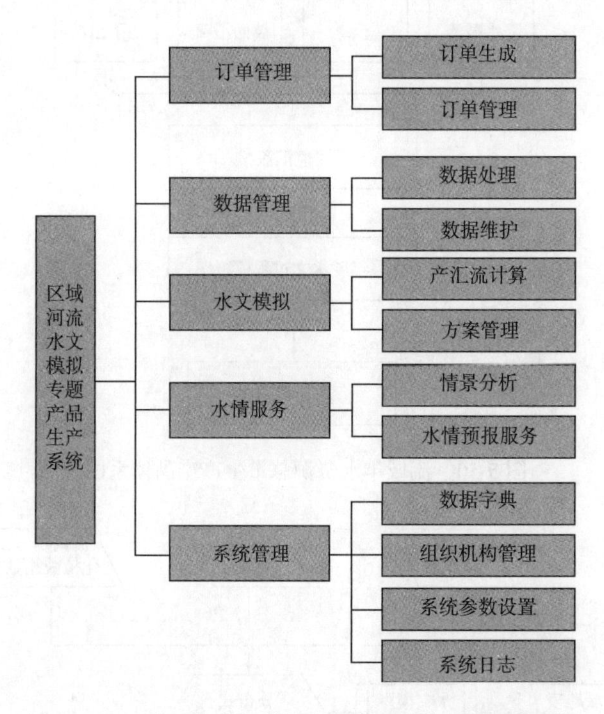

图 5-52　区域河流水文模拟专题产品生产系统功能模块

1) 系统总体设计

区域河流水文模拟专题产品生产系统的总体构架自下而上包括 5 个层次：硬件支撑层、数据库层、技术支撑层、业务应用层、用户交互层，如图 5-53 所示。

2) 系统处理流程

区域河流水文模拟专题产品生产系统业务流程如图 5-54 所示，其包括以下三部分。

(1) 从运营服务系统下达系统专题生产任务订单，判定任务格式规则是否正确，正确则进行订单解析，否则反馈订单无效，一份订单将解析拆分为 3 个部分，分别为可生产任务列表(满足生产条件)、不可生产任务列表(不满足生产条件)、缺乏数据生产任务列表(缺乏相应的共性产品数据)。

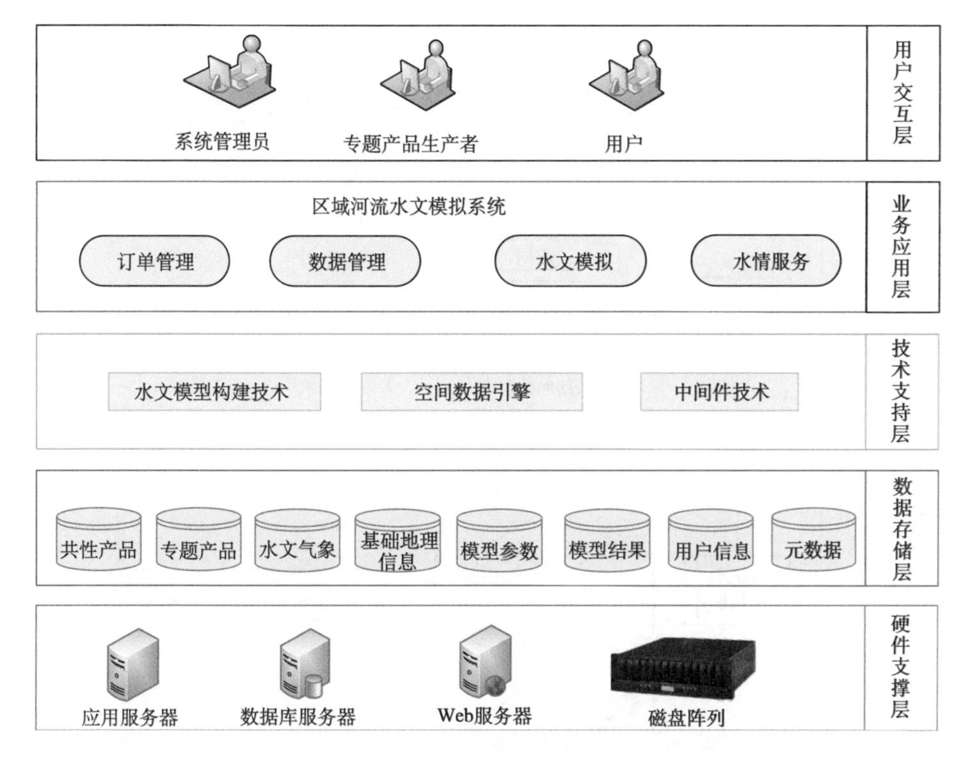

图 5-53　区域河流水文模拟专题产品生产系统总体构架图

(2)分别对 3 类任务列表进行处理：反馈不可生产任务列表，告知运营服务系统无法生产；对于可生产任务列表，首先查询本地专题产品数据库中是否有符合条件的存档数据，若有则无须生产，若无则将生成数据需求任务列表反馈给运营服务系统；对于缺乏数据生产任务的列表，向运营服务系统反馈所需的共性产品数据，等待数据下发后进行生产。

(3)对于进入生产状态的专题产品生产任务，根据产品类型进行数据处理，执行专题产品生产，完成生产后将专题产品入库，并将专题产品通过订单管理模块提交至运营服务系统。

3) 系统功能模块划分

区域河流水文模拟专题产品生产系统是一个综合面向区域河流水资源评价的水资源量专题产品生产系统，其部署在内网，包括订单管理、数据管理、水文模拟、水情服务和系统管理 5 个功能模块，功能结构如图 5-55 所示。

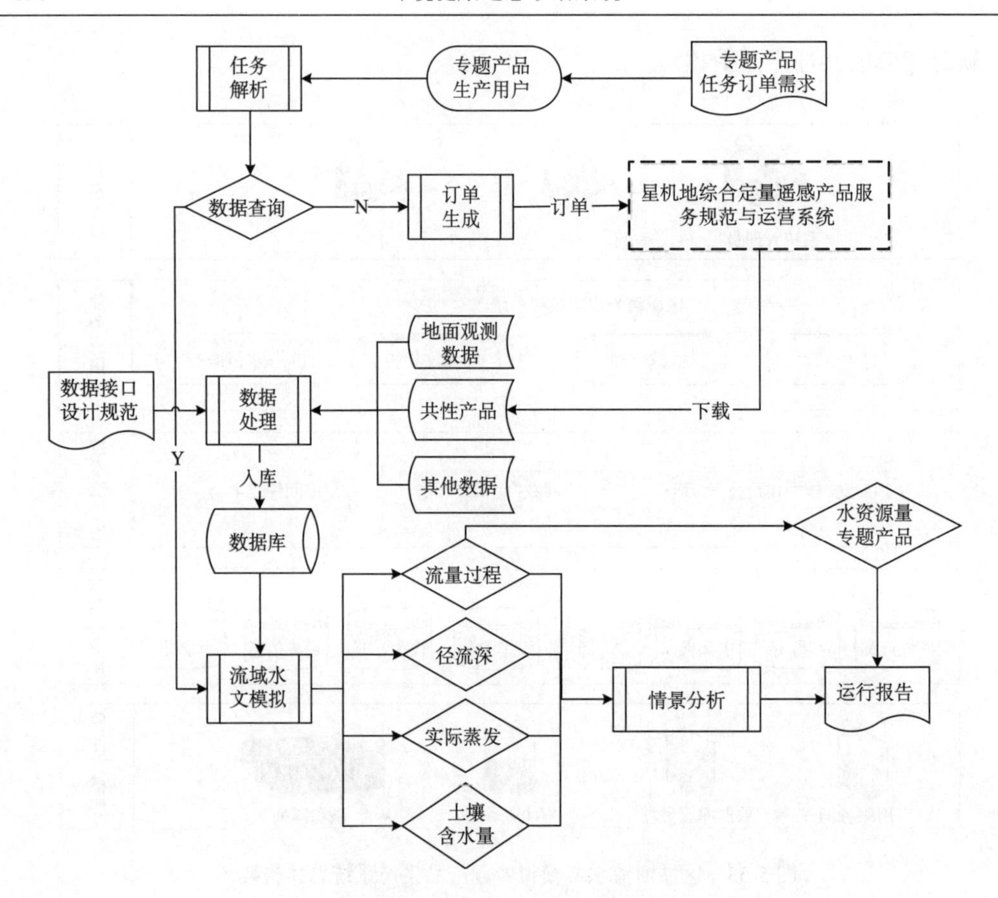

图 5-54　区域河流水文模拟专题产品生产系统业务流程图

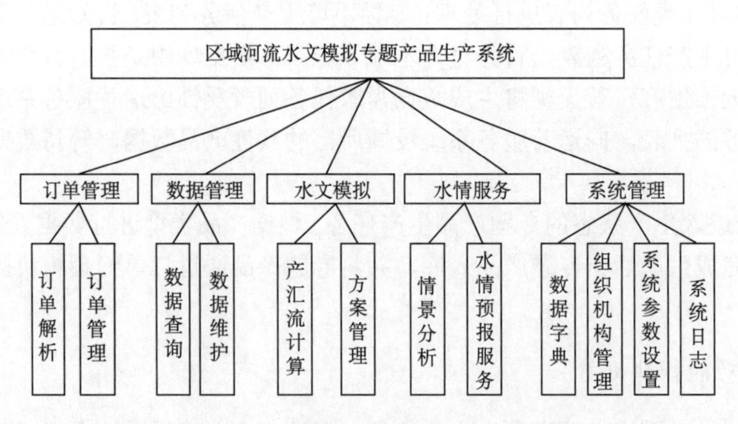

图 5-55　区域河流水文模拟专题产品生产系统功能结构图

4) 系统接口

区域河流灾害遥感监测专题产品生产系统部署在中国水利水电科学研究院外网，与运营服务系统直接存在外部接口。区域河流水文模拟专题产品生产系统部署在中国水利水电科学研究院内网，需要通过区域河流灾害遥感监测专题产品生产系统，从运营服务系统间接获取产品任务订单及任务反馈信息，区域河流水文模拟专题产品生产系统与区域河流灾害遥感监测专题产品生产系统之间采用硬拷贝方式衔接，完成订单流(XML 文件)和数据流交互。系统存在外部接口，如图 5-56 所示，共包含 13 个接口，与区域河流灾害遥感监测专题产品生产系统一起部署在外网。

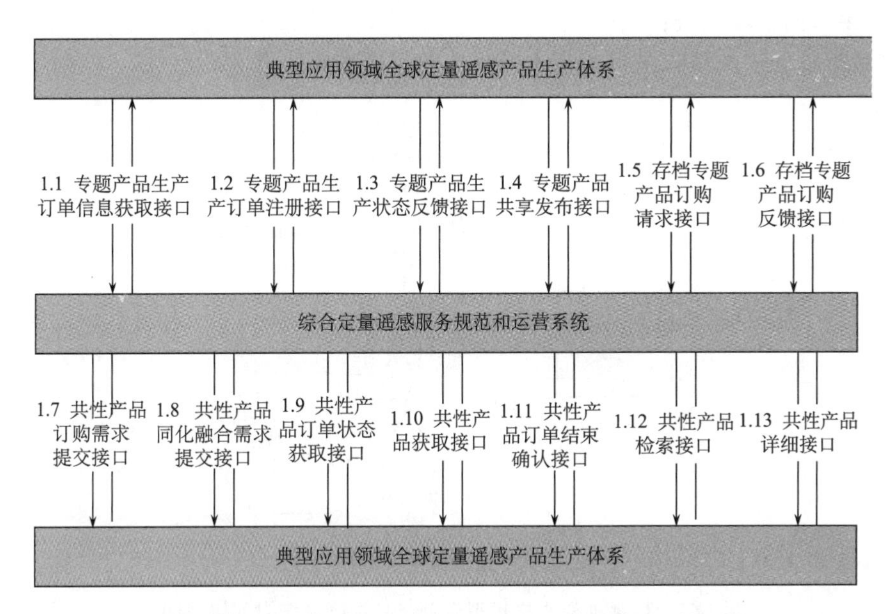

图 5-56　区域河流水文模拟专题产品生产系统外部接口图

区域河流灾害遥感监测专题产品生产系统部署在外网运行。区域河流水文模拟专题产品生产系统部署在内网运行，与外网保持物理隔离，需要通过区域河流灾害遥感监测专题产品生产系统来实现与课题三的订单、共性产品和专题产品的交互功能，因此，两个系统间存在内部接口。系统以课题统一开发的 5 个行业通用的订单处理模块为媒介，当系统接收专题产品任务订单及下载共性产品时，需要对任务订单及产品进行归类，如果属于区域河流灾害遥感监测专题产品生产系统，则与课题三系统直接通信；如果属于区域河流水文模拟专题产品生产系统，则通过物理拷贝方式实现与课题三系统的间接通信。该间接通信涉及 XML 格式的任务订单，以及由 FTP 下载的共性产品数据两种典型类别。

对于区域河流水文模拟专题产品生产系统，订单管理模块主要承担系统内部数据管理模块与外部星机地综合定量遥感产品和运营系统间的数据申请与传递功能。在系统内部，数据管理模块与水文模拟模块和水情服务模块均存在接口(图 5-57)，具体接口描述如下。

(1) 订单管理模块向数据管理模块发送需要存储的数据和产品；

(2) 数据管理模块接收来自订单管理模块的数据产品，并对其进行预处理、存档；

(3) 水文模拟模块向数据管理模块发送数据请求；

(4) 水文模拟模块接收来自数据管理模块的数据和产品模块，完成水文模拟计算后，发送模型计算结果至数据管理模块存档；

(5) 数据管理模块接收来自水文模拟模块的存档数据，并存档；

(6) 水情服务模块向数据管理模块发送数据请求；

(7) 水情服务模块接收来自数据管理模块的模型结果数据，完成计算方案的情景分析，发送分析结果至数据管理模块存档；

(8) 水情服务模块接收来自数据管理模块的模型驱动数据，完成水情预报服务，发送预报结果至数据管理模块存档；

(9) 数据管理模块接收来自水情服务模块的存档数据，并存档。

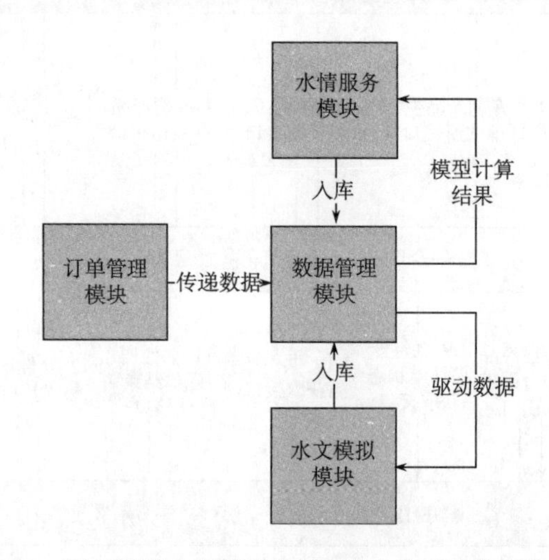

图 5-57　区域河流水文模拟专题产品生产系统内部接口图

3. 区域河流水文模拟专题产品生产系统界面

区域河流水文模拟专题产品生产系统由订单管理、数据维护、数据预处理、水文模拟、系统日志等模块组成。

订单管理模块包括订单导入/导出、新建订单、订单详细信息查看等功能，如图 5-58 所示。

区域河流水文模拟专题产品生产系统　admin 退出

订单管理　数据管理　水文模拟　水情服务　系统管理

新建订单　导入订单

每页显示 50 条数据　导出列表 全列搜索：

订单编号	产品名称	左上角经度	左上角纬度	右上角经度	右上角纬度	时间分辨率	空间分辨率	产品等级	精度要求	状态	订单下达时间	产品提交时间	订单开始时间	订单结束时间	订单来源	覆盖范围	操作
L1TP20130408002	2011年北京市林业种植面积覆盖订单二	116.8396	37.0679	120.0916	40.4077	30	30	1	0.82	不可生产	2013-06-01	2014-06-03	2013-06-01	2013-07-01	订单来源二	澜沧江-湄公河	查看 导出 删除
L1TP20130408003	2011年北京市林业种植面积覆盖订单一	116.8396	37.0679	120.0916	40.4077	30	30	1	0.82	不可生产	2013-06-01	2014-06-04	2013-06-01	2013-07-01	订单来源一	澜沧江-湄公河	查看 导出 删除
L1TP20130408004	2011年北京市林业种植面积覆盖订单二	116.8396	37.0679	120.0916	40.4077	30	30	1	0.82	待处理	2013-06-01	2014-06-04	2013-06-01	2013-07-01	订单来源二	澜沧江-湄公河	查看 导出 删除

显示从 1 到 3 共 3 条数据

Copyright(C) 2013 BeiJing Essence Technology Co.,Ltd.　主题：south-street

图 5-58　订单管理界面

数据维护模块包括流域基本信息、水文气象数据等的导入、导出、删除、修改，如图 5-59 所示。

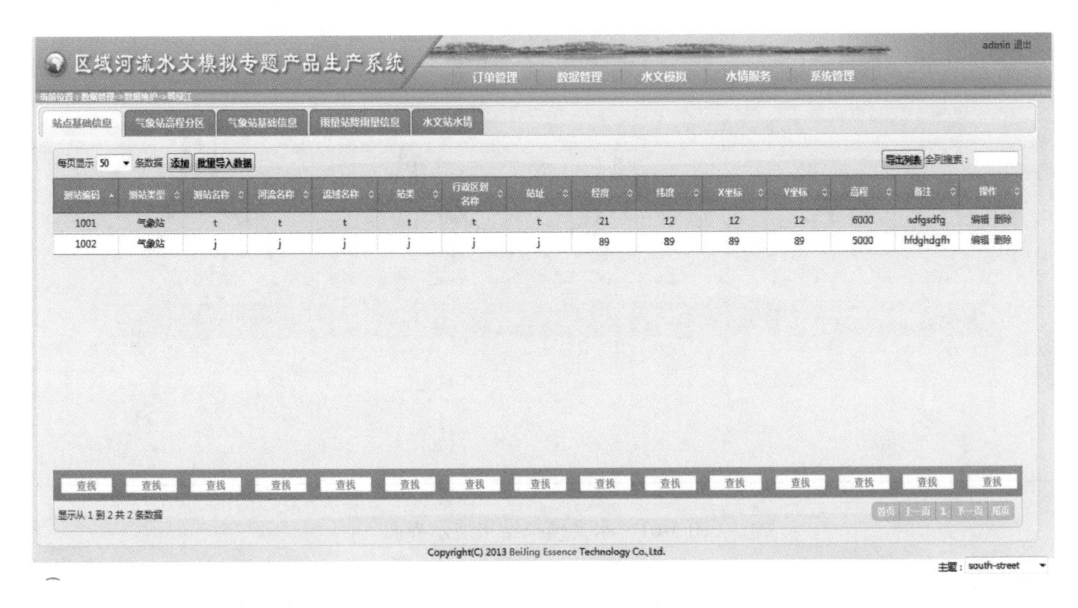

图 5-59　数据维护界面

数据预处理模块包括共性产品数据导入、裁切、投影转换、时空尺度转换，如图 5-60 所示。

水文模拟模块包括产汇流计算、河道径流演算在内的水资源量专题产品生产功能，以及计算方案管理功能，如图 5-61 所示。

文模拟专题产品生产系统

订单管理　数据管理　水文模拟　水情服务　系统管理

数据预处理

所属流域：----请选择流域----　数据类型：蒸散　时间分辨率：8

输出像元大小 -----请选择像元大小-----　重采样的方法 -----请选择重采样方法-----

选择产品数据

每页显示 50 条数据　导出列表　全列搜索：

数据文件地址(保存在GIS服务器)	数据文件类型	覆盖流域	数据有效时间	操作
D:/yg/upAndDownHandler/uploads/raster/model_inputs/NDVI_20140514123329.tif	植被	澜沧江-澜公河	2014-05-20	查看
D:/yg/upAndDownHandler/uploads/raster/model_inputs/NDVI_20140514130955.tif	植被	澜沧江-澜公河	2014-05-20	查看

图 5-60　数据预处理界面

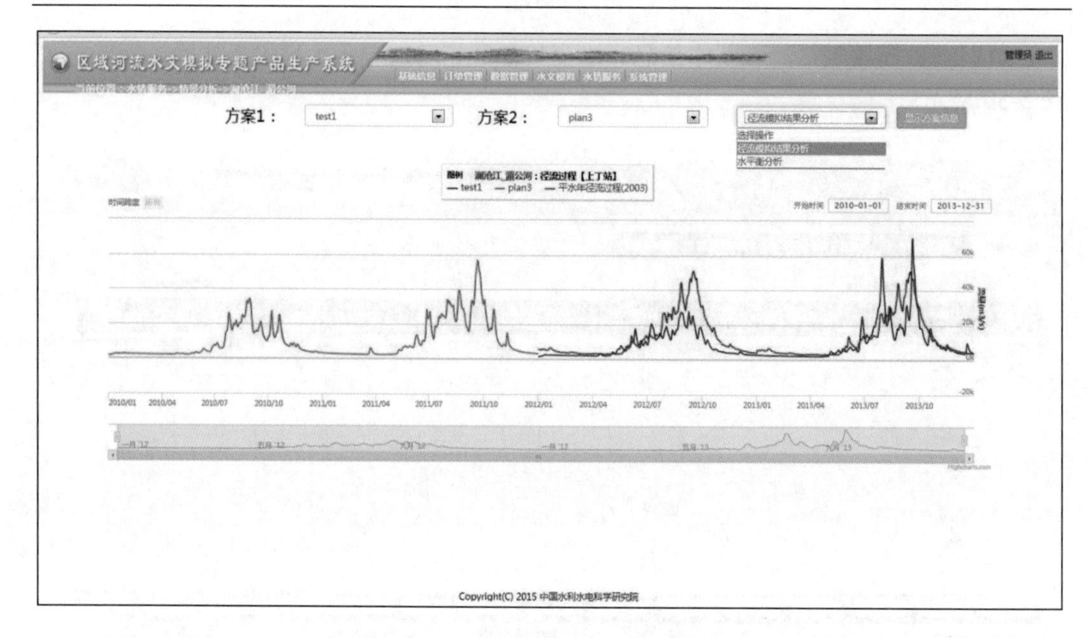

图 5-61　水文模拟结果展示界面

系统日志模块包括系统日志管理、用户管理在内的系统管理功能的开发工作，如图 5-62 所示。

区域河流水文模拟专题产品生产系统

基础信息　订单管理　数据管理　水文模拟　水情服务　系统管理

admin 退出

每页显示 50 条数据　　导出列表　全列搜索：

用户名	操作内容	操作时间	操作
admin	登录系统---->成功	2014-08-15	删除
admin	登录系统---->成功	2014-07-28	删除
admin	查询单个订单信息	2014-07-28	删除
admin	增加订单---->成功	2014-07-28	删除
admin	查询单个订单信息	2014-07-28	删除
admin	查询单个订单信息	2014-07-28	删除
admin	登录系统---->成功	2014-07-28	删除
admin	查询单个订单信息	2014-07-28	删除
admin	查询单个订单信息	2014-07-28	删除
admin	登录系统---->成功	2014-07-28	删除
admin	查询单个订单信息	2014-07-28	删除
admin	查询单个订单信息	2014-07-28	删除
admin	查询单个订单信息	2014-07-28	删除
admin	查询单个订单信息	2014-07-28	删除
admin	查询单个订单信息	2014-07-28	删除
admin	取得所有流域的基本信息---->成功	2014-07-28	删除
admin	查询单个订单信息	2014-07-28	删除
admin	查询单个订单信息	2014-07-28	删除
admin	删除订单---->成功	2014-07-28	删除
admin	增加订单---->成功	2014-07-28	删除
查找	查找	查找	查找

显示从 1 到 50 共 7,372 条数据

图 5-62　系统日志界面

5.5.2　区域河流灾害遥感监测专题产品生产系统

区域河流灾害遥感监测专题产品生产系统的主要功能包括：图像处理、专题产品生

产。前面一个子系统——图像处理的主要功能是专家模式，是处理数据的流程顺序。后面一个子系统——专题产品生产，则是集成了前面一个子系统的功能，减少人机交互，自动化地完成从共性产品输入到专题产品输出整个流程。图像处理子系统中的大气校正模块，是专门针对覆盖水域的原始 L2 级遥感图像而设计的。共性产品虽然也提供了大气校正产品，但是该产品在内陆水体区域往往是溢出、无效的，因为共性产品所采用的大气校正算法主要是针对植被、裸地等地物的，对于水体这种非常弱的信号，该算法是不适用的，因此计算得到的大气校正产品在内陆水体河流区域是无效值。这里不得不再添加专门针对覆盖内陆水体的遥感图像的大气校正算法模块，从而得到有效反射率值。

1. 区域河流灾害遥感监测专题产品生产系统设计

区域河流灾害遥感监测专题产品生产系统和星机地综合定量遥感产品与运营系统密切相关，系统的主要功能是以星机地综合定量遥感共性产品和几何精校正的二级遥感影像数据为输入，生产面向区域河流——湄公河流域典型区域内水污染异常分布和水体淹没面积等灾害遥感监测产品。区域河流灾害遥感监测专题产品生产系统主要包括订单管理模块、数据管理模块、图像处理模块、专题产品生产模块、专题图制作模块、精度评价模块等。其中，订单管理模块主要实现订单的获取和解析功能，从而实现和课题一及课题三之间的联系。数据管理模块主要实现研究区域卫星数据及专题产品数据的有效管理。图像处理模块主要指图像处理一些基本操作问题，主要包括 HJ-CCD NDWI 的计算、TOA 辐亮度计算、TOA 反射率计算、HJ-CCD 大气校正(暗像元)及 HJ-CCD 云识别等基本功能。专题产品生产模块实现对水体淹没面积分布专题产品和水体污染异常分布专题产品的自动及批量化生产。专题图制作实现对水体淹没面积分布和水体污染异常分布专题图的制作。精度评价主要利用人工目视和算法提取结合的方法实现对研究区域水体提取的精度评价(图 5-63)。

2. 区域河流灾害遥感监测专题产品生产系统界面

1) 水体淹没面积专题产品灾前水域底图选择方案优化

为了使得水体淹没面积专题产品更合理可靠，选择合理的灾前水域面积矢量底图尤为重要。根据湄公河委员会提供的 1992 年、1998 年、2000 年、2012 年、2013 年多年水位观测数据，对水体淹没面积专题产品中湄公河流域境外行政区底图进行了更新(图 5-64)。选择 2013 年 1～5 月(旱季)中无云、质量较好的一景图像作为 2014 年 1～5 月水体淹没面积专题产品的灾前底图数据；2013 年 9 月 24 日～10 月 14 日水位在洪水警戒线附近，则找这个区间时间段的数据作为 6～12 月的底图数据来源，选择 2013 年 9 月 24 日～10 月 14 日对应的质量较好的一景图像作为 2014 年 6～12 月(雨季)水体淹没面积专题产品的灾前底图数据。

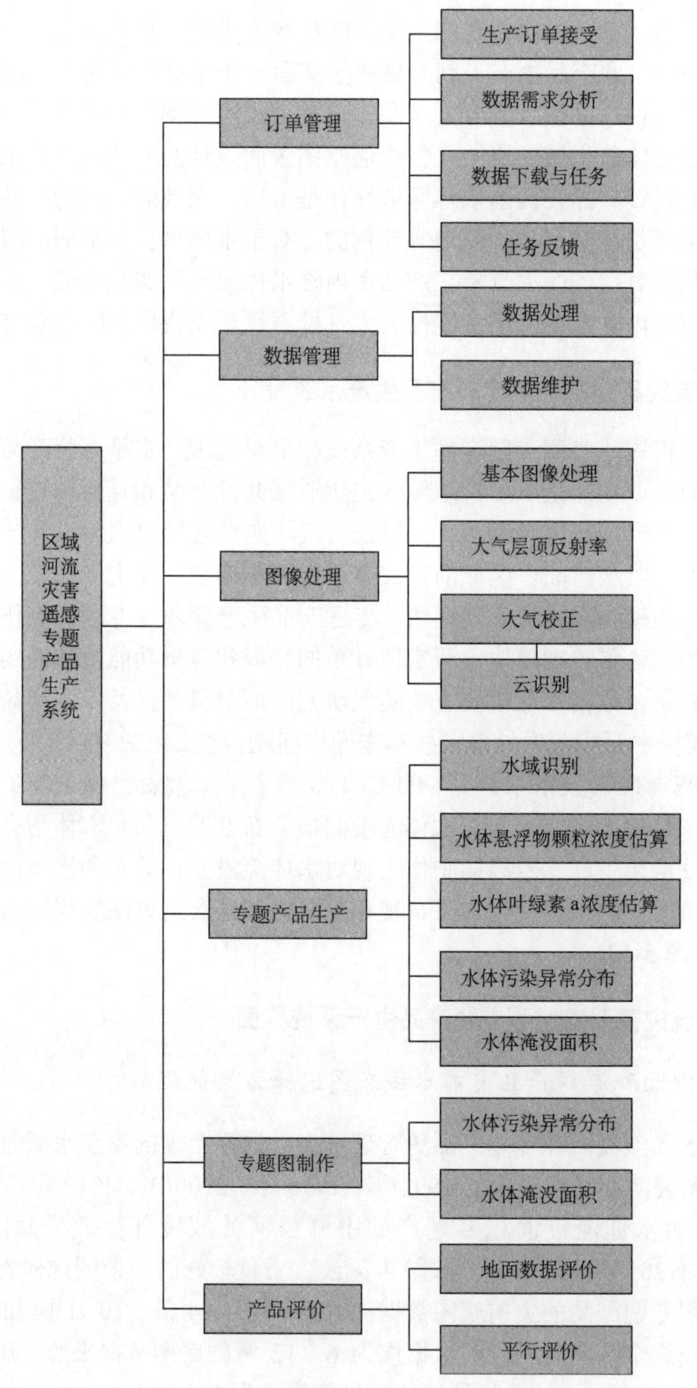

图 5-63　区域河流灾害遥感监测专题产品系统功能模块设计

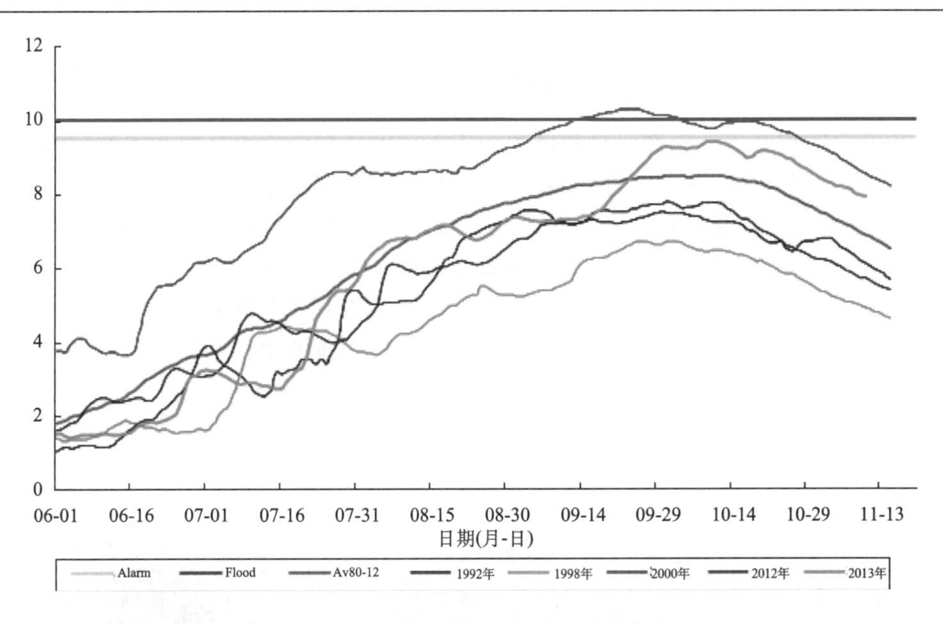

图 5-64　湄公河流域水文站点水文数据

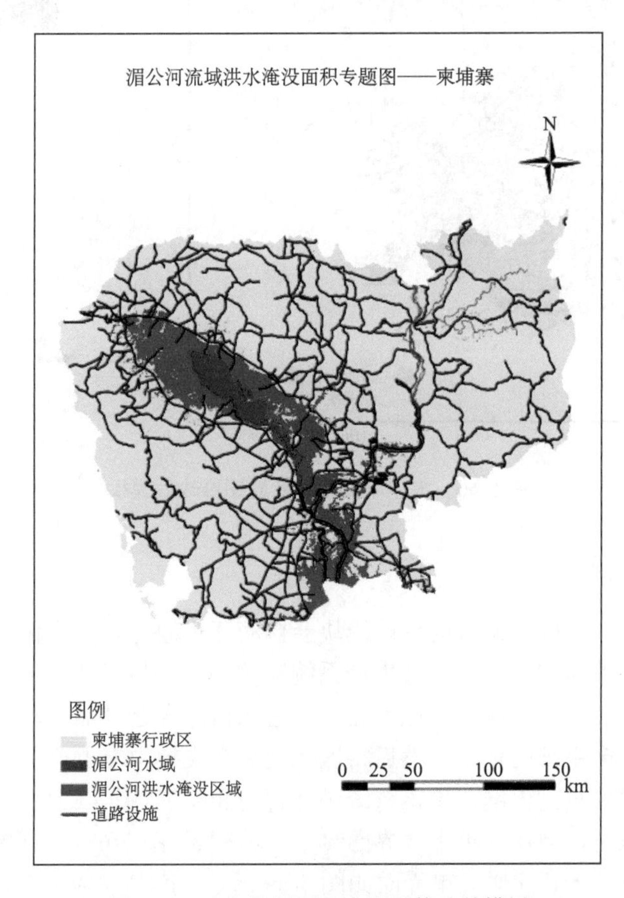

图 5-65　水体淹没面积专题图修改前模板

2) 水体淹没面积专题产品模板优化

水体淹没面积专题产品按照行政区范围出图，但是有些国家行政区范围较大，一景HJ-CCD无法全部覆盖，需要多景图像拼接才能覆盖全部区域。针对覆盖同一行政区域，卫星数据时间周期不同的情况，之前的做法是镶嵌多景不同周期的卫星数据。为了使水体淹没更具有时效性，目前修改为：针对每个行政区域分别以景为单位进行水体淹没面积产品的生产。之前采用的是2013年11月2～3日拼接的HJ-CCD影像。改进后的专题图不再拼接图像，仅采用单景HJ-CCD影像，以及右上角的拇指图指示该景图所覆盖的行政区内位置(图5-65，图5-66)。

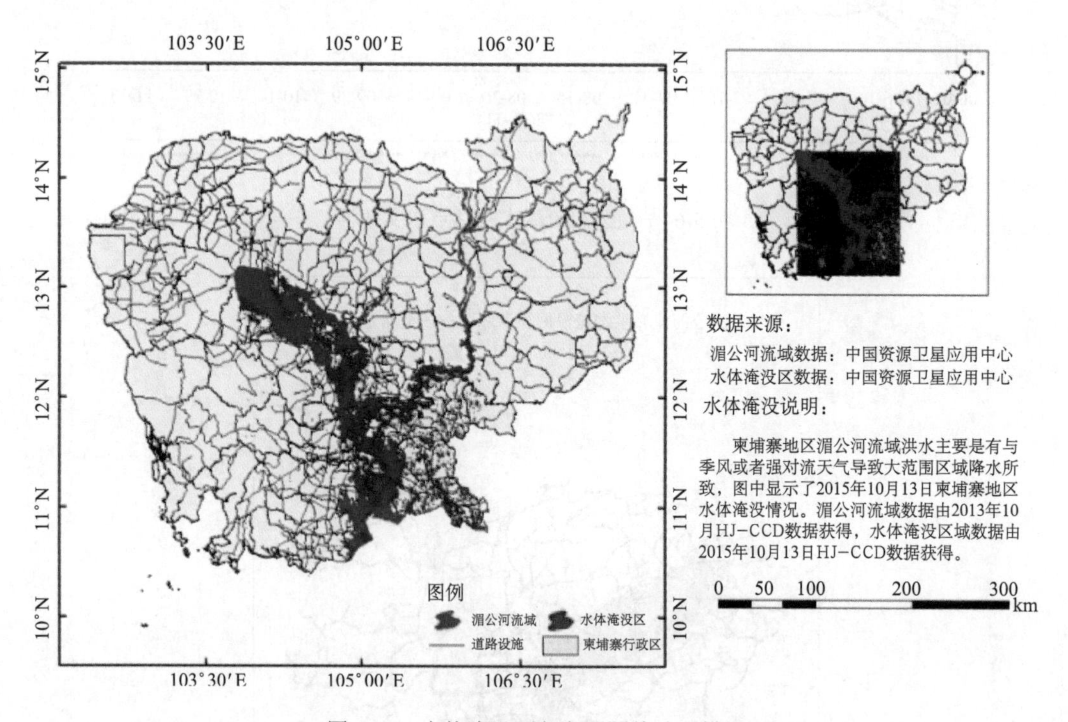

图5-66　水体淹没面积专题图修改后模板

3) 订单模块完善优化

随着订单需求的明确，系统的订单模块会自动逐步地完善和优化。

区域河流灾害遥感监测专题产品生产系统连接外网，与运营服务系统对联，下载需求订单。解析订单后，分类保管区域河流灾害遥感监测专题产品生产系统和区域河流水文模拟专题产品生产系统的订单。然后将区域河流水文模拟专题产品生产系统的订单通过物理拷贝的方式拷贝到内网，供该系统进行解析和管理(图5-67)。

当有订单需求时，会在订单下载界面显示订单列表(图5-68)。订单接收完成，需要在运行平台上进行注册，注册订单界面如图5-69所示。产品完成生产后，需要通过订购反馈界面提交订单反馈文件，出具订购意见。

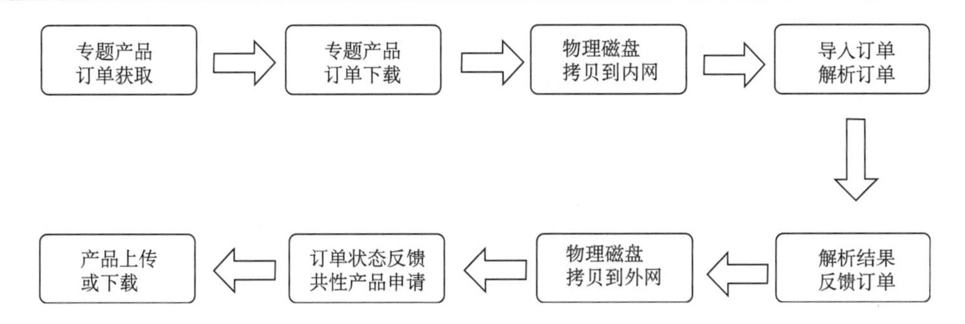

图 5-67　订单管理系统完善后流程设计

图 5-68　订单管理界面

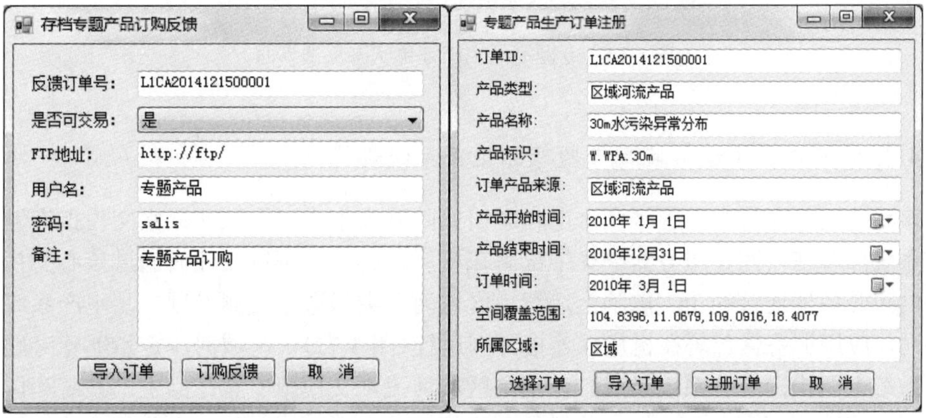

存档专题产品订购反馈

反馈订单号: L1CA2014121500001
是否可交易: 是
FTP地址: http://ftp/
用户名: 专题产品
密码: salis
备注: 专题产品订购

导入订单　订购反馈　取 消

专题产品生产订单注册

订单ID: L1CA2014121500001
产品类型: 区域河流产品
产品名称: 30m水污染异常分布
产品标识: W.WPA.30m
订单产品来源: 区域河流产品
产品开始时间: 2010年 1月 1日
产品结束时间: 2010年12月31日
订单时间: 2010年 3月 1日
空间覆盖范围: 104.8396, 11.0679, 109.0916, 18.4077
所属区域: 区域

选择订单　导入订单　注册订单　取 消

图 5-69　订单反馈以及订单注册界面

专题产品生产完成之后，也可以在运营平台上进行发布(图 5-70)，同时可将订单产品的生产状况进行实时反馈，反馈界面如图 5-71 所示。

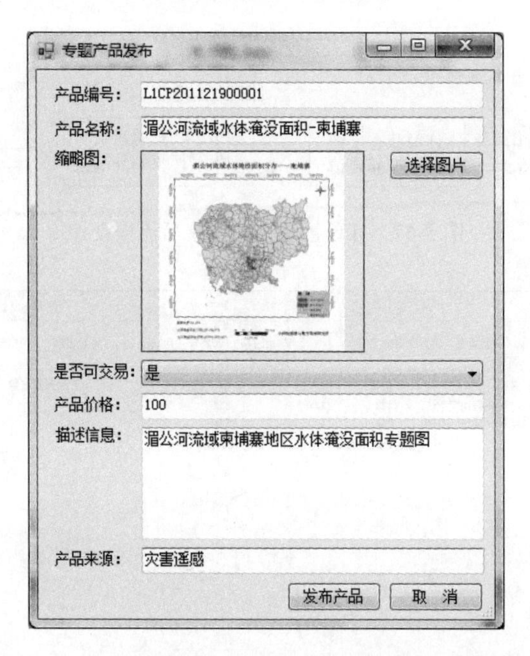

图 5-70　专题产品发布界面

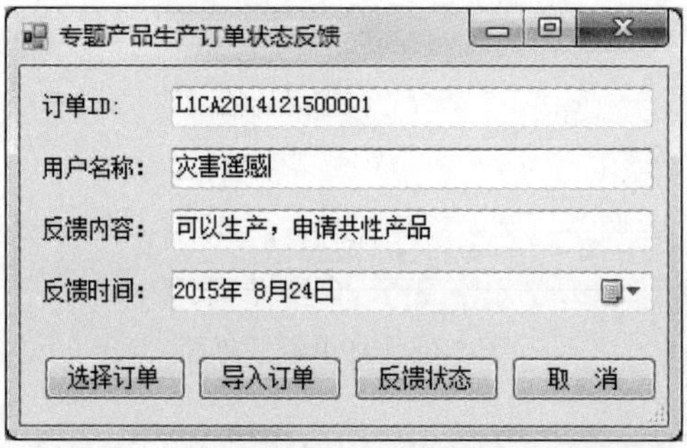

专题产品生产订单状态反馈
订单ID:
L1CA2014121500001
用户名称：
灾害遥感
反馈内容：
可以生产，申请共性产品
反馈时间：
2015年 8月24日
选择订单
导入订单
反馈状态
取 消

图 5-71　专题产品生产订单状态反馈界面

4) 区域河流灾害遥感监测专题产品生产系统部署

该系统运行部署在中国水利水电科学研究院减灾中心。区域河流水文模拟专题产品生产系统部署在内网，服务器端集中部署在机房，客户端可以在任何通过核心交换机与业务网和服务器连接的 PC 电脑上运行。区域河流灾害遥感监测专题产品生产系统部署在外网，应用服务器部署在机房，连接外网运行(图 5-72)。区域河流定量遥感专题产品生产系统主要由两个分系统组成，分别是区域河流水文模拟专题产品生产系统和区域河流灾害遥感监测专题产品系统，其软件部署环境可分为主要还是两个分系统的部署。

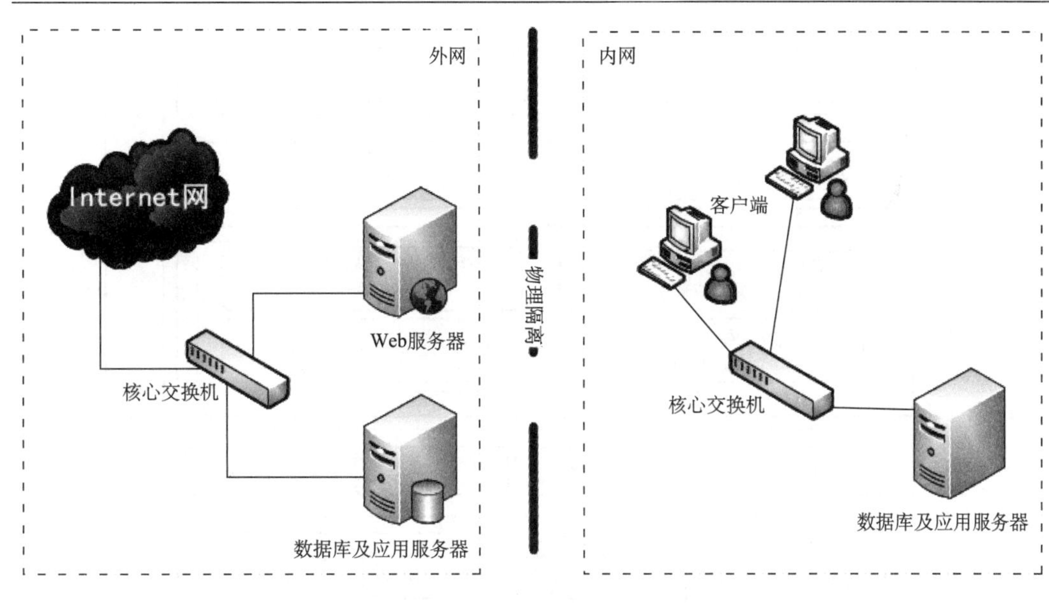

图5-72　系统体系架构

部署在外网的区域河流灾害遥感监测专题产品生产系统主要负责生产水体污染和水体淹没面积两个专题产品，并负责协调订单的接受和反馈功能。当专题产品生产完毕时，其负责与WebService接口服务。

部署于外网的区域河流灾害遥感监测专题产品生产系统功能测试的主要内容为该系统的主要功能模块，即测试用例需要涵盖系统的核心功能模块(服务接口除外)，主要包括数据管理模块(文件数据管理)、图像处理模块[包括TOA辐亮度、TOA反射率、HJ-CCD大气校正(暗像元法)、云识别、HJ-CCD NDWI的计算等]、专题产品生产模块(基于NDWI的水域识别、水体淹没面积统计、水体悬浮颗粒物浓度估算、水体叶绿素a浓度估算、水体富营养化状态分布、水体污染异常分布和水质参数异常值剔除等)、专题图制作模块(水体淹没面积分布专题图制作、水体淹没面积分布专题报告等)、专题产品评价模块(水体淹没产品评价)。

5.6　全球生态环境遥感监测与诊断专题产品生产系统

5.6.1　整体技术架构

全球生态环境遥感监测与诊断专题产品生产系统采用功能分层的多层架构。系统自下而上共分为支撑层、数据层、管理层、业务层、服务层、表达层6层(图5-73)。

1. 控制流程设计

全球生态环境遥感监测与诊断专题产品生产系统的生产业务流程可分为3个部分。

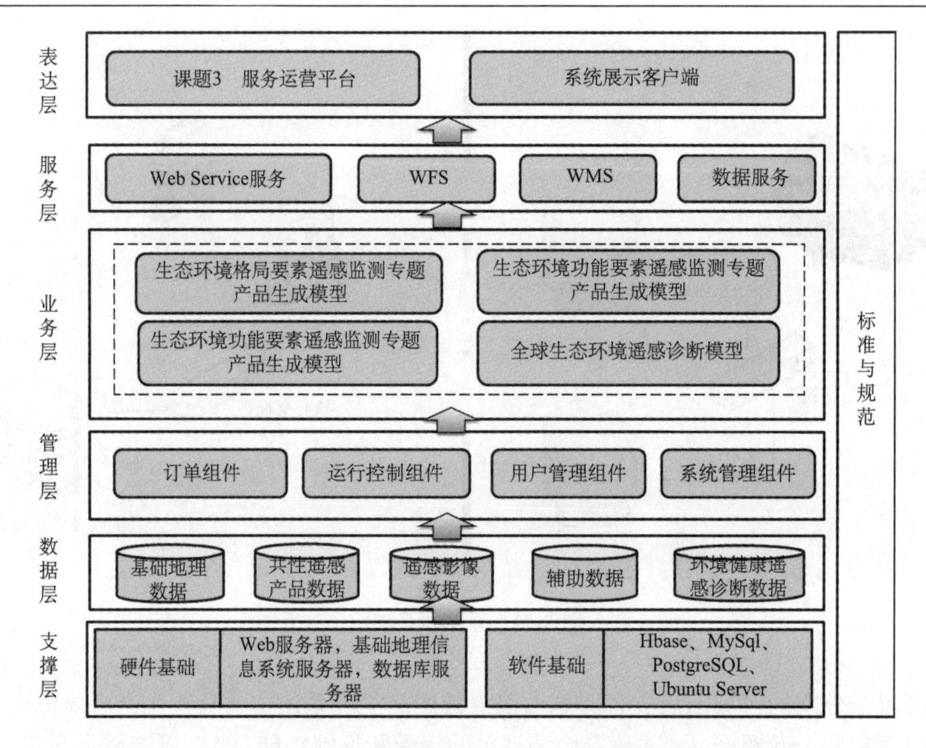

图 5-73　生态环境专题产品生产系统总体结构

(1)从运营系统接受由环境保护行业主管部门下达的生产任务订单，判定任务格式规则是否正确，是则进行订单解析，否则反馈订单无效，一份订单将解析拆分为 3 个部分，分别为可生产任务列表(生产条件满足)、不可生产任务列表(不满足生产条件)、缺乏数据生产任务列表(缺乏相应的共性产品数据)。

(2)分别对三类任务列表进行处理：反馈不可生产任务列表，告知运营服务系统无法生产；对于可生产任务列表，首先查询本地专题产品数据库中是否有符合条件的存档数据，若有则无须生产，直接向运营系统提交，若无存档数据，则向专题产品生产工作流数据库调度可生产任务列表中各项生产任务的工作流程，加载至生产业务运行控制组件进行生产；对于缺乏数据生产任务列表，向运营系统反馈所需的共性产品数据，等待数据下发后进行生产。

(3)对于进入生产状态的专题产品生产任务，生产业务运行控制组件根据解析得到的工作流控制逻辑定义，执行工作流预先定义的具体处理流程中的各个处理步骤，并根据处理步骤间的执行过渡条件、辅助操作等控制逻辑，对整个处理流程进行挂起、继续、取消及运行等运行控制操作，同时将各个处理步骤提交给多任务并行调度功能进行调度和执行，进行专题产品的生产。完成生产后将专题产品入库，并通过服务功能将专题产品数据提交至运营系统(图 5-74)。

2. 数据流程设计

该系统的数据控制与请求功能的主要流程描述如下。

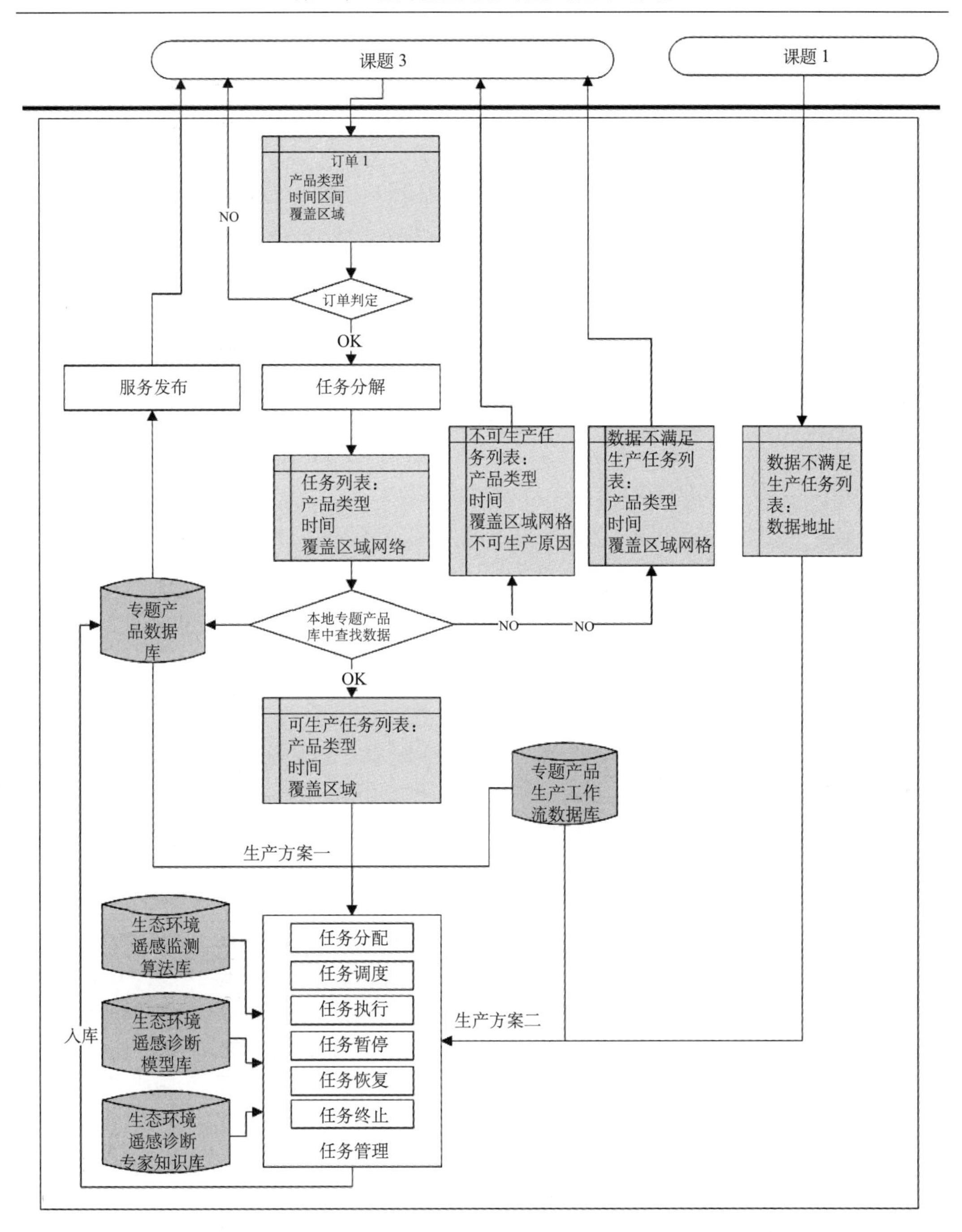

图 5-74　生态环境系统控制流程

(1)从订单解析功能获取专题产品订单所需的数据(包括矢量数据、栅格数据、共性产品、专题图产品及辅助数据等)的元数据信息，包括数据 ID、数据类型、数据产品名称、数据产品 ID、数据来源、数据格式、卫星信息(数据产品的卫星传感器信息)、分辨率、覆盖范围、时相及精度要求。

(2) 本地调度数据：通过系统内部本地数据库管理模块的数据查询接口，查询生产处理所需数据是否在本地数据库中。

本地数据调度成功：若本地数据库中有当前生产处理所需的数据，则根据数据库管理模块提供的数据存放路径，获取该遥感数据或数据产品并提交给专题产品生产流程进行处理。

本地数据调度失败：若本地数据库中没有当前生产处理所需的数据，且数据类型为数据产品或共性产品，则通过运营系统向共性产品生产系统的共性产品库提交数据产品和共性产品数据的查询与获取请求。

(3) 调用 WebService 接口，通过运营系统向共性产品生产系统的共性产品数据库调度数据产品和共性产品数据，向运营系统提交数据产品和共性产品数据查询请求。

运营系统数据调度成功：若运营系统有生产处理所需的数据，则根据该数据返回该数据的相关信息，如数据源名称、数据中心信息、数据下载链接等。

运营系统数据调度失败：若运营系统没有生产所需数据，则返回数据调度失败信息。

(4) 数据下载。根据运营系统的数据查询结果中提供的数据下载链接，根据数据传输协议(如 FTP 协议)从遥感数据或数据产品所在的数据中心下载该数据，并将获取后的数据交由专题产品生产流程进行处理。

5.6.2　功 能 模 块

全球生态环境遥感监测与诊断专题产品生产系统逻辑上分为 5 个模块：生态环境数据管理模块、生态环境格局要素监测模块、生态环境功能要素监测模块、生态环境问题要素监测模块和生态环境遥感诊断模块。

1. 生态环境数据管理模块设计

生态环境数据管理模块主要实现影像数据、辅助数据、支撑数据、专题产品数据等数据的入库管理、浏览查询、统计和下载，如图 5-75 所示。

数据入库管理功能负责将元数据、遥感影像数据、其他辅助数据等统一存储到生态环境遥感监测数据库中进行管理，实现元数据的创建、数据的入库管理功能。

数据查询功能负责提供对数据库数据的目录检索、时间检索、空间检索、类别检索等多种数据检索方式，并根据不同的检索结果，依据用户的不同访问权限，提供相关数据的浏览与下载功能。

数据浏览功能提供对数据的元数据、快视图、数据分布等浏览功能。系统中提供制图模板对专题产品进行专题制图。

用户通过数据入库模块将外部各种数据录入数据库中，通过数据查询模块从数据库查询各种业务数据并下载，下载的数据作为其余 3 个子系统的数据输入，3 个子系统生产的产品经过数据管理子系统的加工得到各种监测图和监测报告，最后通过数据入库模块实现各种产品数据的入库。

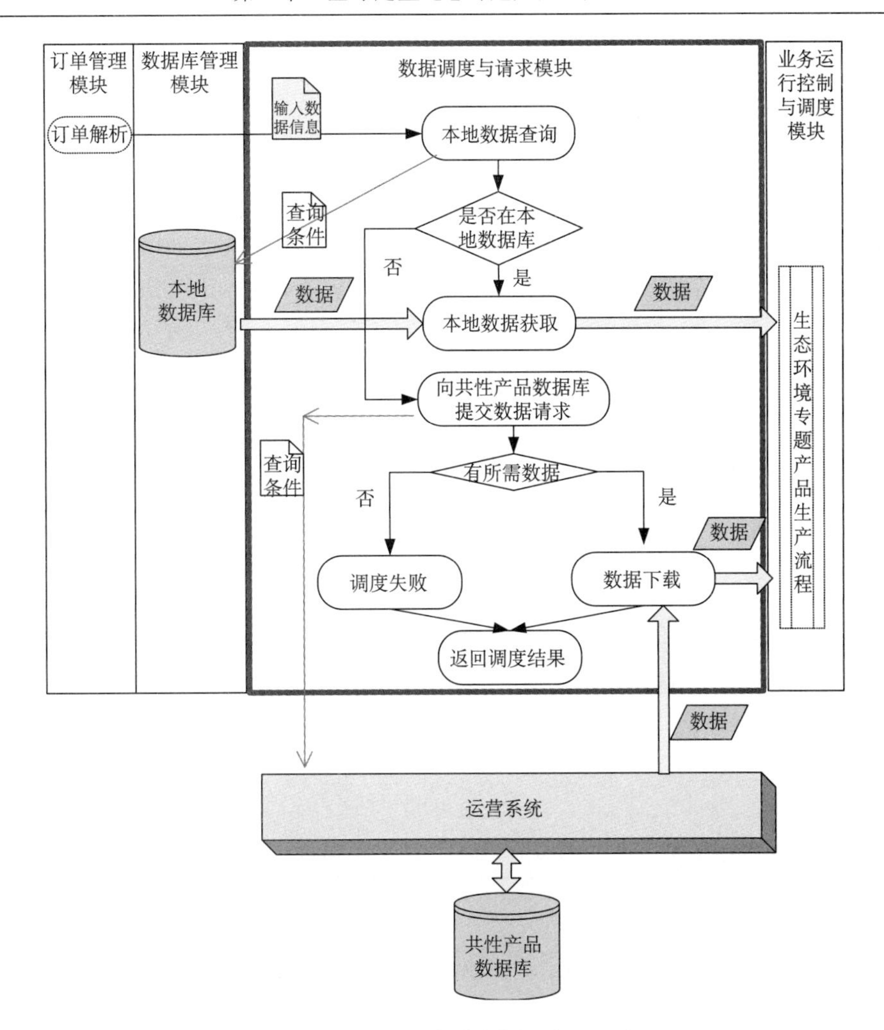

图 5-75　生态环境系统数据流程设计

2. 生态环境格局要素模块设计

生态环境格局要素模块对全球生态环境遥感监测与诊断专题产品生产系统结构信息自动提取模型进行集成，实现反映生态系统宏观结构参数和景观格局参数的自动提取。子系统数据来自数据管理子系统从数据库查询下载的数据，经过各个参数提取模块的分析得到生态格局要素监测指数，通过数据管理子系统制作成各种专题图和监测报告，最后录入数据库中。

生态环境格局要素模块一共集成 6 个模型，如图 5-76 所示。

3. 生态环境功能要素模块设计

生态环境功能要素模块对单项生态系统服务功能要素自动提取模型进行集成，实现生态系统水源涵养功能要素、生态系统水土保持功能要素、生态系统防风固沙功能要素及生态系统碳固定功能要素的遥感提取。

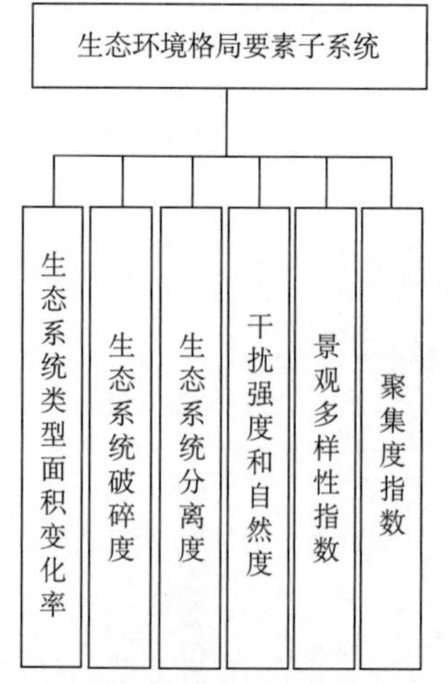

图 5-76　生态环境格局要素模块集成模型

生态环境功能要素模块数据来自数据管理子系统从数据库查询下载的数据，经过各个参数提取模块的分析得到生态功能要素监测指数，并制作成各种专题图和监测报告，最后通过入库模块录入数据库中。生态环境功能要素模块架构如图 5-77 所示。

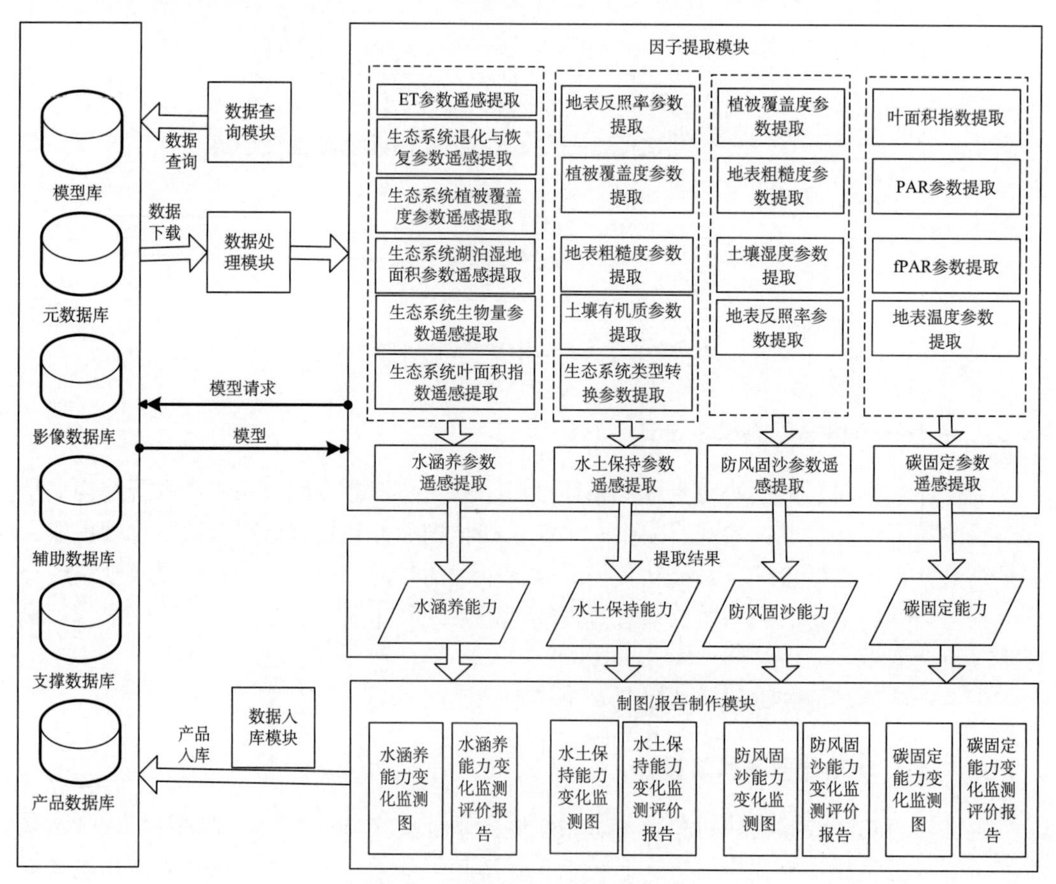

图 5-77　生态环境功能要素模块架构

生态环境功能要素模块一共集成 4 个模型，如图 5-78 所示。

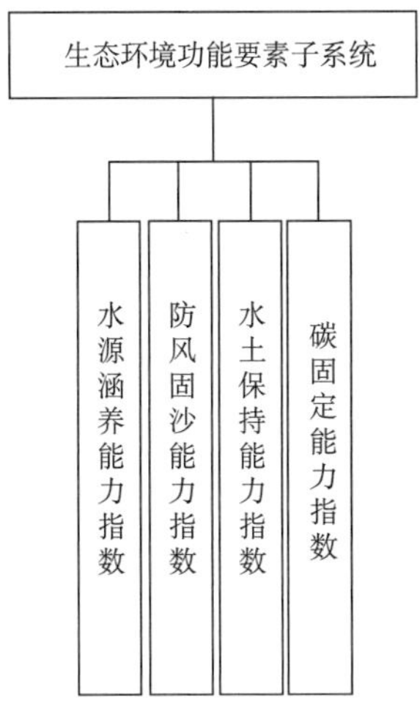

图 5-78　生态环境功能要素模块集成模型

4. 生态环境问题要素模块设计

系统对生态系统草地退化问题要素的自动提取模型、生态系统荒漠化问题要素的自

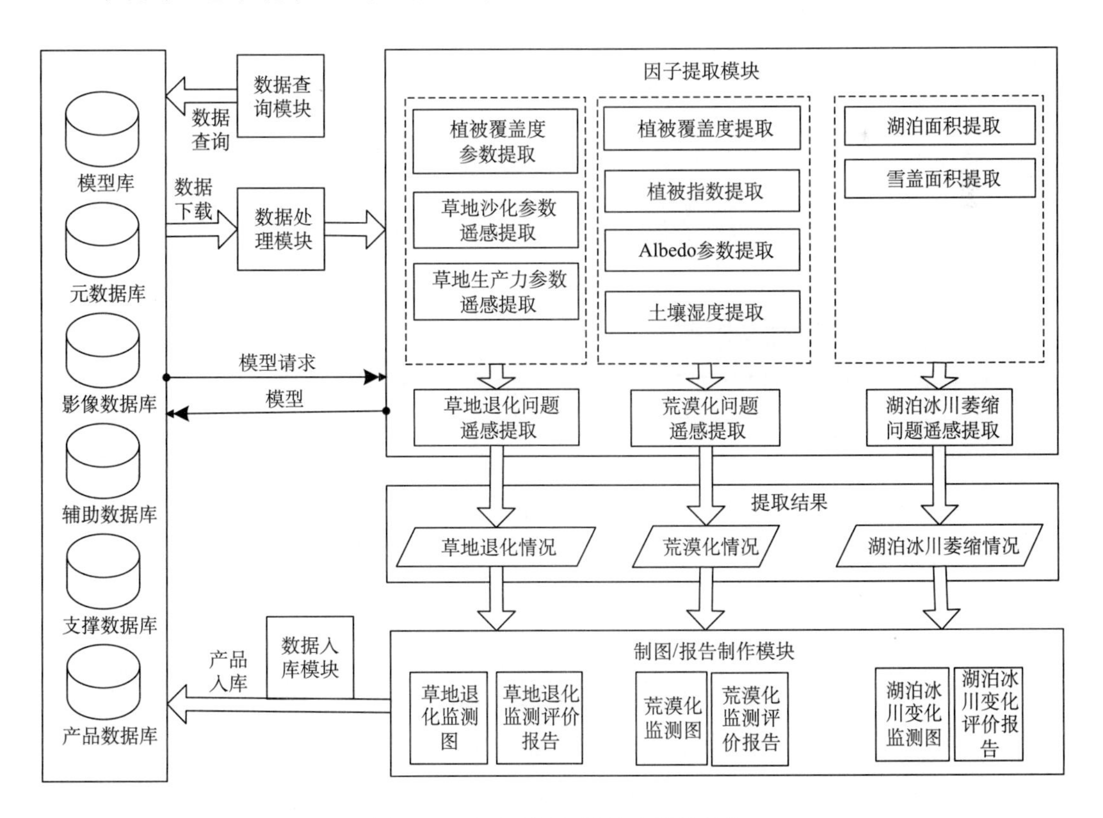

图 5-79　生态环境问题要素模块架构

动提取模型、生态系统水土流失问题要素的自动提取模型等功能进行集成，实现草地生产力、草地沙化、草地覆盖度、地表氧化铁含量、沙漠化程度、植被指数、地表粗糙度、土壤湿度等参数等的自动提取。

生态环境问题要素模块数据来自数据管理模块从数据库查询下载的数据，经过各个参数提取模块的分析得到生态问题要素监测指数，并制作成各种专题图和监测报告，最后通过数据入库模块录入数据库中。生态环境问题要素模块架构如图 5-79 所示。

生态环境问题要素模块一共集成 8 个模型，如图 5-80 所示。

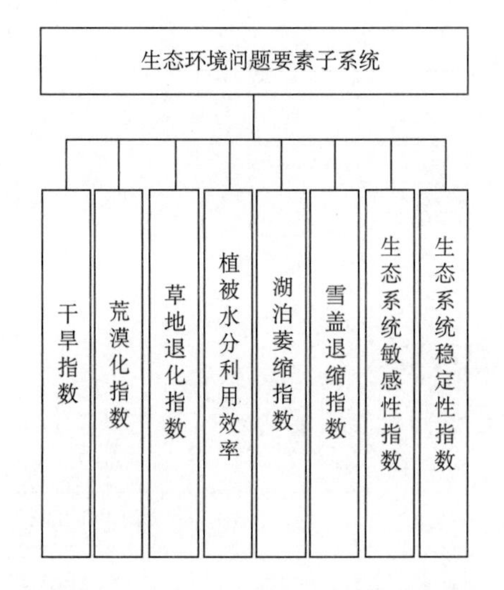

图 5-80　生态环境问题要素模块集成模型

5. 生态环境遥感诊断模块设计

1) 生态环境遥感诊断范围和对象

该指标体系评价范围和对象主要根据我国生态功能区划方案在全国尺度划分为三类大区：东部季风生态大区、西部干旱生态大区和青藏高原生态大区；每个大区下面包含若干个生态区，其中东部季风生态大区分为 33 个生态区，西部干旱生态大区分为 8 个生态区，青藏高原生态大区分为 11 个生态区，详见表 5-36。

表 5-36　我国生态区划表

生态大区(3 类)	生态区(50 类)
东部季风生态大区	大兴安岭北部山地落叶针叶林生态区
	小兴安岭山地针阔混交林生态区
	三江平原农业与湿地生态区
	长白山-千山山地针阔混交林生态区
	东北平原东部农业生态区
	东北平原西部草甸草原生态区

续表

生态大区(3 类)	生态区(50 类)
东部季风生态大区	大兴安岭中南部落叶阔叶林与森林草原生态区
	辽东-山东丘陵落叶阔叶林生态区
	京津唐城镇与城郊农业生态区
	燕山-太行山山地落叶阔叶林生态区
	汾渭盆地农业生态区
	黄土高原农业与草原生态区
	华北平原农业生态区
	淮阳丘陵常绿阔叶林生态区
	秦巴山地落叶与常绿阔叶林生态区
	长江三角洲城镇与城郊农业生态区
	长江中下游平原农业生态区
	三峡水库生态区
	四川盆地农林复合生态区
	天目山-怀玉山山地常绿阔叶林生态区
	浙闽山地丘陵常绿阔叶林生态区
	湘赣丘陵山地常绿阔叶林生态区
	武陵-雪峰山地常绿阔叶林生态区
	黔中部喀斯特常绿阔叶林生态区
	川西南-滇中北山地常绿阔叶林生态区
	南岭山地丘陵常绿阔叶林生态区
	台湾北部常绿阔叶林生态区
	滇桂粤中部-闽南山地丘陵常绿阔叶林生态区
	珠江三角洲城镇与城郊农业生态区
	台湾南部热带季雨林与雨林生态区
	滇桂粤南部热带季雨林与雨林生态区
	海南环岛热带农业生态区
	海南中部山地热带雨林与季雨林生态区
西部干旱生态大区	内蒙古高原中东部典型草原生态区
	内蒙古高原中部-陇中荒漠草原生态区
	内蒙古高原中部草原化荒漠生态区
	内蒙古高原西部-北山山地荒漠生态区
	阿尔泰山-准噶尔西部山地森林与草原生态区
	准噶尔盆地荒漠生态区
	天山山地森林与草原生态区
	塔里木盆地-东疆荒漠生态区

续表

生态大区（3 类）	生态区（50 类）
青藏高原生态大区	祁连山森林与高寒草原生态区
	柴达木盆地荒漠生态区
	帕米尔-昆仑山-阿尔金山高寒荒漠草原生态区
	江河源区-甘南高寒草甸草原生态区
	藏北高原高寒荒漠草原生态区
	阿里山地温性干旱荒漠生态区
	藏东-川西寒温性针叶林生态区
	藏南山地高寒草甸草原生态区
	藏东南热带雨林季雨林生态区

2）生态环境遥感诊断指标体系构建依据

构建生态环境综合评价模型需要首先建立生态脆弱性综合型指标体系。综合型指标体系不仅考虑环境系统的内在功能与结构，同时兼顾环境系统与外界之间的联系。其指标内容较为全面、广泛，一般从自然、社会及经济发展状况等方面反映生态环境的脆弱状况。目前，国内外应用较广的可概括为以下 4 种类型：“成因-结果表现”指标体系、“压力-状态-响应”（PSR）指标体系、“敏感性-弹性-压力”指标体系、“多系统评价”指标体系。

生态环境遥感诊断指标体系的构建综合采用现有比较成熟的“压力-状态-响应”模型，知识库中存储各生态区的遥感诊断指标及相应的权重，其分为 3 个层次：第 1 层次是准则层，即压力、状态、响应 3 个准则，其中状态指标主要评价生态系统是否健康，可以从活力、组织结构和恢复力 3 个主要特征来定义（Rapport et al., 1998）；第 2 层次是评价因素层，即每个评价准则具体通过哪些因素决定；第 3 层次是指标层，即每个评价因素有哪些具体指标来表达，同时给出每个指标的权重。

3）生态环境遥感诊断指标因子选取原则

生态环境遥感诊断指标因子的选择应考虑在当前社会经济及科技发展水平下，有能力获取的指示因子。传统的生态环境体系中大部分指标均来自于野外调查数据及社会经济统计数据，这些指标的获取需要耗费大量的人力及物力，且获取周期比较长；该项目在选择生态环境指示因子时既要保障评价指标体系的完备性，又力求避免各因子之间的重复性，同时考虑主要指标可以从遥感数据或基础地理数据中实现，从各类型生态系统中筛选出能够切实反映生态生态环境状况的指标因子。所筛选的指示因子不仅能对某一生态系统进行评价，而且要适合于不同类型、不同地域生态系统间的比较，确保其具有一定的科学性。

具体筛选原则如下：

(1) 科学性原则。指标体系的构建，包括指标的选择、权重系数的确定、数据的选取，必须以科学理论为依据，即必须首先满足科学性原则。

(2) 独立性原则。虽然系统内各子系统、各要素之间相互联系、相互依赖，但作为对其特点表征的具体指标在内容上应彼此独立，且互不相关。

(3) 空间性原则。评价指标应具有空间属性，即空间型特性，其属性特征能够覆盖研究区域的全部或部分地区，并具有空间分异的特点。

(4) 完备性原则。指标体系作为一个整体，要能够较为全面地反映评价区域系统的发展特征。

(5) 可操作性原则。在生态环境遥感评价中，指标的可操作性原则具有三层含义：一是所选取的指标越多，意味着环境评价的工作量越大，所消耗的人力、物力、财力资源越多，技术要求也越高；可操作性原则要求在保证完备性原则的条件下尽可能地选择那些具有代表性、敏感性的综合性指标，删掉代表性不强、敏感性差的指标；二是所有度量指标易于获取和表述，并且各指标之间具有可比性；三是尽可能使用 RS 和 GIS 技术能够获取的指标，提高指标体系在实际应用中的可操作性，现代遥感与 GIS 技术能够为区域，特别是中尺度以上区域的生态环境评价提供大量、综合、宏观、动态和快速更新的信息。

(6) 层次性原则。生态环境评价的指标设置也应满足研究对象具有复杂的层次结构这一要求。

(7) 多样性原则。多样性原则要求在生态环境诊断的指标体系中，既有定量指标，又有定性指标；既有绝对量指标，又有相对量指标；既有价值型指标，又有实物型指标。这样方能满足不同性质、不同层次、不同范围、不同要求的规划环境影响的度量。

(8) 同趋势化原则。同趋势化原则要求生态环境评价的各指标保持同向趋势，以便于不同类型、不同量纲的指标可先通过归一化等方法处理后进行比较。

4) 生态环境遥感诊断指标模型

根据我国主要生态区类型，我们将其划分为森林类生态区、草地类类生态区、农田类生态区、城镇类生态区、湿地类生态区和荒漠类生态区 6 种类型，并针对各类生态区分别确定相应的评价指标。

(1) 森林类生态区诊断指标模型。

森林是人类赖以生存与发展的重要环境资源之一，是陆地生态系统中面积最大、分布最广的自然生态系统，具有物种繁多、结构复杂、类型多样、稳定性强、生产力高、现存量大等特点。森林作为陆地生态系统主体和重要的可再生资源，在人类发展中起着极其重要的作用，不仅为人类的生产生活提供木材及林副产品等物质资源，还具有净化空气、调节气候、涵养水源、防风固沙、固土保肥，以及保护环境、维护生物多样性和维持生态平衡等生态功能与效益(表 5-37)(张秋根等，2003)。

(2) 草地类生态区诊断指标模型。

草地是我国陆地上面积最大的生态系统类型，对于自然条件相对恶劣的我国西北地区及青藏高原，草地生态系统的保育和可持续利用是维持区域生态系统格局、功能和农牧业可持续发展的关键(表 5-38)。

表 5-37　森林类生态区生态环境遥感诊断指标

准则层	因素层	指标层	主要参考文献
压力指标	压力	人类干扰强度	刘晓曼等，2011；凡宸等，2013
		人口密度	张艳华，2011；王金南等，2014；凡宸等，2013；梁英丽，2011
状态指标	活力	NPP	张艳华，2011；肖风劲等，2003，2004；李静锐等，2007
		森林覆盖率	徐广亮等，2005；张秋根等，2003
		水文调节指数	张艳华，2011
		碳功能固定量	王金南等，2014
		防风固沙指数	王金南等，2014
	组织	景观多样性指数	刘晓曼等，2011；凡宸等，2013
		景观破碎度指数	刘晓曼等，2011
	弹性	生态系统稳定性指数	刘晓曼等，2011
响应指标	响应	森林扰动/变化	马立，2007

表 5-38　草地类生态区生态环境遥感诊断指标

准则层	因素层	指标层	主要参考文献
压力指标	压力	人类干扰强度	刘晓曼等，2011；凡宸等，2013
		人口密度	张艳华，2011；王金南等，2014；凡宸等，2013
状态指标	活力	NPP	张艳华，2011；肖风劲等，2003，2004；李静锐等，2007
		草地干旱指数	赵有益和林慧龙，2012
		碳功能固定量	王金南等，2014
		防风固沙指数	王金南等，2014
	组织	景观多样性指数	刘晓曼等，2011；凡宸等，2013
		景观破碎度指数	刘晓曼等，2011
	弹性	生态系统稳定性指数	刘晓曼等，2011
响应指标	响应	草地退化指数	王金南等，2014
		荒漠化指数	王金南等，2014

(3)农田类生态区诊断指标模型。

农田生态系统是人类为了满足生存需要，干预自然生态系统，靠土地资源，利用农作物的生长繁殖来获得物质产品而形成的人工生态系统。该系统是由农作物及其周围环境构成的物质转化和能量流动系统，是在自然生态系统的基础之上，叠加了人类的经济活动而形成的更高层次上的自然与经济的统一体，具有自然和社会的双重属性。农田生态系统与自然生态系统的本质区别在于自然演替的进程被人为截断，人为干预的设定目标是获得更多有益于人类自身的净产出。农田生态系统可以说是人类改造自然、利用自然最为杰出的作品。一个健康的农田生态系统可以定义为：农田有着合理的作物组分、有效的农作方式，能够高效持续地为人类提供健康有益的生活、生产来源，并和谐地融为自然生态系统的一部分(表 5-39)(彭涛，2004)。

表 5-39　农田类生态区生态环境遥感诊断指标

准则层	因素层	指标层	主要参考文献
压力指标	压力	人类干扰强度	刘晓曼等，2011；凡宸等，2013
		人口密度	张艳华，2011；王金南等，2014；凡宸等，2013
状态指标	活力	农作物产量	陈源泉和高旺盛，2009
		碳功能固定量	王金南等，2014
		防风固沙指数	王金南等，2014
	组织	景观多样性指数	刘晓曼等，2011；凡宸等，2013
		景观破碎度指数	刘晓曼等，2011
	弹性	生态系统稳定性指数	刘晓曼等，2011
响应指标	响应	荒漠化指数	王金南等，2014

(4)城镇类生态区诊断指标模型。

城市生态系统是一个由自然、经济、社会复合而成的生态系统结构，其健康的概念应理解为："城市生态系统结构合理，系统内生产活动和周围环境之间的物质和能量交换形成良性循环；功能高效，物质、能量、信息高效利用；人类社会和自然环境高度和谐，自然、技术、人文充分融合；废弃物被严格控制在环境承载力范围内，城市生物的健康和成长不受不良影响。"由此看来，城市生态系统健康的最大特点是，它不仅强调从生态学角度出发的生态系统结构合理、功能高效与完整，而且更加强调生态系统能维持对人类的服务功能，以及人类自身健康及社会经济健康不受损害(表 5-40)。

(5)湿地类生态区诊断指标模型。

湿地是自然界重要的自然资源和生态系统，在调节气候、涵养水源、分散洪水、净化环境、保护生物多样性等方面起着重要的作用。但是湿地也是易受人类干扰的脆弱生态系统，随着人类活动影响的加强，湿地资源面积大量减少，湿地功能严重削弱，湿地生物多样性降低、水质改变、富营养化等日益严重，这些将影响一个区域或流域的生态安全，甚至将威胁人类自身的健康与发展(表 5-41)。

表 5-40　城镇类生态区生态环境遥感诊断指标

准则层	因素层	指标层	主要参考文献
压力指标	压力	人类干扰强度	刘晓曼等，2011；凡宸等，2013
		人口密度	张艳华，2011；王金南等，2014；凡宸等，2013；谢花林和李波，2004
状态指标	活力	人均 GDP	尚志海等，2012；谢花林和李波，2004
		绿化覆盖度	王金南等，2014；桑燕鸿等，2006
	组织	景观多样性指数	刘晓曼等，2011；凡宸等，2013
		景观破碎度指数	刘晓曼等，2011
	弹性	生态系统稳定性指数	刘晓曼等，2011
响应指标	响应	人均预期寿命	颜文涛，2007

表 5-41　湿地类生态区生态环境遥感诊断指标

准则层	因素层	指标层	主要参考文献
压力指标	压力	人类干扰强度	蒋卫国等，2009；刘晓曼等，2011；凡宸等，2013
		人口密度	蒋卫国等，2009；麦少芝，2005；张艳华，2011；王金南等，2014；凡宸等，2013
状态指标	活力	植被覆盖率	孙志高和李景双，2008
		水文调节指数	麦少芝，2005；张艳华，2011
		蓄水面积	蒋卫国等，2009
	组织	景观多样性指数	刘晓曼等，2011；凡宸等，2013
		景观破碎度指数	刘晓曼等，2011
	弹性	生态系统稳定性指数	刘晓曼等，2011
响应指标	响应	湿地退化指数	麦少芝，2005；王金南等，2014

(6)荒漠类生态区诊断指标模型。

荒漠生态系统是干旱和半干旱区形成的以荒漠植物组成为主的生态系统，其植被主要由耐旱和超旱生的乔木、灌木和草本植物组成，地带性土壤为灰漠土、灰棕漠土和棕漠土。荒漠生态系统中水热因子极度不平衡(水收入少而消耗多，夏季热量多而冬季严寒)，以干旱、风沙、盐碱、粗瘠、风沙剧烈和降水稀少为显著特征，形成由内陆河、湖泊、山地、绿洲和荒漠组成的区域景观特征。荒漠生态系统基本功能包括生产力、养分循环和能量流动，主要功能包括保留养分、水分循环和维持生物多样性。这些功能直接维持着荒漠生态系统的健康及其对人类的贡献(表 5-42)。

表 5-42　荒漠类生态区生态环境遥感诊断指标

准则层	因素层	指标层	主要参考文献
压力指标	压力	人类干扰强度	刘晓曼等，2011；凡宸等，2013
		人口密度	张艳华，2011；王金南等，2014；凡宸等，2013
状态指标	活力	NPP	张艳华，2011；肖风劲等，2003，2004；李静锐等，2007
		植被覆盖度	赵有益和林慧龙，2012
		防风固沙指数	王金南等，2014
	组织	景观多样性指数	刘晓曼等，2011；凡宸等，2013
		景观破碎度指数	刘晓曼等，2011
	弹性	生态系统稳定性指数	刘晓曼等，2011
响应指标	响应	荒漠化指数	王金南等，2014

5)生态环境遥感诊断指标模型选取

根据生态区主要生态系统类型，本书初步确定了其所采用的诊断指标模型，其中，森林类 24 个、农田类 8 个、草地类 7 个、城镇类 3 个、湿地类 1 个、荒漠类 7 个，在此基础上建立模型知识库(表 5-43)。

表 5-43　各生态区诊断指标模型

生态大区 （3 类）	生态区 （50 类）	诊断指标模型选取
东部季风生态大区	大兴安岭北部山地落叶针叶林生态区	森林类生态区诊断指标模型
	小兴安岭山地针阔混交林生态区	森林类生态区诊断指标模型
	三江平原农业与湿地生态区	农田类生态区诊断指标模型
	长白山-千山山地针阔混交林生态区	森林类生态区诊断指标模型
	东北平原东部农业生态区	农田类生态区诊断指标模型
	东北平原西部草甸草原生态区	草地类生态区诊断指标模型
	大兴安岭中南部落叶阔叶林与森林草原生态区	森林类生态区诊断指标模型
	辽东-山东丘陵落叶阔叶林生态区	森林类生态区诊断指标模型
	京津唐城镇与城郊农业生态区	城镇类生态区诊断指标模型
	燕山-太行山山地落叶阔叶林生态区	森林类生态区诊断指标模型
	汾渭盆地农业生态区	农田类生态区诊断指标模型
	黄土高原农业与草原生态区	农田类生态区诊断指标模型
	华北平原农业生态区	农田类生态区诊断指标模型
	淮阳丘陵常绿阔叶林生态区	森林类生态区诊断指标模型
	秦巴山地落叶与常绿阔叶林生态区	森林类生态区诊断指标模型
	长江三角洲城镇与城郊农业生态区	城镇类生态区诊断指标模型
	长江中下游平原农业生态区	农田类生态区诊断指标模型
	三峡水库生态区	湿地类生态区诊断指标模型
	四川盆地农林复合生态区	农田类生态区诊断指标模型
	天目山-怀玉山山地常绿阔叶林生态区	森林类生态区诊断指标模型
	浙闽山地丘陵常绿阔叶林生态区	森林类生态区诊断指标模型
	湘赣丘陵山地常绿阔叶林生态区	森林类生态区诊断指标模型
	武陵-雪峰山地常绿阔叶林生态区	森林类生态区诊断指标模型
	黔中部喀斯特常绿阔叶林生态区	森林类生态区诊断指标模型
	川西南-滇中北山地常绿阔叶林生态区	森林类生态区诊断指标模型
	南岭山地丘陵常绿阔叶林生态区	森林类生态区诊断指标模型
	台湾北部常绿阔叶林生态区	森林类生态区诊断指标模型
	滇桂粤中部-闽南山地丘陵常绿阔叶林生态区	森林类生态区诊断指标模型
	珠江三角洲城镇与城郊农业生态区	城镇类生态区诊断指标模型
	台湾南部热带季雨林与雨林生态区	森林类生态区诊断指标模型
	滇桂粤南部热带季雨林与雨林生态区	森林类生态区诊断指标模型
	海南环岛热带农业生态区	农田类生态区诊断指标模型
	海南中部山地热带雨林与季雨林生态区	森林类生态区诊断指标模型

续表

生态大区（3 类）	生态区（50 类）	诊断指标模型选取
西部干旱生态大区	内蒙古高原中东部典型草原生态区	草地类生态区诊断指标模型
	内蒙古高原中部-陇中荒漠草原生态区	草地类生态区诊断指标模型
	内蒙古高原中部草原化荒漠生态区	荒漠类生态区诊断指标模型
	内蒙古高原西部-北山山地荒漠生态区	荒漠类生态区诊断指标模型
	阿尔泰山-准噶尔西部山地森林与草原生态区	森林类生态区诊断指标模型
	准噶尔盆地荒漠生态区	荒漠类生态区诊断指标模型
	天山山地森林与草原生态区	森林类生态区诊断指标模型
	塔里木盆地-东疆荒漠生态区	荒漠类生态区诊断指标模型
青藏高原生态大区	祁连山森林与高寒草原生态区	草地类生态区诊断指标模型
	柴达木盆地荒漠生态区	荒漠类生态区诊断指标模型
	帕米尔-昆仑山-阿尔金山高寒荒漠草原生态区	荒漠类生态区诊断指标模型
	江河源区-甘南高寒草甸草原生态区	草地类生态区诊断指标模型
	藏北高原高寒荒漠草原生态区	草地类生态区诊断指标模型
	阿里山地温性干旱荒漠生态区	荒漠类生态区诊断指标模型
	藏东-川西寒温性针叶林生态区	森林类生态区诊断指标模型
	藏南山地高寒草甸草原生态区	草地类生态区诊断指标模型
	藏东南热带雨林季雨林生态区	森林类生态区诊断指标模型

6) 生态环境遥感诊断过程

(1) 评价单元确定。

采用行政单元和栅格单元相结合的办法，使指标因子数据载体与分析评价单元分开，即用栅格点状单元作为指标因子的数据载体和单因子的基本评价分析单元，用矢量面状单元作为综合评价分析单元，两者之间用模型予以关联。其中，栅格单元主要以 1 km 空间分辨率为基本尺度。

(2) 生态环境健康指数计算。

生态环境遥感诊断用生态环境健康指数（ecological environmental health index，EEHI）表示。生态环境健康指数采用质量指数法计算，即 EEHI 是所有标准化后的二级指标值的加权和，计算公式如下式所示。

$$\mathrm{EEHI} = \sum_{j=1}^{n} I_j W_j \tag{5-1}$$

式中，EEHI 为生态环境健康指数，代表整个生态区的环境健康状况；n 为评价体系中的指标总数；I_j 为第 j 个指标标准化后的值；W_j 为第 j 个指标的权重。

(3) 指标标准化。

由于指标体系中的各项评价指标的类型较为复杂，单位也有很大差异，直接进行加权处理是不合适的，也无实际意义，而且指标的优劣往往是一个笼统或模糊的概念，所以很难对它们的实际数值进行直接比较，为了简便、明确和易于计算，有必要对各项指标进行标准化，即进行量纲的统一(去掉量纲)，在对各指标进行量纲统一时，对参评因子进行标准化，取值设定在0～1。积极健康指标因子和消极健康指标因子得分的计算公式分别如下：

$$\text{Active}_{ij} = (X_{ij} - X_{j\min}) / (X_{j\max} - X_{j\min}) \tag{5-2}$$

$$\text{Negative}_{ij} = (X_{j\max} - X_{ij}) / (X_{j\max} - X_{j\min}) \tag{5-3}$$

式中，Active_{ij}为指积极健康因子的得分，即正得分；Negative_{ij}为指消极健康因子的得分，即负得分；X_{ij}为评价因素的指标值；$X_{j\max}$、$X_{j\min}$分别为指标因子的最大值和最小值。

(4) 权重计算。

各个指标权重由层次分析法(analytic hierarchy process，AHP)计算得到。层次分析法是由美国著名运筹学家T. L. Saaty于20世纪70年代中期提出的，本质上是一种决策思维方法，该方法确定权重系数的基本过程是：①构造层析分析层次结构模型；②构造判读矩阵；③逐层单排序，并进行一致性检验；④总排序，取得决策结果(郭凤鸣，1997)。

使用AHP计算权重需要各个指标之前的相对重要性，相对重要性在分析每种类型生态环境特征和成因的基础上，通过专家咨询和查阅文献的方法获得。各指标权重因评价区而异，可以对单个生态区的生态环境进行评价。

根据各类生态区的特点，并参考同类型生态区研究的相关文献中的评价因子权重设置，采用AHP对6类生态区分别计其相对重要性见表5-44～表5-49。

表5-44 森林类生态区诊断指标相对重要性排序

准则层	因素层	指标层
压力指标(2)	压力(1)	人类干扰强度(1)–
		人口密度(2)–
状态指标(1)	活力(1)	NPP(2)+
		森林覆盖率(1)+
		水文调节指数(3)+
		碳功能固定量(4)+
		防风固沙指数(5)+
	组织(2)	景观多样性指数(1)+
		景观破碎度指数(2)–
	弹性(3)	生态系统稳定性指数(1)+
响应指标(3)	响应(1)	森林扰动/变化(1)–

表 5-45　草地类生态区诊断指标相对重要性排序

准则层	因素层	指标层
压力指标(2)	压力(1)	人类干扰强度(1)–
		人口密度(3)–
状态指标(1)	活力(1)	NPP(1)+
		草地干旱指数(2)–
		碳功能固定量(4)+
		防风固沙指数(3)+
	组织(2)	景观多样性指数(1)+
		景观破碎度指数(2)–
	弹性(3)	生态系统稳定性指数(1)+
响应指标(3)	响应(1)	草地退化指数(1)–
		荒漠化指数(2)–

表 5-46　农田类生态区诊断指标相对重要性排序

准则层	因素层	指标层
压力指标(2)	压力(1)	人类干扰强度(1)–
		人口密度(2)–
状态指标(1)	活力(1)	农作物产量(1)+
		碳功能固定量(2)+
		防风固沙指数(3)+
	组织(2)	景观多样性指数(1)+
		景观破碎度指数(2)–
	弹性(3)	生态系统稳定性指数(1)+
响应指标(3)	响应(1)	荒漠化指数(2)–

表 5-47　城镇类生态区诊断指标相对重要性排序

准则层	因素层	指标层
压力指标(2)	压力(1)	人类干扰强度(1)–
		人口密度(2)–
状态指标(1)	活力(1)	人均 GDP(2)+
		植被覆盖度(1)+
	组织(2)	景观多样性指数(1)+
		景观破碎度指数(2)+
	弹性(3)	生态系统稳定性指数(1)+
响应指标(3)	响应(1)	人均预期寿命(1)+

表 5-48　湿地类生态区诊断指标相对重要性排序

准则层	因素层	指标层
压力指标(2)	压力(1)	人类干扰强度(1)–
		人口密度(2)–
状态指标(1)	活力(1)	植被覆盖率(3)+
		水文调节指数(1)+
		蓄水面积(2)+
	组织(2)	景观多样性指数(1)+
		景观破碎度指数(2)–
	弹性(3)	生态系统稳定性指数(1)
响应指标(3)	响应(1)	湿地退化指数(1)-

表 5-49　荒漠类生态区诊断指标相对重要性排序

准则层	因素层	指标层
压力指标(2)	压力(1)	人类干扰强度(1)–
		人口密度(2)–
状态指标(1)	活力(1)	NPP(3)+
		植被覆盖度(1)+
		防风固沙指数(2)+
	组织(2)	景观多样性指数(1)+
		景观破碎度指数(2)–
	弹性(3)	生态系统稳定性指数(1)+
响应指标(3)	响应(1)	荒漠化指数(1)–

(5)结果表现形式。

根据生态健康综合指数的分值，将生态区生态环境健康状况分为好、较好、中、较差、差 5 个级别，分值和级别对应关系见表 5-50。生态环境遥感诊断的最终结果表示为生态环境健康等级专题分布图，辅以对应的生态环境健康状况空间分布描述性文字，包括所评价区的各项生态功能、系统活力状况等。

表 5-50　生态环境健康指数值和健康级别对照表

级别	EEHI 值	生态环境状态描述
好	EEHI>0.8	生态环境处于正常状态，未受到干扰破坏，生态系统结构完整，功能性强
较好	0.6< EEHI<0.8	生态环境呈现轻微脆弱性，生态系统受到干扰，生态系统结构尚完善，功能尚好，在自身调节下可恢复

续表

级别	EEHI 值	生态环境状态描述
中	0.4≤EEHI≤0.6	生态环境呈现中度脆弱性，生态系统受到较少破坏，系统结构有恶化趋势，但尚能维持基本功能
较差	0.2< EEHI<0.4	生态环境呈现强度脆弱性，严重影响了生态系统功能的实现，生态问题较大，生态灾害较多
差	0≤EEHI≤0.2	生态环境呈现极强脆弱性，生态系统结构残缺不全，功能低下，发生退化性变化

5.6.3　数据库设计

1. 配置文件

系统使用 MySQL 数据库管理软件，数据库配置文件主要包括以下内容，各项含义与取值见表 5-51。

(1) 数据库连接信息，包括数据库名称、用户名、密码、数据库服务器地址、端口号等信息。

(2) 数据库连接响应配置，包括最大并发连接数、连接超时时间、从服务器读取信息超时时间、从服务器写入信息超时时间、重试次数等。

(3) 数据库缓存配置，包括查询缓存大小、查询缓存分配的最小块的大小等。

(4) 数据库扩容配置，包括临时表的大小、一次扩容的大小、扩容地址等。

(5) 数据库日志配置，包括一般日志、一般日志存放位置、错误日志、错误日志存放位置、警告日志、警告日志存放位置、日志超时删除时间等。

(6) 数据库一般配置，包括数据库时区、字符集等。

表 5-51　生态环境系统数据库配置信息表

配置项	配置项名称	取值	说明
名称	Database_name		数据库名称
用户名	User		用户名
密码	Password		密码
端口号	Port		服务端口号
服务器	Server		服务器 IP 地址
最大并发连接数	Max_connections	100	数据库最大并发连接数
连接超时时间	Connect_timeout	10s	数据库连接超时时间
从服务器读取信息超时时间	net_read_timeout	30s	从服务器读取信息的超时
从服务器写入信息超时时间	net_write_timeout	60s	从服务器写入信息的超时
重试次数	net_retry_count	10	如果通信端口的读操作中断，在放弃前重试次数
查询缓存大小	query_cache_size	256M	查询缓存大小

续表

配置项	配置项名称	取值	说明
临时表的大小	tmp_table_size	512M	临时表大小，如果超过该值，则结果放到磁盘中
一次扩容的大小	heap_table_size	5M	数据表超过设置值后每次的扩容量
一般日志	General_log		数据库操作的一般性日志
一般日志存放位置	General_log_file		一般日志文件存放位置
错误日志	error_log		数据库错误日志
错误日志存放位置	error_log_file		错误日志文件存放位置
警告日志	waring_log		数据库警告日志
警告日志存放位置	waring_log_file		警告日志文件存放位置
日志超时删除时间	expire_logs_days	30 D	日志超过设置天数自动删除

2. 数据对象设计

系统数据库负责存储、管理全球生态环境遥感监测与诊断专题产品生产系统所需的辅助数据、共性产品、专题产品、专题产品生产工作流及计算模型，涉及的数据表主要如下。

(1) 空间数据类型表：存储空间数据类型，包括共性产品、专题产品、辅助数据，每类下面包含各自相关子类(表 5-52)。

表 5-52　生态环境系统空间数据类型表

字段名	数据类型	说明	备注
DataTypeID	INT	数据类型编号	主键
DataType	VARCHAR(50)	数据类型	
DataType Info	VARCHAR(500)	数据说明	
FatherID	INT	父类型编号	

(2) 空间数据范围表：存储空间数据的空间范围，包括数据中心点坐标、左下和右上角坐标(表 5-53)。

表 5-53　生态环境系统空间数据范围表

字段名	数据类型	说明	备注
ScopeID	INT	数据编号	主键
Name	VARCHAR(50)	空间标示名称	
Longitude	VARCHAR(50)	中心经度	

续表

字段名	数据类型	说明	备注
Latitude	VARCHAR(50)	中心纬度	
North	VARCHAR(50)	数据右上角纬度	
South	VARCHAR(50)	数据左下角纬度	
East	VARCHAR(50)	数据右上角经度	
West	VARCHAR(50)	数据左下角经度	

(3)空间数据信息表：存储空间数据的名称、文件位置、时间、空间分辨率等信息(表 5-54)。

表 5-54　生态环境系统空间数据信息表

字段名	数据类型	说明	备注
DataInfoID	INT	数据编号	主键
DataTypeID	INT	数据类型 ID	外键
FileName	VARCHAR(50)	文件名称	
FileDir	VARCHAR(100)	文件路径	
DataInfo	VARCHAR(50)	数据其他辅助信息	
DataSize	VARCHAR(50)	数据大小	
DataDist	VARCHAR(50)	分辨率	
DATAScop	VARCHAR(50)	数据空间范围信息	外键
DataProjection	VARCHAR(150)	投影信息	
DateObservation	DateTime	获取时间	
DataThumbnail	Image	缩略图	

(4)用户信息表：存储用户名、密码、角色等信息(表 5-55)。

表 5-55　生态环境系统用户信息表

字段名	数据类型	说明	备注
UsersID	INT	数据编号	主键
UserName	VARCHAR(50)	用户名称	
UserPwd	VARHCAR(50)	用户密码	
UserGroupID	INT	所属组标志	外键
Last_Date	VARCHAR(50)	上次登录时间	
Enable	INT	是否禁用	

(5)用户权限表：存储不同角色的用户权限信息(表 5-56)。

表 5-56　生态环境系统用户权限表

字段名	数据类型	说明	备注
GradeID	INT	数据编号	主键
User_Grade	VARCHAR(50)	用户级别名称	
GradeDes	VARCHAR(50)	功能描述	

(6)日志信息表：记录系统日志(表 5-57)。

表 5-57　生态环境系统日志信息表

字段名	数据类型	说明	备注
ID	INT	编号	主键
Name	VARCHAR(50)	事件名称	
ActionTime	TIME	事件时间	
IP	VARCHAR(20)	发生 IP	
Action	VARCHAR(200)	事件描述	

5.6.4　系 统 界 面

全球生态环境遥感监测与诊断专题产品生产系统实现了订单消息处理与自动生成生产任务的业务流程功能；搭建并配置了 Hadoop 分布式计算平台，实现了使用生产系统调用 Hadoop 并行计算任务、跟踪任务进度、任务产品的前端展示及下载等功能；开发了与运营服务系统的 13 个接口的原型，包括用户交互界面和调用方法；原型对接口消息与交互反馈消息等用 JMS 进行了封装，编写了对应的消息类代码；完成了 20 个生态环境专题产品生产模块的开发。

全球生态环境监测与诊断专题产品生产系统总体功能包括以下 7 个部分(图 5-81)。

1)订单管理功能

该功能在系统客户端中体现，建立订单数据库，实现对全球环境遥感监测和诊断专题产品生产的订单解析、订单跟踪与反馈、订单查询与管理。

2)生产任务管理功能

该功能在系统服务端中体现，在面向多任务的高性能计算架构上，基于工作流调度引擎，对全球环境遥感监测和诊断专题产品生产业务流程进行工作流表示、工作流解析及工作流运行控制；基于并行任务调度器，对全球环境遥感监测与诊断处理算法或任务进行并行调度，使多个计算节点能够均衡负载地进行生产。

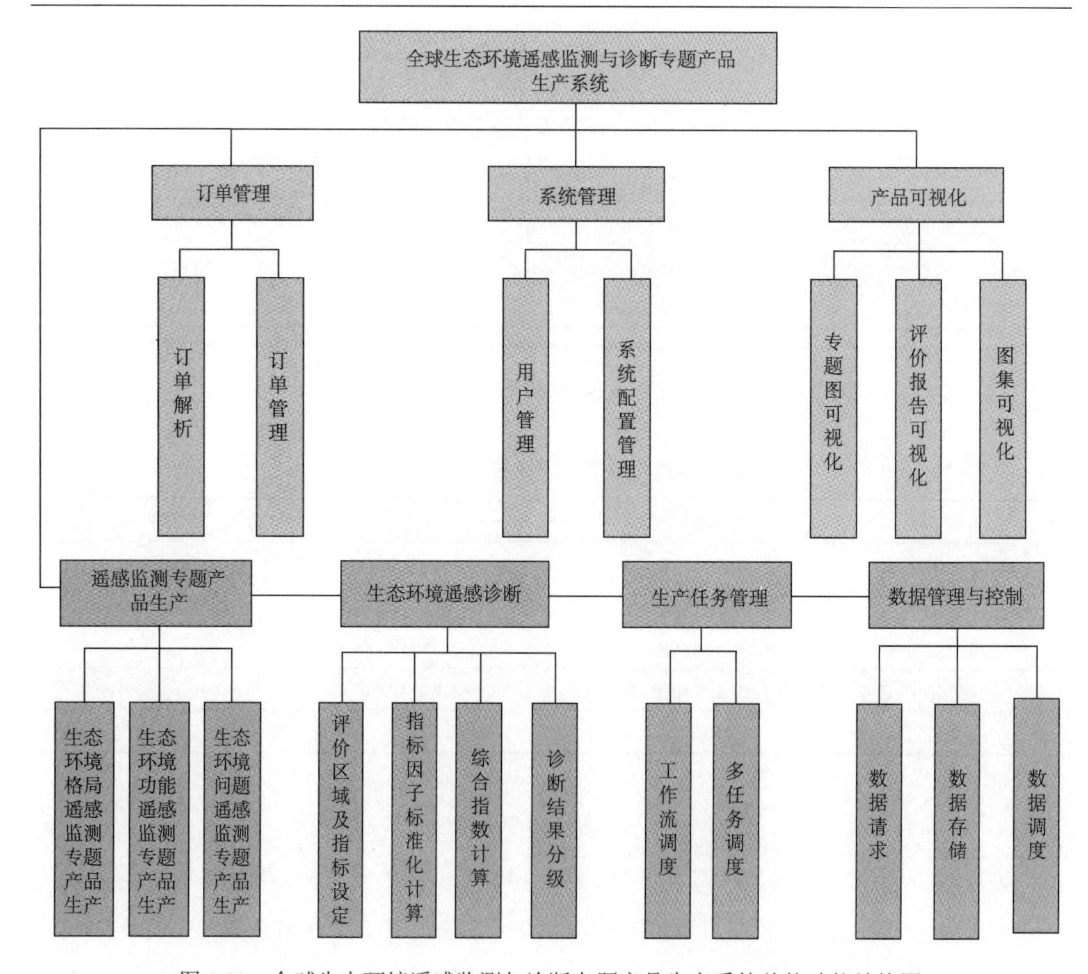

图 5-81　全球生态环境遥感监测与诊断专题产品生产系统总体功能结构图

3) 数据管理与控制功能

该功能在系统服务端中体现，负责本地数据库及远程数据的数据请求、数据调度及数据分发，为系统中的各模块提供数据支持。该功能需与订单管理功能及生产任务管理功能协同实现。

4) 生态环境要素遥感监测专题产品生产业务

该功能在系统服务端中体现，基于遥感共性产品数据和地面调查数据及历史统计数据，面向全球尺度及全球变化敏感区和全国尺度，集成生态环境要素遥感监测模型，生产全球生态环境结构要素、功能要素、问题要素遥感专题产品。

5) 生态环境遥感诊断业务

该功能在系统服务端中体现，以典型全球变化敏感区域为示范区，将生态环境专题产品及共性产品作为输入，调用生态环境遥感诊断专家知识库中的诊断模型参数，通过生态环境遥感诊断模型计算，生成并发布示范区生态环境遥感诊断报告。

6）系统管理功能

该功能在系统客户端中体现，系统管理包括用户权限管理、工作流的注册与管理、全球环境遥感监测与诊断处理算法的注册与管理，以及系统相关参数与信息的检索和查看。

7）产品可视化功能

该功能在系统客户端中体现，用于可视化各专题产品生产业务的生产结果及诊断结果，具备生成专题图、图集和报告的能力。

全球生态环境遥感监测产品生产系统界面如图 5-82 所示。

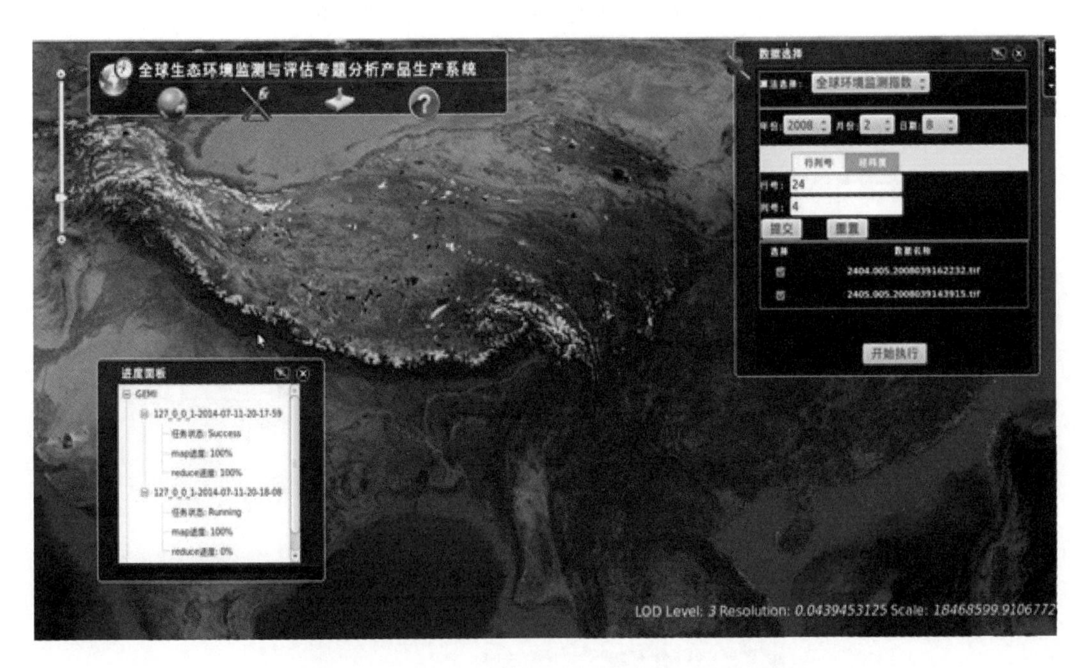

图 5-82　全球生态环境遥感监测产品生产系统界面

该系统实现订单消息处理与生产任务自动生成的 Web 中间件原型系统的搭建，梳理了实现流程，实现了基本的业务流程代码和测试用例方法与规则（图 5-83）。

该系统使用 Web 系统调度 Hadoop 执行产品的并行生产任务，包括 Hadoop 计算任务的启动、计算进度的追踪、产品的下载等功能。其中，Hadoop 执行并行计算任务的流程图如图 5-84 所示。部分全球生态环境遥感监测产品计算模型界面如图 5-85 和图 5-86 所示。

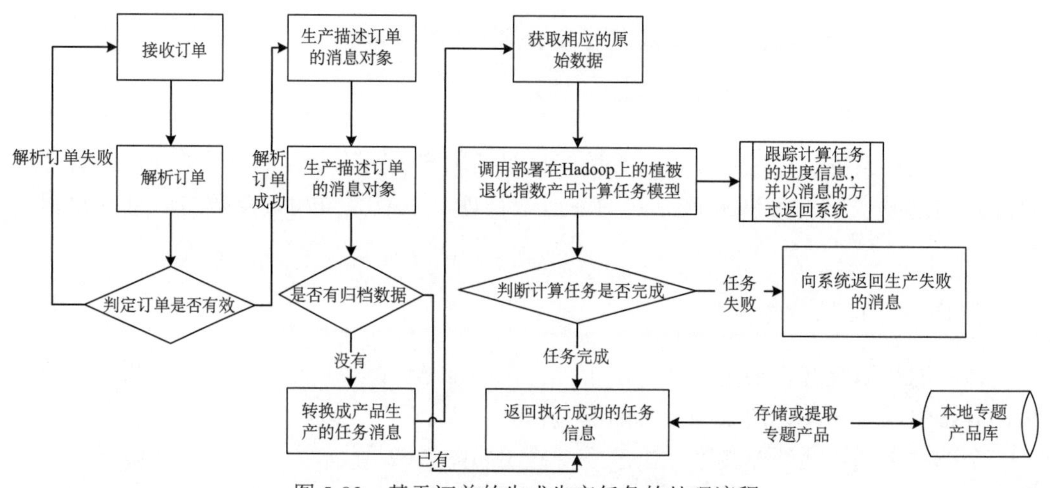

图 5-83　基于订单的生成生产任务的处理流程

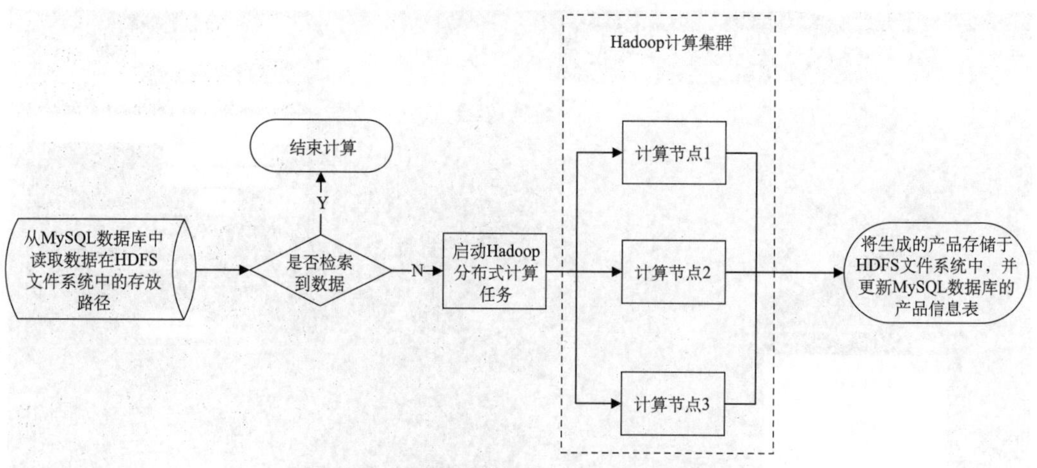

图 5-84　Hadoop 执行并行计算任务流程图

景观多样性指数计算模型
输入设置
输入景观分类数据：
D:\863test\格局测试数据-20140707\nx_resample.tif
输入分区边界数据：
D:\863test\格局测试数据-20140707\nx_县.shp
模型参数选择：
生态系统类型编码（CODE）　GRIDCODE
统计分区字段（COUNTY）　COUNTY
统计分区面积字段（AREA）　Shape_Area
输出设置
输出景观多样性指数专题产品：
D:\863test\格局测试数据-20140707\output\DYX1.shp
模型生成完成。
确定　取消

图 5-85　景观多样性指数计算模型界面

图 5-86　生态系统敏感性指数计算模型界面

5.7　小　　结

本章以典型应用领域全球定量遥感产品生产系统为例，对环境健康遥感诊断系统进行了应用示范，包括全球森林生物量与碳储量定量遥感专题产品生产系统、全球农业定量遥感专题产品生产系统、全球巨型成矿带定量遥感专题产品生产系统、区域河流定量遥感专题产品生产系统、全球生态环境遥感监测与诊断专题产品生产系统 5 个分系统的设计方法及功能构成。全球定量遥感产品生产系统为环境健康遥感诊断系统提供所需的遥感专题产品数据，是进行环境健康遥感诊断的数据保障。

参 考 文 献

陈源泉, 高旺盛. 2009. 中国粮食主产区农田生态服务价值总体评价[J]. 中国农业资源与区划, 30(1): 33-39.

凡宸, 夏北成, 秦建桥. 2013. 基于 RS 和 GIS 的县域生态环境质量综合评价模型——以惠东县为例[J]. 生态学杂志, 32(3): 719-725.

蒋卫国, 潘英姿, 侯鹏, 等. 2009. 洞庭湖区湿地生态系统健康综合评价[J]. 地理研究, 28(6): 1665-1672.

李静锐, 张振明, 罗凯. 2007. 森林生态系统健康评价指标体系的建立[J]. 水土保持研究, 14(3): 173-175.

梁英丽. 2011. 西南农牧交错带生态环境遥感现状调查与质量评价——以四川省马尔康县为例[D]. 成都理工大学硕士学位论文.

刘晓曼, 王桥, 孙中平, 等. 2011. 基于环境一号卫星的自然保护区生态系统健康评价[J]. 中国环境科学, 31(5): 863-870.

马立. 2007. 北京山地森林健康综合评价体系的构建与应用[D]. 北京林业大学硕士学位论文.

麦少芝, 徐颂军, 潘颖君. 2005. PSR 模型在湿地生态系统健康评价中的应用[J]. 热带地理, 25(4): 317-321.

彭涛. 2004. 华北山前平原村级农田生态系统健康评价方法探讨——以河北省栾城县为例[D]. 中国农业大学硕士学位论文.

桑燕鸿, 陈新庚, 吴仁海, 等. 2006. 城市生态系统健康综合评价[J]. 应用生态学报, 17(7): 1280-1285.

尚志海, 林培松, 李渊妮, 等. 2012. 城市生态系统健康评价——以梅州市梅江区为例[J]. 资源与产业, 14(3): 43-47.

孙志高, 刘景双. 2008. 三江源自然保护区湿地生态系统生态评价[J]. 农业系统科学与综合研究, 24(1): 43-48.

王金南, 许开鹏, 迟妍妍, 等. 2014. 我国环境功能评价与区划方案[J]. 生态学报, 34(1): 129-135.
肖风劲, 欧阳华, 傅伯杰, 等. 2003. 森林生态系统健康评价指标及其在中国的应用[J]. 地理学报, 58(6): 803-809.
肖风劲, 欧阳华, 孙江华, 等. 2004. 森林生态系统健康评价指标与方法[J]. 林业资源管理, (1) : 27-30.
谢花林, 李波. 2004. 城市生态安全评价指标体系与评价方法研究[J]. 北京师范大学学报(自然科学版), 40(5): 705-710.
徐广亮, 徐志浩, 李群. 2005. 济南南部山区水源涵养生态功能保护区生态环境评价指标体系研究[J]. 环境保护科学, 31 (5) : 60-62.
颜文涛. 2007. 城市生态系统健康属性综合评价模型及应用研究[J]. 系统工程理论与实践, 27 (8) : 137-145.
张秋根, 王桃云, 钟全林. 2003. 森林生态环境健康评价初探[J]. 水土保持学报. 17 (5) : 16-18.
张艳华. 2011. 基于 RS 与 GIS 的运城盐湖生态环境健康评价[D]. 长安大学硕士学位论文.
赵有益, 林慧龙. 2012. 草地生态风险评价指标体系的初步构建[J]. 草原与草坪, 32(4): 24-27.
Rapport D J, Costanza R, Epstein, P R, et al. 1998. Ecosystem Health[M]. Malden, MA: Blackwell Sciences.

第6章　环境综合评价技术系统

环境综合评价技术系统主要是针对生态环境综合评价需求进行数据管理、数据预处理、数据融合、参数反演、环境评价、专题制图及评价结果发布等一体化研究工作的开展而开发的一套环境健康遥感诊断演示系统，用户主要为采用环境健康遥感诊断相关模型方法进行生态环境评价的专业技术人员。

6.1　系统概述

6.1.1　设计原则

该系统在针对全球不同区域生态环境差异性与复杂性分析，以及多尺度生态环境评价数据标准化生产技术流程等研究的基础上，对各部分内容进行系统分析，结合现有开发平台及其实现能力，充分考虑系统长远建设的目标，进行系统架构设计；顶层采用面向用户的系统功能模块设计方式，底层采用数据库分层管理的方式进行设计；利用现有面向对象和组件式系统开发平台，采用 B/S 模式来实现该系统的研建。快速建立系统的原型与用户进行系统需求和界面设计的交流，使软件需求更明确，之后在此基础上，采用适合面向对象开发方法特点的基于复用的应用生存期模型进行软件产品开发过程的管理，即将面向对象的开发过程分为分析(包括论域分析和应用分析)、系统设计(顶层设计)、类的设计、编码实例建立、组装测试、维护6个阶段，逐步实施并对各个阶段进行严格控制和质量保证。通过将可变的业务逻辑等独立开发为组件，可以达到很好的重用性，以适应日后需求的变更和系统的发展。

6.1.2　系统组成

环境综合评价技术系统的开发基于 Windows 平台，采用成熟的.NET 技术、ArcEngine 技术、ArcSDE 技术、ArcServer 技术，并为以后系统的进一步研发和完善提供足够的可扩展性。软件系统具有的通用性对其他资源的状况评价具有借鉴意义。系统主要模块如表6-1所示。

表6-1　系统主要模块

模块	功能
数据管理	实现对多源空间数据的数据库管理
数据预处理	实现对空间数据的预处理工作
数据融合	实现对多源遥感数据的数据融合
数据同化	实现卡尔曼滤波及等模型

续表

模块	功能
协同反演	实现对生物量等参数的反演
环境评价	利用层次分析法对生态环境进行评价
专题制图	实现对各评价结果的专题成图
数据发布	实现系统成果发布

在环境评价工作中，数据的采集、管理及处理是最主要的内容。技术人员将针对研究区地理位置、区域概况、气候条件等方面制定相应的环境评价指标体系，然后搜集数据，并将其进行处理入库，再根据环境综合评价技术系统进行数据的处理与分析，最后将处理的结果通过系统进行数据的发布。而普通用户、相关部门人员及决策者则可以通过网络和自己相应的访问权限获取相关的环境评价数据。环境综合评价技术系统的业务流程如图 6-1 所示。

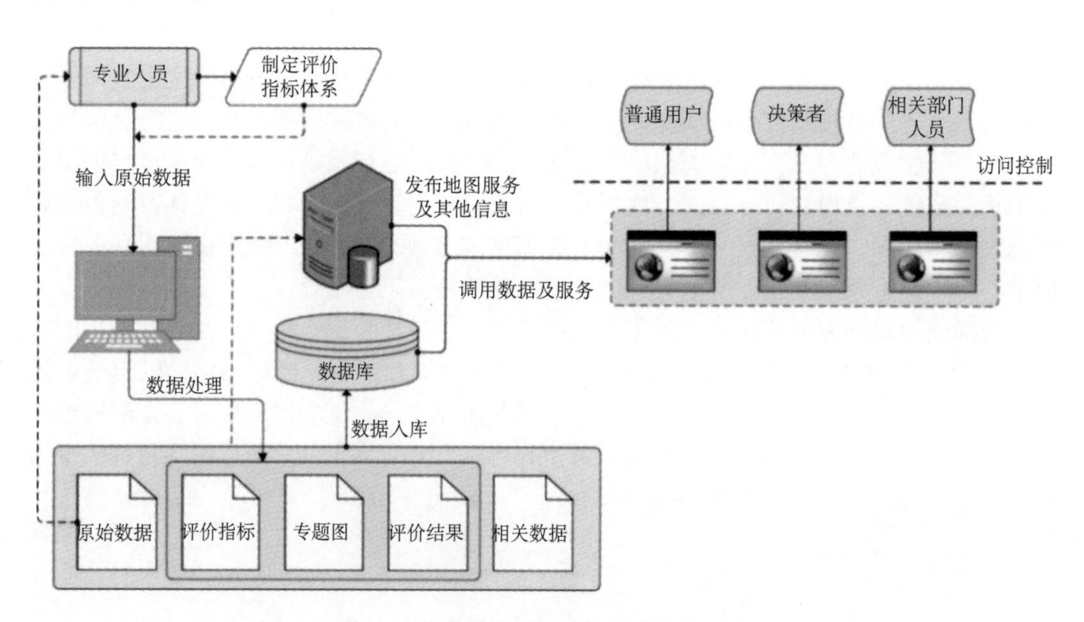

图 6-1　环境综合评价技术系统业务流程

6.1.3　系统功能结构

从需求分析看，生态环境综合评价系统具有数据管理、数据预处理、多源遥感数据融合、参数反演、数据同化等前期功能，还具有进行环境评价的功能模块，同时也具有成果的发布、专题图制作及其他基本 GIS 系统的功能。在进行生态环境评价系统功能设计时应从实际出发，既要考虑到功能模块的实现，也要考虑到各个功能模块之间的关系。该系统将拟实现的功能进行整理和分类，以模块化的方式设计了生态环境综合评价系统的桌面端。系统桌面端系统功能结构如图 6-2 所示。

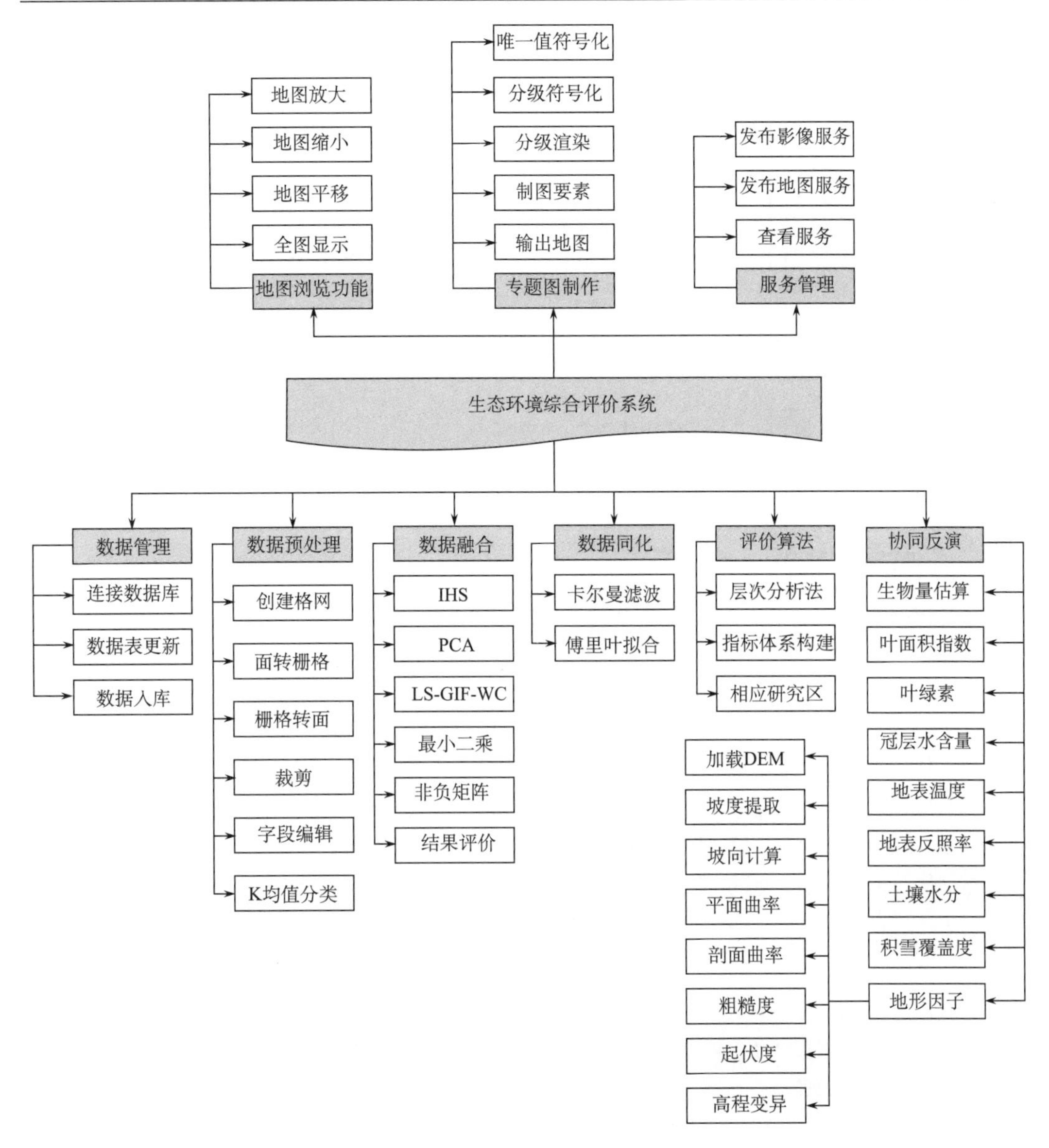

图6-2　环境综合评价技术系统详细功能结构图

6.2　生态环境评价数据资源管理系统

6.2.1　系 统 功 能

生态环境评价数据资源管理系统的数据存储采用了关系型数据库与空间数据引擎相结合的方式进行数据的存储管理。关系型数据库采用了 SQL Server 2008 与 MySQL 5.5 数据库管理系统，空间数据引擎采用了 ArcSDE 10.0 for SQL Server。原始数据、评价指标及评价结果的空间数据由 ArcSDE 进行管理存储，其他属性数据由关系数据库进行管理。其中，数据服务信息及数据结构信息存储在 SQL Server 2008 数据库中，用户信息及相关的权限信息存储在 MySQL 5.5 中。数据存储管理结构如图 6-3 所示。

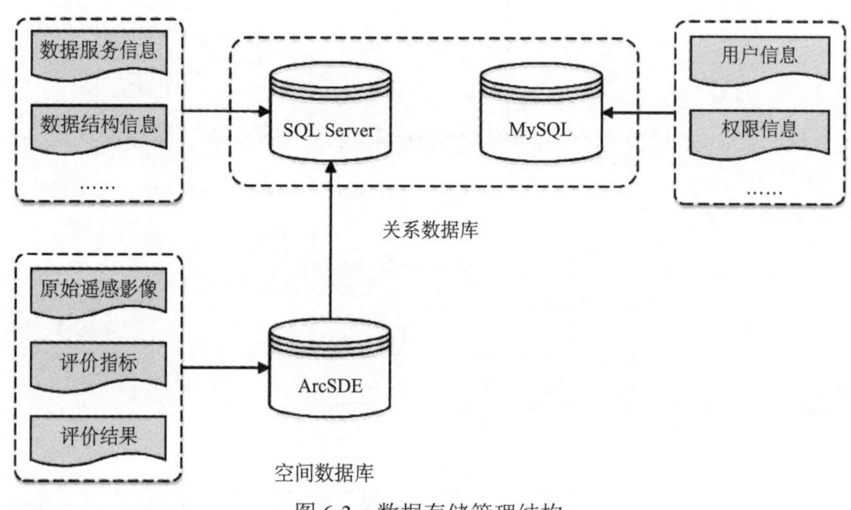

图 6-3　数据存储管理结构

根据生态环境评价工作所需数据的特点，对该系统的数据库进行设计。系统数据库遵照 “满足需求”“主子表结合”“最少数据冗余”的原则进行设计。首先设计一个兼容性良好的总表，然后在这个总表的基础上设计各个关联子表，逐步形成系统的总体框架。这个总体框架应使各种信息能够方便地进行组织，以及提供一些功能性服务，从而使各子系统真正成为一个有机整体。专题数据库中存储的数据主要如下。

1）原始数据

原始数据包括卫星遥感数据、统计年鉴及气象数据。其中，卫星遥感数据主要是针对 Landsat 卫星数据、HJ-1A/1B 卫星数据等，统计年鉴主要是研究区的 GDP、人口密度等信息，气象数据则为研究区的气温及降水量等信息。

2）评价指标数据

评价指标数据是专业人员将原始数据进行预处理后获取的专题信息，评价指标数据包含了评价指标体系中所涉及的各个评价指标，如土地利用分类、植被覆盖度、年平均降水量等信息。

3）评价结果数据

评价结果数据则是通过专业人员制定环境综合评价指标体系，根据该指标体系选择相应的评价指标，再根据系统选用的层次分析法确定权重后，加权累积得到的结果数据。

该系统是一个多用户的系统，用户分为两个级别(管理员、普通用户)，不同级别对应不同的功能和资源获取权限。用户统一由管理员负责分配系统、登录用户名及密码并设置权限，各级用户可以在系统中对自己的个人信息进行修改(用户名除外)，登录系统时，用户需输入相应的验证信息。

数据管理功能是对系统中保存的数据进行基础管理，并能查看数据的上传时间、修改时间及作者。系统中现保存的数据类型包括遥感数据、实验数据、矢量数据、地图数据、文档数据 5 类，数据的基础存储采用与 Windows 操作系统一致的资源管理器形式，以文件作为保存数据的基本单位，图形化的操作界面使用户可以通过界面了解数据的具体格式，同时以文件夹作为数据存储的分类。用户通过右击菜单可以实现对数据的添加、删除、修改功能。

系统可以对资源的元数据进行管理，具体的元数据类型包括数据类型、遥感数据及地图数据覆盖区域、数据生产时间及数据来源等。用户可通过可视化界面查看数据，同时还可以使用命令行接口进行批量管理。

系统提供了强大的资源检索功能，用户可以采用多种方式查询系统中的资源，包括关键字查询、模糊查询、时间查询、元数据查询，同时还可以通过命令行接口进行批量查询。该资源管理系统中存放的大量数据均为对地观测数据，为此系统提供了数据预览功能，能够预览的数据包括常用图片文件(jpg、dds、png、gif 等)、PDF 文件、Office 文件等。系统对各级用户设定了权限，包括读取、删除、修改等。系统管理通过可视化操作界面对各级用户和具体某用户的权限进行修改。系统还实现了对资源的版本管理，通过该功能可以实现在数据修改后追溯数据版本、进行数据恢复。

对于一些资源需要多名用户协同进行某项操作时，可以使用该功能提高工作效率。例如，某文档需要多人进行层级批阅，则可通过该功能实现，具体为第一层用户首先批阅，并在批阅之前签出文件，使文件锁定，其他用户无法修改，完成后签入文件，即对该文件进行解锁，并用系统的邮件服务通知第二层批阅用户，以此完成协同工作。

6.2.2　数 据 设 计

生态环境系统数据库逻辑结构上包括元数据库、影像数据库、产品数据库、辅助数据库和模型数据库。各个数据库存储的内容和存储方式见表 6-2。

表 6-2　数据库内容分析

数据库组成	存储内容	存储方式
元数据库	数据库内部存储数据的数据源、数据分层、产品归属、空间参考系、数据质量、数据更新等信息	通过设计相应的关系数据库表来存储管理各类元数据信息
影像数据库	各种卫星不同级别的遥感影像数据，如 TM/ETM 数据、HJ-1 数据、CBERS 数据等	影像数据采用文件编目方式存储；卫星参数、处理参数等信息在统一的关系表中进行维护
产品数据库	20 种生态环境专题产品数据，6 种生态环境诊断专题产品，从课题一下载的专题产品生产时所需的共性产品数据	产品数据采用文件编目方式存储； 快视数据和索引数据采用空间数据库进行存储管理

续表

数据库组成	存储内容	存储方式
辅助数据库	基础地理数据、地面监测数据和生态环境背景数据	基础地理数据和生态环境背景数据采用 ArcSDE 空间库方式存储；地面监测数据采用关系表进行管理
监测与诊断模型库	20 种专题产品生产模型数据，6 种生态环境诊断模型	模型数据采用文件编目方式存储；模型实体采用文件存储方式管理
订单与用户数据库	存储生产订单和系统用户信息与权限分配情况	通过设计相应的关系数据库表来存储管理
工作流数据库	存储预定义的专题产品生产流程信息	通过设计相应的关系数据库表来存储管理

元数据库是各类数据注册管理的核心，生态环境系统对各类数据建立统一的目录，实现数据的统一管理。

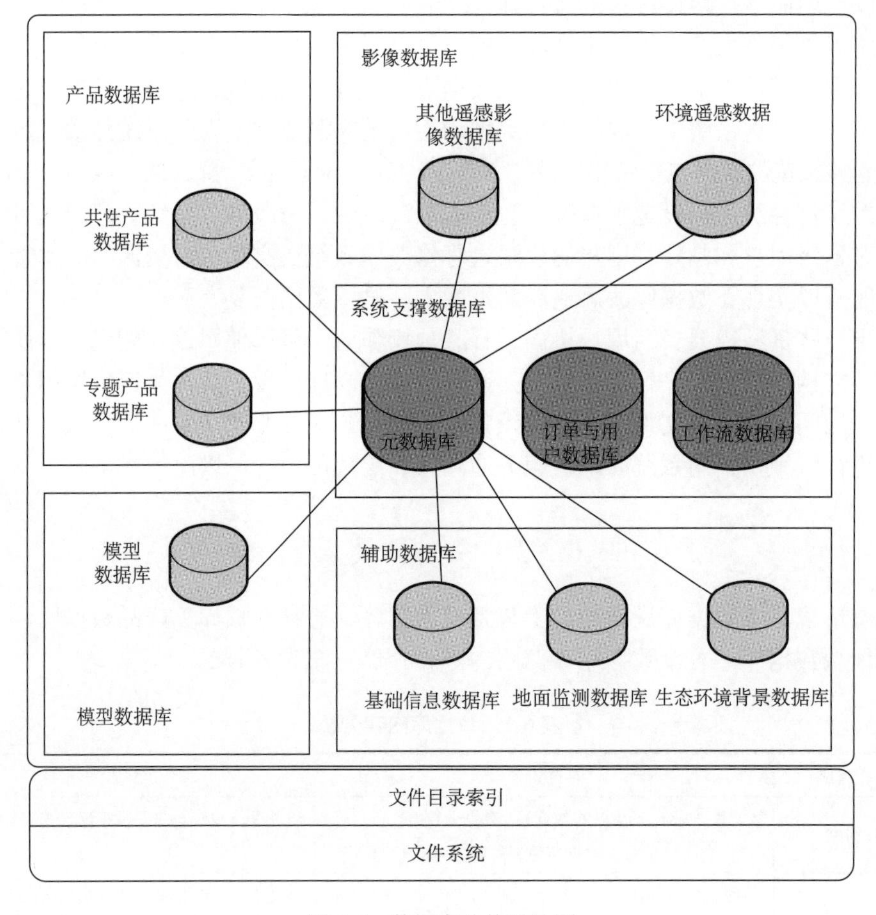

图 6-4　数据库总体设计图

数据库基于 MySQL 关系数据库和文件数据库结合进行存储，针对不同的数据类型和应用特点采用不同的存储模式。结构化的遥感共性产品数据，采用分布式关系型数据库进行存储；非结构化的遥感影像数据，采用文件系统进行存储；采用关系型数据库管理元数据和属性数据(用户信息、订单信息、工作流、系统配置信息等)。数据库总体设计如图 6-4 所示。

6.2.3　系统部署与配置

系统采用 Web 服务方式进行部署安装，首先需在运行服务器上部署相关支持环境，之后将系统存放至 Web 容器中即实现部署，具体操作步骤如下。

(1) 安装 Java 支持环境 JRE，通过 www. java. com 下载对应操作系统的安装文件安装即可；

(2) 部署 Tomcat 服务器，通过 www. apache. com 下载对应操作系统的部署文件，解压缩，运行 Tomcat 的 Web 服务功能；

(3) 将系统的运行文件夹放置在 Tomcat 的文件系统的 htdocs 文件夹下；

(4) 通过浏览器访问 http://服务器 IP 地址：8080/系统文件夹名即可访问。

系统使用 MySQL 数据库管理软件，数据库配置文件主要包括以下内容，各项含义与取值见表 6-3。

(1) 数据库连接信息，包括数据库名称、用户名、密码、服务器 IP 地址、端口号等信息。

(2) 数据库连接响应配置，包括最大并发连接数、连接超时时间、从服务器读取信息超时时间、从服务器写入信息超时时间、重试次数等。

(3) 数据库缓存配置，包括查询缓存大小、查询缓存分配的最小块的大小等。

(4) 数据库扩容配置，包括临时表的大小、一次扩容的大小、扩容地址等。

(5) 数据库日志配置，包括一般日志、一般日志存放位置、错误日志、错误日志存放位置、警告日志、警告日志存放位置、日志超时删除时间等。

(6) 数据库一般配置，包括数据库时区、字符集等。

表 6-3　数据库配置信息表

配置项	配置项名称	取值	说明
名称	Database_name		数据库名称
用户名	User		用户名
密码	Password		密码
端口号	Port		服务端口号
服务器	Server		服务器 IP 地址
最大并发连接数	Max_connections	100	数据库最大并发连接数
连接超时时间	Connect_timeout	10s	数据库连接超时时间
从服务器读取信息超时时间	net_read_timeout	30s	从服务器读取信息的超时

续表

配置项	配置项名称	取值	说明
从服务器写入信息超时时间	net_write_timeout	60s	从服务器写入信息的超时
重试次数	net_retry_count	10	如果通信端口的读操作中断，在放弃前重试次数
查询缓存大小	query_cache_size	256M	查询缓存大小
临时表的大小	tmp_table_size	512M	临时表大小，如果超过该值，则结果放到磁盘中
一次扩容的大小	heap_table_size	5M	数据表超过设置值后每次的扩容量
一般日志	General_log		数据库操作的一般性日志
一般日志存放位置	General_log_file		一般日志文件存放位置
错误日志	error_log		数据库错误日志
错误日志存放位置	error_log_file		错误日志文件存放位置
警告日志	waring_log		数据库警告日志
警告日志存放位置	waring_log_file		警告日志文件存放位置
日志超时删除时间	expire_logs_days	30 D	日志超过设置天数自动删除

6.2.4 系 统 界 面

环境综合评价数据库系统的主要功能包括：①对项目中涉及的数据进行管理，包括增、删、查、改功能，元数据管理功能，版本及权限控制功能；②提供数据调度接口，为项目中其他子系统提供数据支撑。系统部分功能如图 6-5～图 6-8 所示。

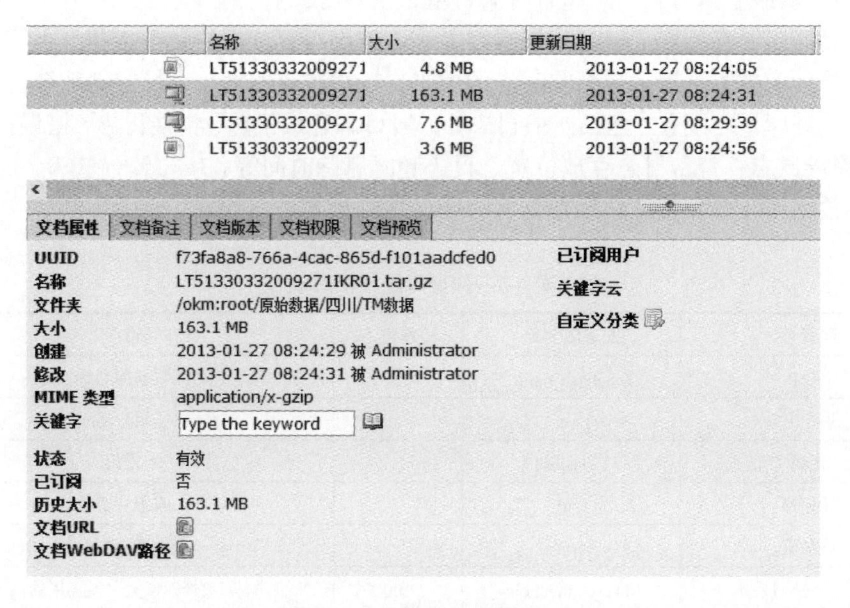

图 6-5　元数据查询管理

ot/实验数据/树流感实验数据/6 影像图/

名称	大小	更新日期	作者	版本
Thumbs.db	8.0 KB	2012-10-15 09:41:33	Administrator	
屏边.jpg	4.1 MB	2012-10-15 09:41:35	Administrator	
巫溪.jpg	421.0 KB	2012-10-15 09:41:35	Administrator	

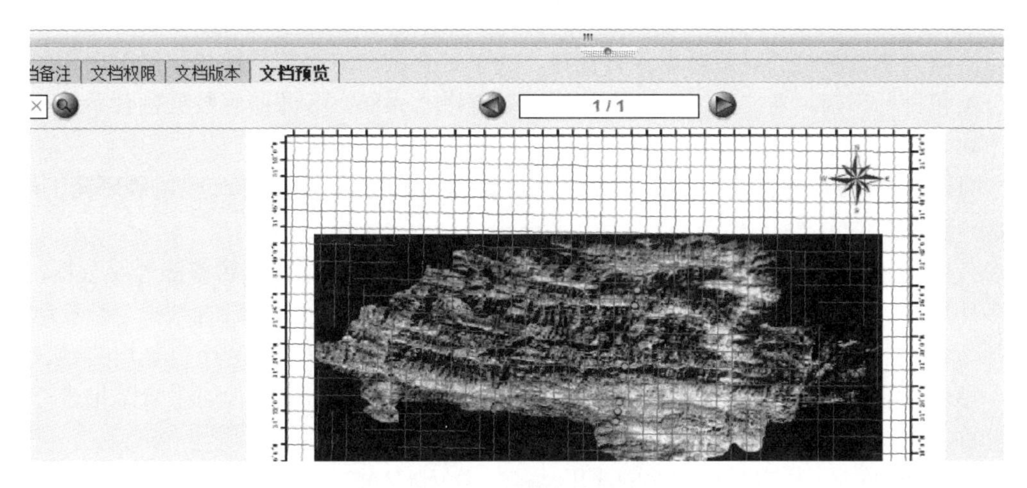

图 6-6　专题数据预览

名称	大小	更新日期	作者	版本
LT51330332009271	4.8 MB	2013-01-27 10:43:05	Administrator	1.2
LT51330332009271	163.1 MB	2013-01-27 08:24:31	Administrator	1.0
LT51330332009271	7.6 MB	2013-01-27 08:29:39	Administrator	1.0
LT51330332009271	3.6 MB	2013-01-27 08:24:56	Administrator	1.0

文档属性 | 文档备注 | 文档权限 | 文档版本 | 文档预览 | Technology | Consulting

版本	日期	作者	大小		版本压缩	注释
1.2	2013-01-27 10:43:05	Administrator	4.8 MB	查看		测试修改2
1.1	2013-01-27 10:42:22	Administrator	4.8 MB	查看	恢复	测试修改1
1.0	2013-01-27 08:24:05	Administrator	4.8 MB	查看	恢复	

图 6-7　版本控制

名称	大小	更新日期	作者	版本
LT51330332009271	4.8 MB	2013-01-27 10:43:05	okmAdmin	1.2
LT51330332009271	163.1 MB	2013-01-27 08:24:31	Administrator	1.0
LT51330332009271	7.6 MB	2013-01-27 08:29:39	Administrator	1.0
LT51330332009271	3.6 MB	2013-01-27 08:24:56	Administrator	1.0

备注 | 文档权限 | 文档版本 | 文档预览 | Technology | Consulting

读	写	删	安全	更新	用户	读	写	删
✔	✔	✔	✔		Administrator	✔	✘	✘

图 6-8　数据权限控制

6.3 多源数据融合系统

6.3.1 系 统 功 能

不同传感器获得的遥感数据各有优势，为了综合利用这些数据优势，便于后期的地物分类和目标识别，需要建立一套多源遥感数据融合系统。多源遥感数据融合系统具有以下功能特点(陶发达，2011)。

(1)针对多源传感器获得的遥感数据进行数据预处理、融合、评价、应用等研究工作，形成一套完整的系统。

(2)实现多源遥感数据融合功能，对于不同空间分辨率和波谱分辨率的遥感数据，综合多种数据的优点，得到同时具有高空间分辨率和高光谱分辨率的融合结果。数据融合包括高光谱数据和多光谱数据或全色数据的融合，以及多光谱数据和全色数据的融合。

(3)集成了融合结果的质量评价指标体系综合了多种定量评价，以对融合结果进行定量分析，实现简单的数据输入处理就可得到定量评价指标。

(4)开发融合结果在植被方面的应用功能。简单地对融合结果进行定量指标评价并不能充分说明融合方法的性能，融合结果最终面向一定的应用目的，为此开发了融合结果在植被指数计算方面上的应用，包括多种植被指数的计算。

(5)系统具有良好的稳定性、可扩充性、先进行、易用性。

(6)系统系统用户操作简单，具有好的可视化界面，面向的用户主要为采用遥感数据进行综合遥感应用，如环境监测、目标识别等的工作人员。

多源遥感数据融合系统采用面向对象思想、模块化设计方案进行设计。系统主要功能模块包括数据预处理、融合、融合结果评价、植被指数计算4个功能模块。系统主要功能模块如图6-9所示。

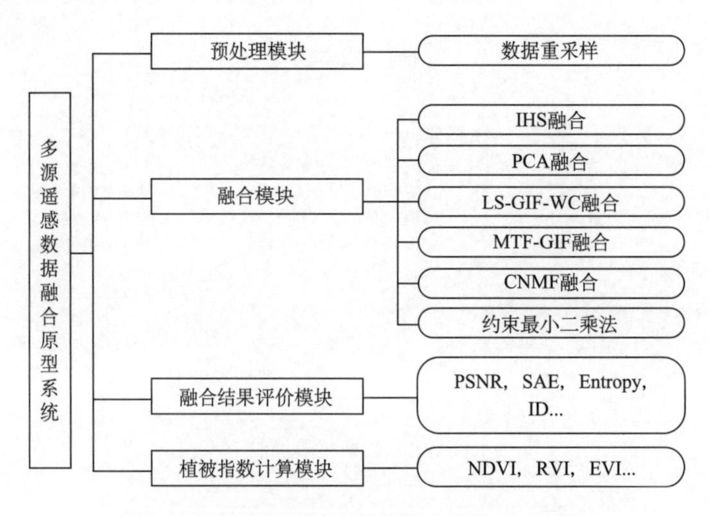

图6-9　多源遥感数据融合系统主要功能模块

6.3.2 接口设计

为实现以上功能，该系统针对数据管理模块、算法处理模块和遥感影像显示模块之间的数据传递设计相关内部接口(图 6-10)。

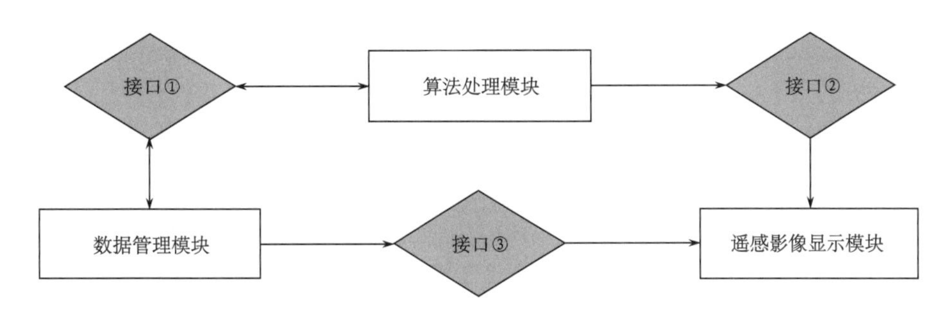

图 6-10　系统接口设计

接口 1：将数据管理模块中的数据作为数据源，提供给算法处理模块。另外，经过处理得到的数据，再传递回数据管理模块，对大量数据进行管理。

接口 2：算法处理模块处理得到的数据，可以直接加载到影像数据显示模块进行影像显示。

接口 3：数据管理模块中的数据，可以直接通过选择操作显示在遥感影像数据显示模块中。

6.3.3 系统运行环境

该系统采用组件式软件开发技术进行开发。组件式软件技术已经成为当今软件技术的潮流之一，为了适应这种技术潮流，GIS 软件像其他软件一样，已经或正在发生着革命性的变化，即由过去厂家提供了全部系统或者具有二次开发功能的软件，过渡到提供组件由用户自己再开发的方向上来。无疑，组件式 GIS 技术将给整个 GIS 技术体系和应用模式带来巨大影响。系统运行的硬件及软件配置环境见表 6-4、表 6-5。

表 6-4　硬件运行环境配置一览表

硬件名称	配置
微处理器	Intel P4 1.0G 或以上
RAM(内存)	512MB 或以上
硬盘	40GB 或以上
PCI 总线宽度	32 位或 64 位
电源	通用的 110V/220V 电源

表 6-5　软件运行环境配置一览表

软件名称	配置
操作系统	Windows2000、Windows XP、Windows 2003、Windows 7
数据库系统	SQL Server 2008 数据库系统、文件系统
支撑运行库	NET Framework 4.0 运行期库、ArcEngine 10.0 运行期库、ArcSDE 10.0、运行期库、ArcServr 10.0、MATLAB R2008a 运行期库

6.3.4　系 统 界 面

预处理模块主要实现数据空间重采样和波段重新选择功能。融合模块包含全色数据融合方法和高光谱数据融合方法。其中，全色数据融合方法有 HIS、PCA、基于 GIF 框架的最小二乘法（GIF based least square-fusion algorithm with classification, LS-GIF-WC）和基于统一理论框架的调制传递函数法（modulation transfer function based on general image fusion, MTF-GIF）。高光谱数据融合方法有 CNMF 和 CLS。在以下各个融合方法的展示结果中，对于 HIS、PCA 和 LS-GIF-WC 融合方法，数据为若尔盖的 TM 全色数据和多光谱数据；对于 MTF-GIF 方法，数据为北京一号的多光谱和全色数据；对于 CNMF 和 CLS 融合方法，数据源于若尔盖的 HJ-1A 的 HIS 高光谱数据和多光谱数据。如图 6-11～图 6-15 所示。

融合结果评价指标主要为定量评价指标，包括峰值信噪比、波谱角误差、信息熵、图像清晰度、方差、相关系数、通用质量评价指标等，如图 6-16 所示。

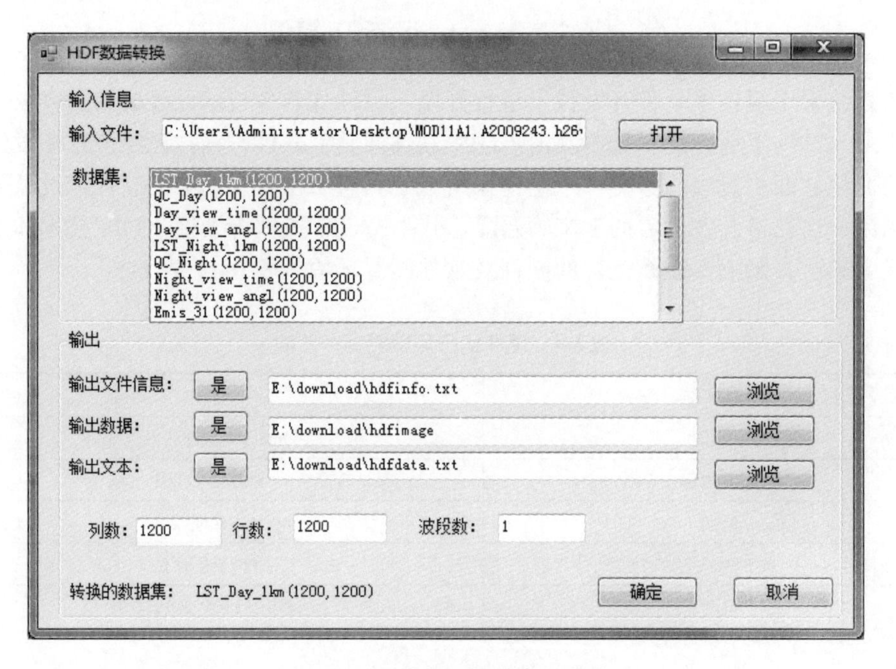

图 6-11　数据读写模块操作界面

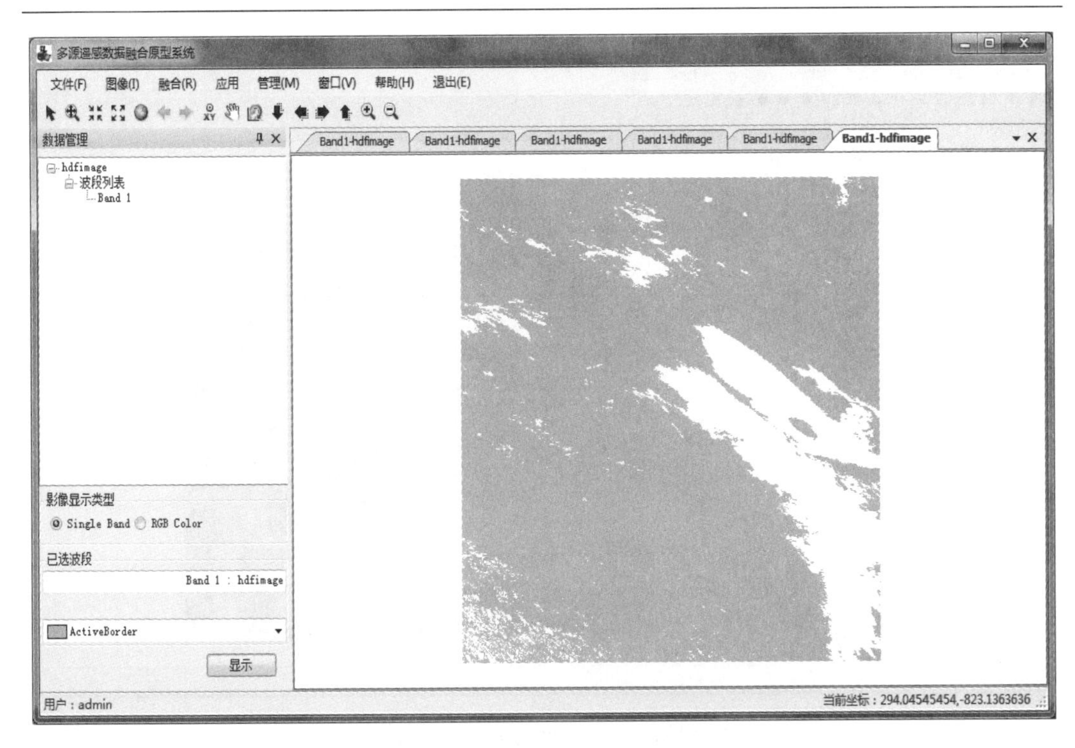

图 6-12　输出数据显示模块界面

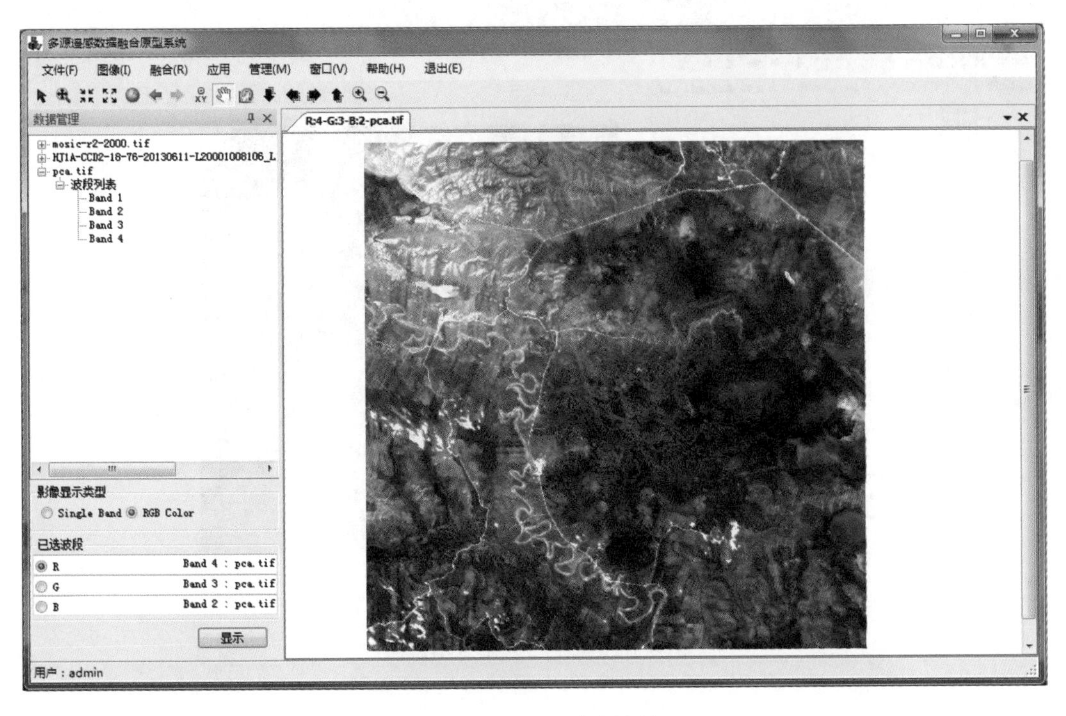

图 6-13　PCA 融合结果

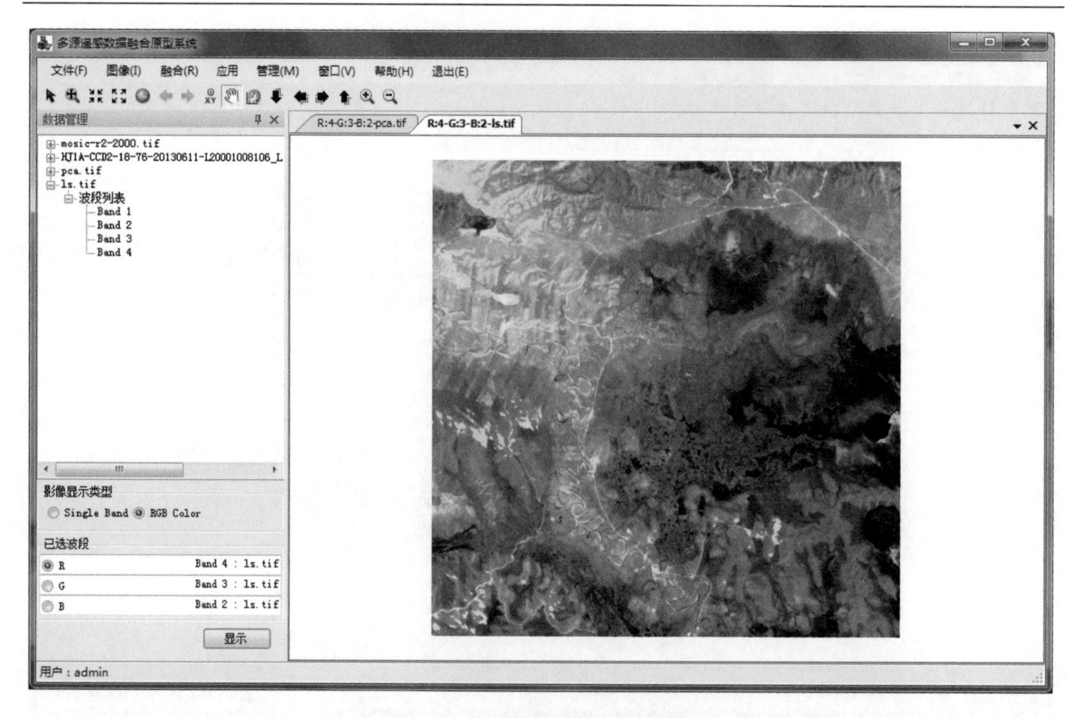

图 6-14　LS-GIF-WC 融合结果

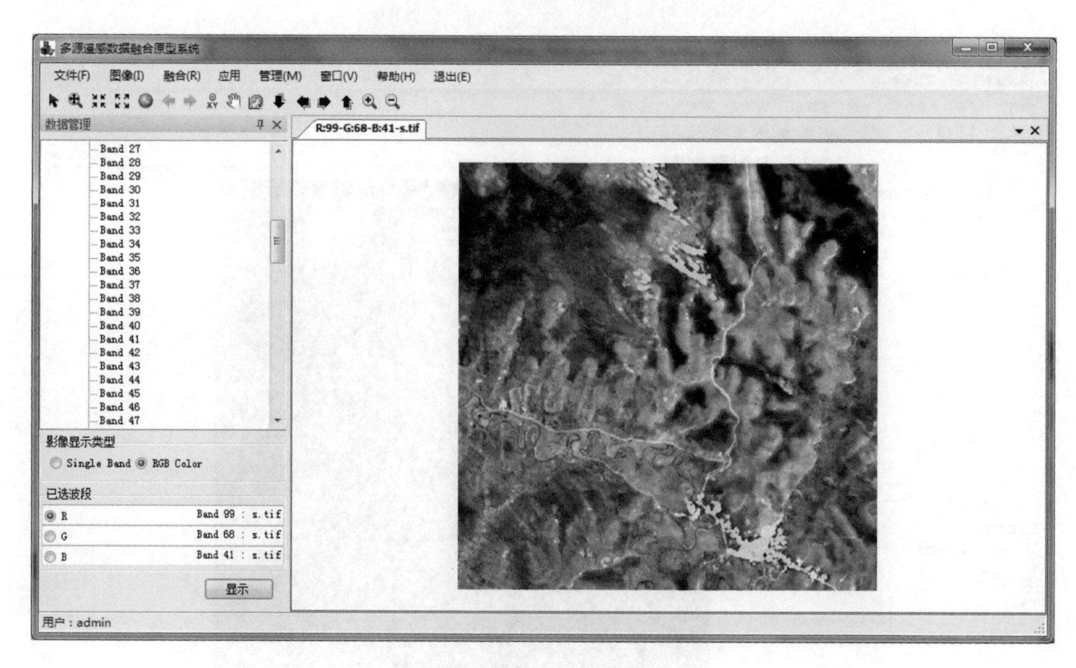

图 6-15　最小二乘结果示意图

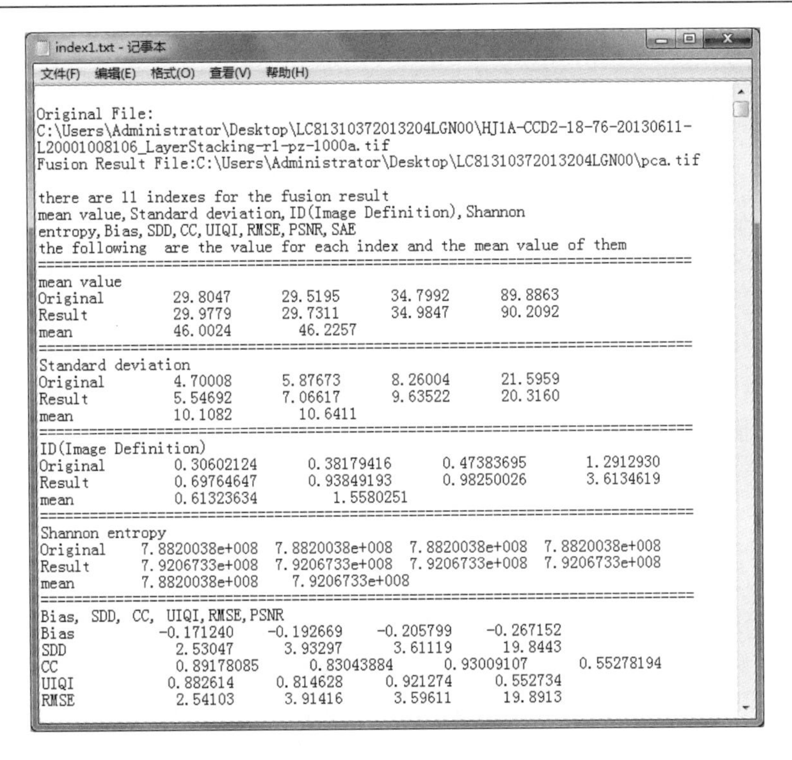

```
index1.txt - 记事本
文件(F) 编辑(E) 格式(O) 查看(V) 帮助(H)

Original File:
C:\Users\Administrator\Desktop\LC81310372013204LGN00\HJ1A-CCD2-18-76-20130611-
L20001008106_LayerStacking-r1-pz-1000a.tif
Fusion Result File:C:\Users\Administrator\Desktop\LC81310372013204LGN00\pca.tif

there are 11 indexes for the fusion result
mean value,Standard deviation,ID(Image Definition),Shannon
entropy,Bias,SDD,CC,UIQI,RMSE,PSNR,SAE
the following  are the value for each index and the mean value of them
==========================================================================
mean value
Original         29.8047        29.5195        34.7992        89.8863
Result           29.9779        29.7311        34.9847        90.2092
mean             46.0024          46.2257
==========================================================================
Standard deviation
Original         4.70008        5.87673        8.26004        21.5959
Result           5.54692        7.06617        9.63522        20.3160
mean             10.1082          10.6411
==========================================================================
ID(Image Definition)
Original         0.30602124       0.38179416       0.47383695       1.2912930
Result           0.69764647       0.93849193       0.98250026       3.6134619
mean             0.61323634          1.5580251
==========================================================================
Shannon entropy
Original     7.8820038e+008  7.8820038e+008  7.8820038e+008  7.8820038e+008
Result       7.9206733e+008  7.9206733e+008  7.9206733e+008  7.9206733e+008
mean         7.8820038e+008    7.9206733e+008
==========================================================================
Bias, SDD, CC, UIQI,RMSE,PSNR
Bias           -0.171240      -0.192669      -0.205799      -0.267152
SDD              2.53047        3.93297        3.61119        19.8443
CC               0.89178085       0.83043884       0.93009107       0.55278194
UIQI           0.882614       0.814628       0.921274       0.552734
RMSE             2.54103        3.91416        3.59611        19.8913
```

图 6-16　定量评价指标

植被指数计算是为融合结果的应用而设计的。结合相应植被指数的求解公式，并根据数据的各个波段的中心波长信息计算多种植被指数。植被指数的种类包括归一化植被指数 NDVI、比值植被指数 RVI 等。

多光谱数据和全色数据融合试验案例中，多光谱数据采用的是若尔盖 2013 年 7 月 11 日的 HJ-1A 的 CCD 数据，空间分辨率为 30 m，裁剪的实验数据大小为 1000×1000，全色数据采用的是 2013 年 7 月 23 日的 Landsat 8 的全色数据，空间分辨率为 15 m，裁剪的实验报告数据大小为 2000×2000。

多光谱和高光谱数据融合试验案例中，数据采用的是 HJ-1A 的 HSI 高光谱数据和 CCD 的多光谱数据。HSI 数据有 1185 个波段，其空间分辨率大小为 100m，CCD 数据 4 个波段空间分辨率为 30 m。融合之后的数据有 115 个波段，空间分辨率为 30 m。

6.4　数据同化系统

遥感数据同化系统主要针对基于参数反演和同化算法对遥感数据进行时空连续模拟。遥感数据同化系统主要用于实现同化算法业务处理流程。同化技术不仅能基于作物生长模型对植被相关参数在时间序列上平滑，同时也能基于其他物理学动态模型或经验拟合动态模型对水文、气候等相关参数进行估计(靳华安等，2012)。通过调整模型参数和初始状态，将遥感数据和动态模型预测值之间的差异最小化。以植被指数为基础的植被结构参数估算方法简单易行而被广泛使用。通过线性模型和二次多项式模型，完成植被叶面积指数(LAI)、叶绿素含量(C_{ab})、植被含水量(C_w)的经验估计；植物叶片中叶绿素含量的估测，是植被监测的一个研究重点。一段时期内叶绿素含量的变化能够反映植物光合作用的强度，同时也可反映出植物所处的生长期、生长状况等信息。许多研究表明，绿、红及红外波段附近的光谱信息对于叶绿素含量较为敏感，基于这些波段而建立的 NDVIgreen 植被指数可用于植被冠层层次叶绿素含量的估测；水分是控制植物光合作用、呼吸作用和生物量的主要因素之一，水分亏缺会直接影响植物的生理生化过程和形态结构，从而影响植物生长和产量与品质，因此植物的水分在农林业的应用中是一个重要的参数。利用 NDWI 来估算叶片相对含水量(fuel moisture content，FMC)，对研究植物水分状况具有重要意义。

6.4.1 系 统 功 能

植被生化参数(如叶绿素、叶面积指数和水分等)与陆地生态系统的许多生态过程(如光合作用、养分循环、蒸腾作用、初级生产等)都密切相关。叶绿素含量是植物营养状况、光合作用能力和发育阶段的良好指示剂；水分是控制植物光合作用和生物量的主要因素之一；叶面积指数是以光合作用驱动的作物生长模型和冠层蒸腾模型所需的重要信息。因此，如何开始、准确地获取局地，以及区域尺度的植被生化参数含量及其分布状况的信息显得尤为重要。遥感作为能描述生态系统功能和过程的强有力工具，已被广泛应用于各种植被参数的反演。然而，简单地基于传统的经验、半经验反演方法已经无法满足大家对反演精度的要求。数据同化方法通过调整作物生长模型中与作物生长发育密切相关的初始条件或输入参数，来不断缩小遥感反演值或观测值与模型模拟值的差距，进而获得更为贴近实测数值的结果。那么，开发一套集参数反演和数据同化功能为一体，对遥感数据进行时空连续模拟的软件系统显得十分重要。

同化技术不仅能基于作物生长模型对植被相关参数在时间序列上平滑，同时也能基于其他物理学动态模型或经验拟合动态模型对水文、气候等相关参数进行估计。调整模型参数和初始状态，使遥感数据和动态模型预测值之间的差异最小化。目前，被广泛用的数据同化方法主要有优化插值、变分方法、顺序方法(卡尔曼滤波、扩展卡尔曼滤波、集合卡尔曼滤波)等。集合卡尔曼(EnKF)滤波解决了普通卡尔曼滤波在实际应用中背景误差协方差矩阵的估计和预报困难的问题，而且可以直接使用非线性的模型和观测算子，因此在植被参数的同化中能有较好的效果。系统需实现集合卡尔曼滤波的整个业务处理流程，包括各种模型参数输入与调整、时序遥感数据的输入、模型算法的处理过程，以及同化结果的输出等。

数据同化模块包含了集合卡尔曼滤波方法和傅里叶拟合方法。

6.4.2 架 构 设 计

该系统分为后台管理端、服务器端和客户端 3 个部分。遥感数据同化系统构架如

图 6-17 所示。

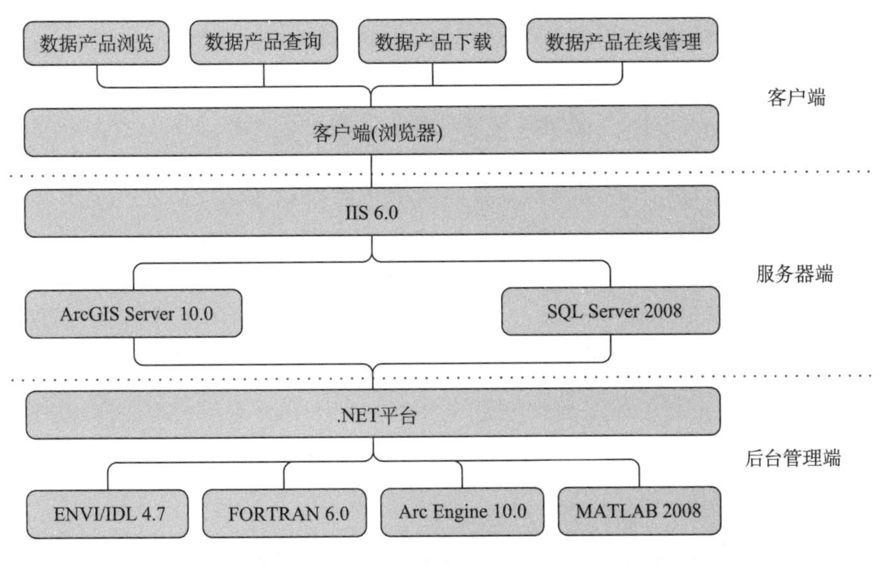

图 6-17　遥感数据同化系统框架图

客服端：利用 Internet Explorer 8.0 及以上版本、Firefox 6.0.0 及以上版本等浏览器，可对遥感数据产品进行浏览、查询、下载、在线管理等；

服务器端：IIS 6.0 作为 Web 服务器，用于支持遥感数据产品的查询、删除、下载等功能；ArcGIS Server 10.0 作为 GIS 应用服务器，用于支持数据产品的在线浏览；SQL Server 2008 作为数据库，用于支持遥感数据产品相关信息及用户权限信息的存储。

后台管理端：基于.NET 平台，使用 C#高级程序设计语言编写，并调用 ENVI/IDL 4.7 平台、MATLAB 2008 平台、FORTRAN 6.0 平台及 Arc Engine 10.0 平台快速实现遥感数据的读入、存储、处理、浏览、专题图制作等功能。

6.4.3　开 发 环 境

该系统采用 C#、IDL 和 FORTRAN 混合编程技术。系统开发环境描述如下。

1）开发平台

GIS 服务软件：ESRI ArcEngine 10.0、ESRI ArcGIS Server 10.0；
开发工具：Microsoft Visual Studio 2010、IDL Workbench 7.1、Adobe Flash Builder 4.0；
数据库：SQL Server 2008。

2）语言工具

客户端界面描述语言：MXML、HTML；
客户端界面交互及逻辑运算语言：ActionScript、JavaScript；

Web 服务器端功能实现语言：ASP. NET；

后台管理端功能实现语言：C#、IDL、FORTRAN；

数据操纵语言：SQL。

6.4.4 系统界面

遥感数据同化系统采用面向对象思想、模块化设计方案进行设计。系统主要功能模块包括数据集合卡尔曼滤波方法和傅里叶拟合方法两个功能模块。

傅里叶变化主要是为了使平滑数据得到时间连续的时序生态环境参数。集合卡尔曼(EnKF)滤波解决了普通卡尔曼滤波在实际应用中背景误差协方差矩阵的估计和预报困难的问题，而且可以直接使用非线性的模型和观测算子，在植被参数的同化中能有较好的效果。系统需实现集合卡尔曼滤波的整个业务处理流程，包括各种模型参数输入与调整、时序遥感数据的输入、模型算法的处理过程及同化结果的输出等。系统登录界面如图 6-18 所示。后端管理系统登录模块：登录模块用于区分用户权限。

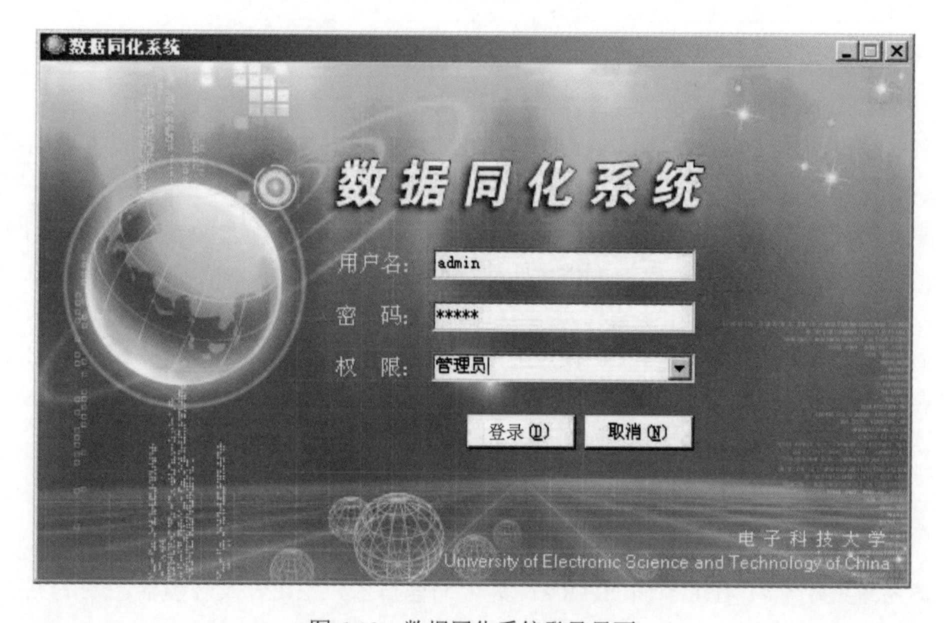

图 6-18　数据同化系统登录界面

1) 集合卡尔曼滤波(ENKF)

选择输入数据，从左侧 ENKF 可选波段列表中选择输入数据，并在右侧已选数据栏中设定对应数据的时间(图 6-19)。

选择输出数据：设定输出数据的时间，并选择输出数据的存储路径，单击运行按钮，得到 ENKF 同化相应时间的数据产品(图 6-20)。

图 6-19　集合卡尔曼滤波(ENKF)选择输入数据

图 6-20　集合卡尔曼滤波(ENKF)选择输出数据

2) Fourier 拟合

选择输入数据：从左侧 Fourier 拟合可选波段列表中选择输入数据，并在右侧已选数据栏中设定对应数据的时间顺序(图 6-21)。

选择输出数据：设定输出数据的时间，并选择输出数据的存储路径，单击运行按钮，得到 Fourier 拟合相应时间顺序的数据产品(图 6-22)。

图 6-21　Fourier 拟合选择输入数据

图 6-22　Fourier 拟合选择输出数据

6.5　环境评价因子综合反演系统

环境评价因子综合反演系统以 ArcGIS Engine 二次开发为基础，以 IDL 集成 ENVI 遥感反演功能，结合 MATLAB 的统计功能，实现对目标区域的生物量、地表温度、叶绿素浓度、冠层水含量、叶面积指数等环境评价因子的反演。系统输入数据为各目标区域的遥感影像，其存储在空间数据库中，通过反演功能的计算输出上述 6 种环境评价因子的结果。

6.5.1　系统功能

环境评价因子综合反演系统能够实现地表反射照率、地表温度、植被指数、植被生物量等参数的反演功能。

1) 生物量反演

生物量是某一时间单位面积或体积栖息地内所含一个或一个以上生物种，或所含一个生物群落中所有生物种的总个数或总干重(包括生物体内所存食物的质量)。生物量(干重)的单位通常用 g/m^2 或 J/m^2 表示。某一时限任意空间所含生物体的总量，量的值用质量或能量来表示。用于种群和群落。其用鲜量或干量衡量时，规定用 B 表示；用能量衡量时，则用 QB(也称活体能量，biocontent)表示。该系统能够对输入的遥感影像进行解译，通过遥感影像自动读取和生物量反演模型的运行，实现对目标区域生物量的反演。

2) 地表温度反演

地表温度作为地球环境分析的重要指标，遥感技术作为现代重要的对地观测手段，使得基于遥感图像的地表温度反演的研究越来越多。主要的地表温度反演方法有：大气校正法、单窗算法、单通道法等。该系统采用辐射传输方程法对地表温度进行反演。

3) 叶绿素浓度反演

叶绿素浓度已成为衡量浮游植物生物量和富营养化程度最基本的指标。系统利用遥感数据和同步实测数据反演了渤海湾叶绿素浓度。对遥感数据进行几何校正和大气校正预处理后，建立 9 种波段组合模型，分别对遥感图像进行模型运算。结合实测数据，建立相应的回归方程，在其中选取 R^2(拟合度)和 R(相关性)最大的(TM4－TM3)/(TM4＋TM3)波段组合进行反演，该系统采用上述方法实现对叶绿素浓度的反演。

4) 植被冠层含水量反演

植被冠层含水量在植被生长、农田灌溉、干旱监测、火险监测和评估、生态环境安全监测等方面是一个非常重要的参数，基于遥感技术的植被冠层水分含量估算和反演是近年来研究的热点之一，研究表明，绿色植被对入射太阳光中红外波段能量的吸收是叶子中总水分含量的函数，随着绿色植被叶片含水量的降低，植被短波近红外波段的反射率明显增大，该系统通过该方法对遥感数据进行解译，得到目标区域的冠层含水量反演。

5）叶面积指数反演

叶面积指数（leaf area index）又叫叶面积系数，是指单位土地面积上植物叶片总面积占土地面积的倍数，即叶面积指数=叶片总面积/土地面积，叶面积指数是反映作物群体大小的较好的动态指标。该系统通过输入遥感影像，自动提取出目标区域的叶面积指数。

6.5.2 架构设计

环境评价因子综合反演系统主要基于.NET框架，利用COM组件进行多种语言的混合编程。系统在Visual Studio 2010开发环境下，利用面向对象的C#语言进行二次开发，调用ENVI/IDL的COM组件com_idl_connect、MATLAB的COM组件和ArcGIS Engine组件式开发工具包进行系统开发。混合编程语言的优势在于以下四点。

（1）C#语言为面向对象的，可以编写独立和相互调用的函数，且有良好的用户界面设计功能；

（2）ENVI/IDL是强大的遥感数据处理工具，软件自带的遥感数据读取函数使数据读取变得简单化；

（3）MATLAB强大的函数运算功能，使复杂算法的编写变得简单；

（4）ArcGIS Engine组件较好的人机交互功能，可解决数据浏览和渲染等问题。

系统架构如图6-23所示。

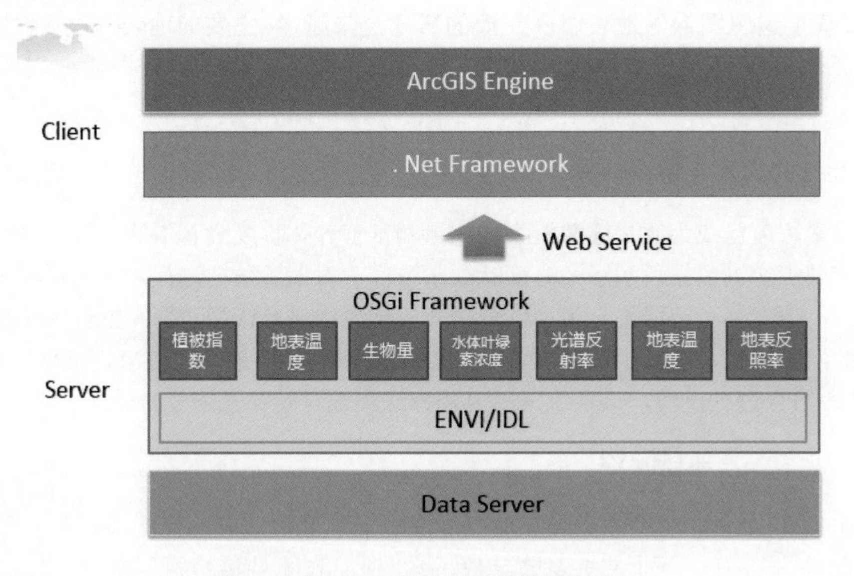

图6-23　环境因子综合反演系统架构设计

6.5.3　接 口 设 计

1)通信接口

针对普通用户，各类反演操作都由系统统一提供C/S的界面提供，数据采用文件传输协议进行传输。

2)数据接口

WMS数据发布：能够根据系统请求返回相应的地图(包括PNG、GIF、JPEG等栅格格式或是SVG和CGM矢量格式)。支持网络协议HTTP，所支持的操作由URL定义。

WFS数据访问：支持地理要素的插入、更新、删除和发现服务。该服务根据HTTP客户请求返回GML数据。

WCS数据发布：提供包含地理位置信息或属性的空间栅格图层，根据系统提出的HTTP协议要求发送相应的数据。

6.5.4　系 统 界 面

环境评价因子综合反演系统实现对目标区域的生物量、地表温度、叶绿素浓度、冠层含水量、叶面积指数等的反演。系统输入数据为各目标区域的遥感影像，其存储在空间数据库中，通过反演功能的计算输出上述环境评价因子的结果。系统总体运行界面如图6-24所示。

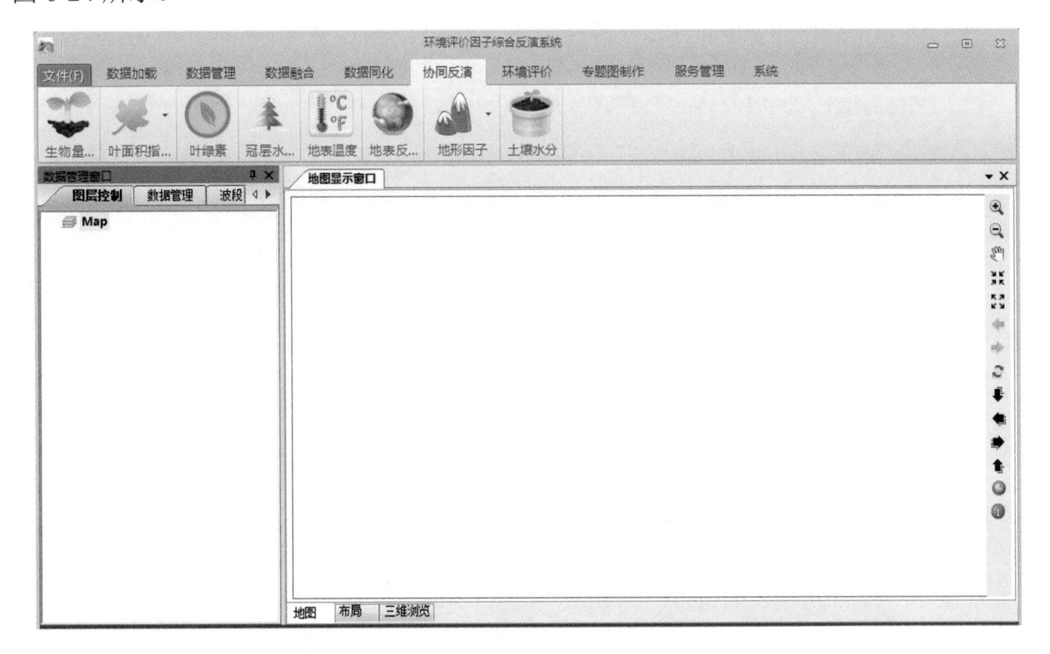

图6-24　环境评价因子综合反演系统运行界面

1. 生物量反演

选择后向散射数据、植株高度数据和叶面积指数数据，再选择生物量产品输出路径，得到生物量产品(图 6-25)。

2. 叶面积指数反演

1) ACRM 模型

选择反射率数据，再选择反演结果和反演方差数据存储路径，设定弹出参数设定对话框，对 ACRM 模型进行相关参数设定，运算得到结果数据(图 6-26、图 6-27)。

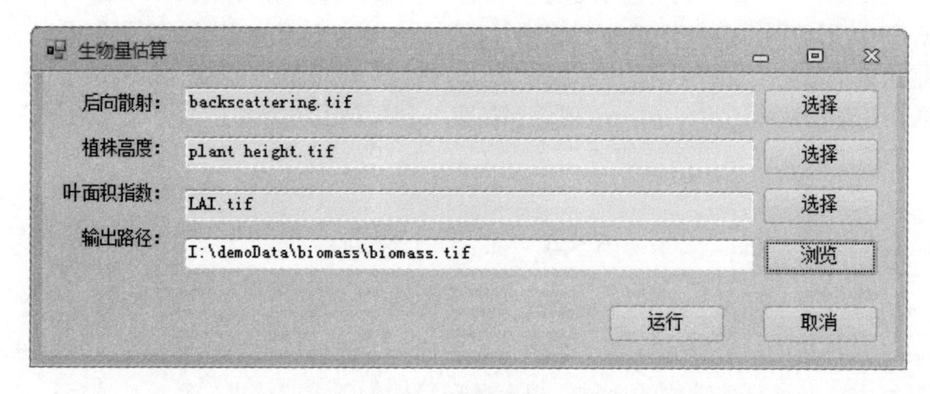

图 6-25　生物量估算功能界面

ACRM
反射率数据:
Band 1 : LAI_097-329_2011_NDVI+NIR.tif
选择
反演结果:
I:\demoData\tiff\217_result_acrmed.tif
浏览
反演方差:
I:\demoData\tiff\217_var_acrmed.tif
浏览
参数设定
运行
取消

图 6-26　ACRM 模型功能界面

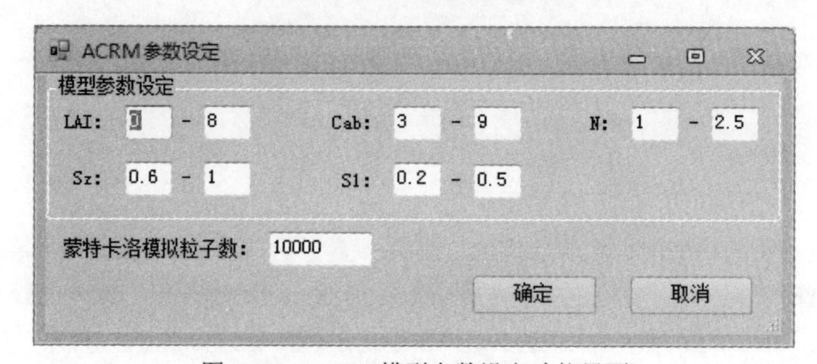

图 6-27　ACRM 模型参数设定功能界面

2) 叶面积指数反演

打开植被指数文件和对应的实测植被参数文件，并选择“线性拟合”或“二次拟合”方法，计算系数进行拟合，得到相应系数和相关系数。打开待反演的 NDVI 遥感产品，选择反演得到的叶面积指数产品存储路径，单击运行按钮，得到叶面积指数产品(图 6-28)。

3. 叶绿素反演

打开 NDVI 文件和对应的实测叶绿素文件，并选择“线性拟合”或“二次拟合”方法，计算系数进行拟合，得到相应系数和相关系数。打开待反演的 NDVI 遥感产品，选择反演得到的叶绿素产品存储路径，单击运行按钮，得到叶绿素产品(图 6-29)。

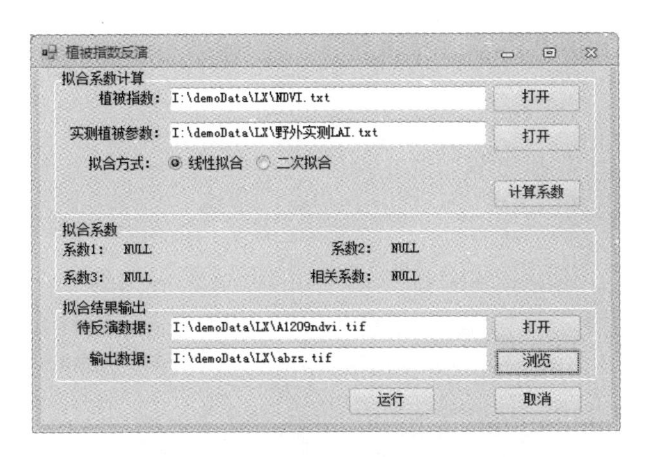

图 6-28　叶面积指数反演功能界面

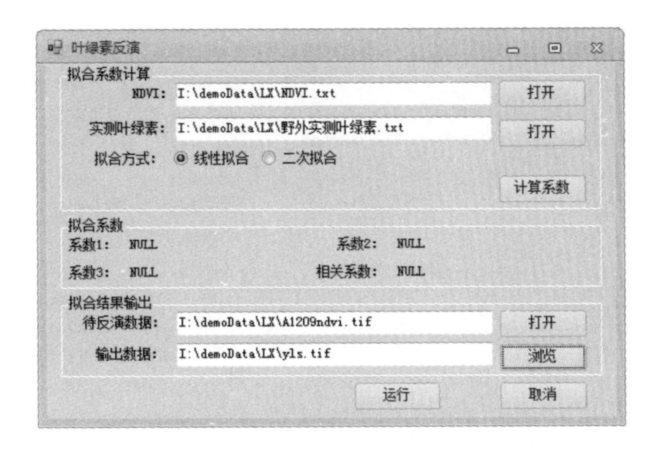

图 6-29　叶绿素反演功能界面

4. 冠层含水量反演

打开 NDWI 文件和对应的冠层含水量文件，并选择“线性拟合”或“二次拟合”方法，单击计算系数进行拟合，得到相应系数和相关系数。打开待反演的 NDVI 遥感产品，选择反演得到的冠层含水量产品存储路径，得到冠层含水量产品(图 6-30)。

5. 地表温度反演

选择红光波段数据、近红外波段数据和辐射定标后的热红外波段数据，再选择数据源，输入大气透射率和平均气温(单位为 K)，选择地表温度产品输出路径，得到地表温度产品(图 6-31)。

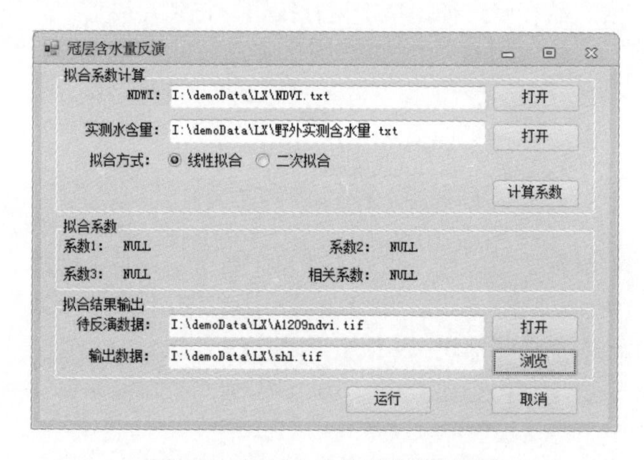

图 6-30　冠层含水量反演功能界面

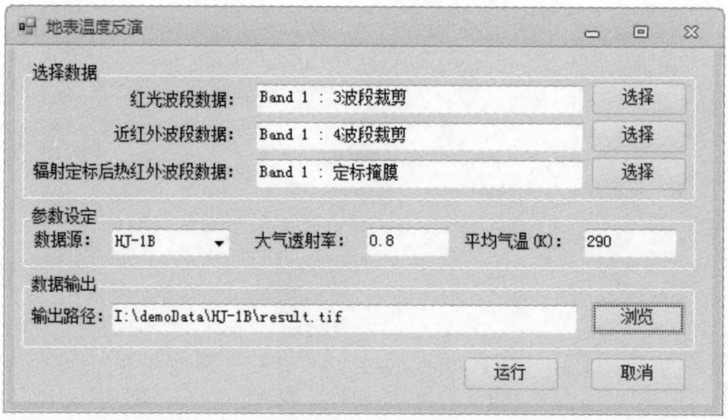

图 6-31　地表温度反演功能界面

6.6　环境综合评价技术应用系统

生态环境质量是社会可持续发展的核心和基础，生态环境质量评价能够反映人居环境的可协调程度。充分认识生态环境的状况是生态环境预测的基础，也是制定和规划国民经济的重要依据。因该系统是一个集空间数据存储管理、数据预处理、数据融合、参数反演、环境评价、成果输出等功能于一体的系统，所以在功能设计方面要尽可能地完善。由于系统面向具有一定专业知识的用户，所以所有的操作都应尽量详细充实，同时，使得用户不再借助其他工具，方便用户操作的同时，提高系统的使用性。

6.6.1　系 统 功 能

环境综合评价技术应用系统主要针对生态环境综合评价需求，实现从数据预处理到评价结果获取等一系列数据处理功能，同时推动环境评价信息的数据共享，为区域经济的发展和环境保护部门提供决策支持。

该系统主要通过 .NET 平台与 ESRI 公司提供的 ArcGIS Engine 和 ArcGIS Server 协同开发，利用层次分析法对生态环境质量划分等级，为生态环境保护与治理提供决策，同时正确评价生态环境的现状是区域生态环境预测或预警的基础，也是制定和规划区域国民经济发展计划的重要依据。其主要功能分为指标体系建立、环境评价和面向北方农牧交错区、青藏高原复合侵蚀区、西南山地农牧交错区、南方红壤丘陵山地区、沿海水陆交接区的环境评价模型共 7 部分，各功能模块关系图如图 6-32 所示。

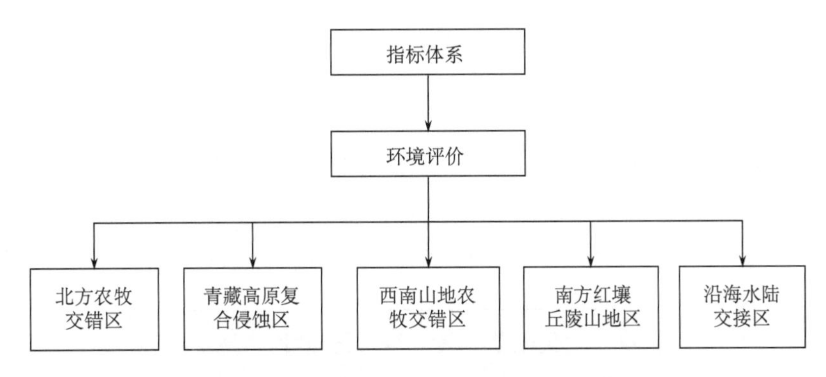

图 6-32　环境评价系统功能模块关系图

环境综合评价技术应用系统桌面端应该具有数据管理、数据预处理、多源遥感数据融合、参数反演、数据同化等前期功能，还要具有进行环境评价的功能模块，同时也应具有成果的发布、专题图制作及其他 GIS 系统的基本功能。在进行生态环境评价系统功能设计时应从实际出发，既要考虑到功能模块的实现，也要考虑到各个功能模块之间的关系。该系统将拟实现的功能进行整理和分类，以模块化的方式设计了生态环境综合评价系统的桌面端。

常规的基于 Web 的应用程序都是一种通过网页浏览器在互联网或者是企业内部网上操作的应用软件。它们都依赖于浏览器，不耗费用户的硬盘空间，而且可以实现跨平台使用。

系统 Web 端，即生态环境综合评价系统信息共享平台应满足用户对环境评价信息的查询、浏览及共享功能，所以共享平台的主要功能有地图基本浏览功能、权限管理、影像下载、服务查询、底图切换、专题图查看及三维浏览等。环境综合评价信息共享平台功能结构如图 6-33 所示。

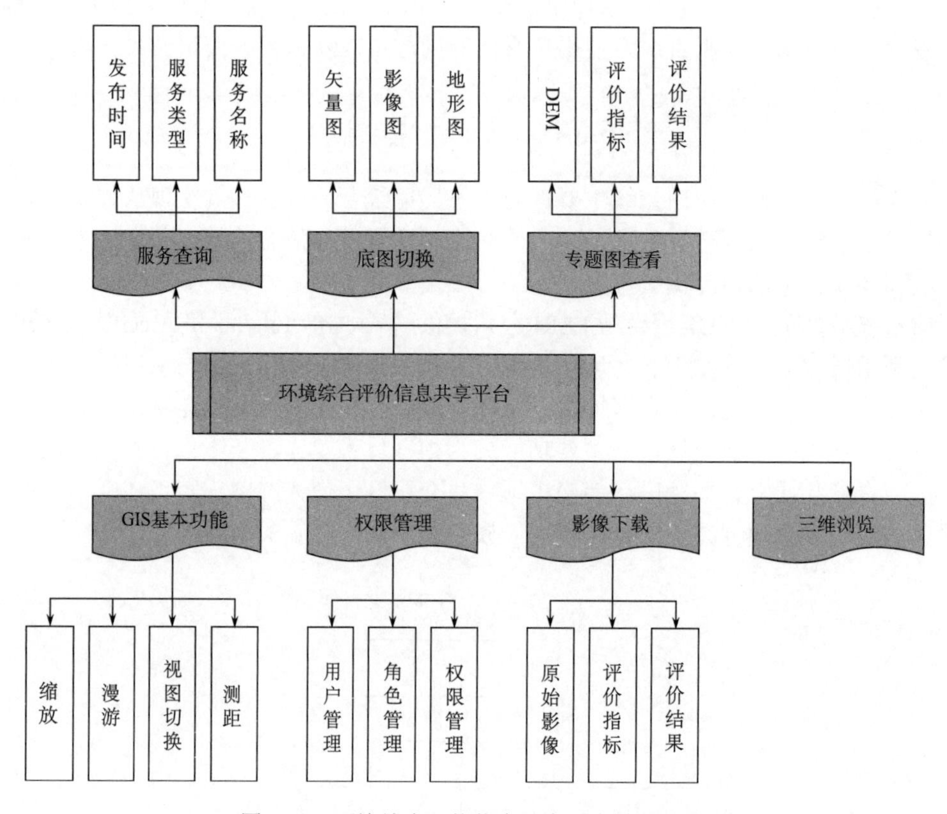

图 6-33 环境综合评价信息共享平台功能结构

6.6.2 安 全 设 计

生态环境评价信息不是针对所有用户，对于不同用户所具有的访问权限不同，获取的信息也不同。从系统安全的角度出发，针对环境评价信息的特点，采用 RBAC 模型构建权限管理系统是十分必要的。就该系统而言，要求系统管理员能够进行用户管理、角色管理及权限管理，而用户可进行注册获取更高的权限，所有用户登录时会进行认证并分配相应的操作菜单，从而进行访问控制。系统访问控制流程如图 6-34 所示。

6.6.3 业 务 流 程

环境评价模块采用的方法是层次分析法。该模块的主要功能是：首先建立评价指标体系，并可以动态地增加、删除及更新该指标体系；然后，对指标体系的各层次建立判断矩阵，算出其权重，分别得出各个评价因子的权重值；最后，将各个因子乘以相应的权重，得出评价结果(图 6-35)。

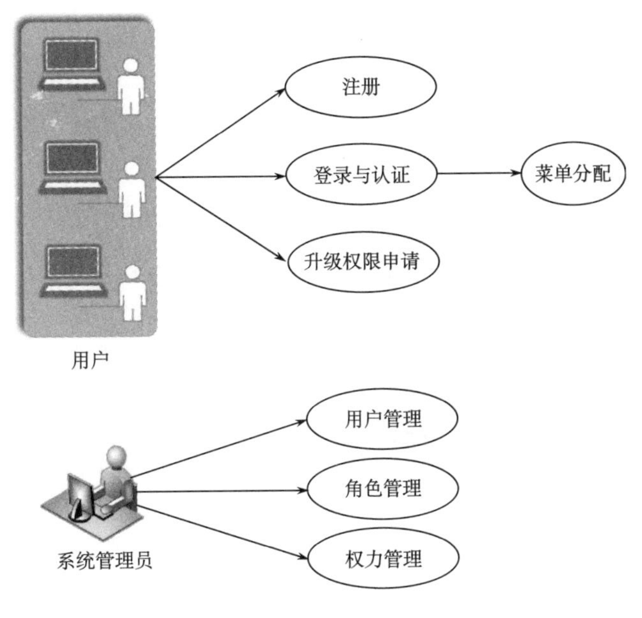

图 6-34　系统访问控制流程

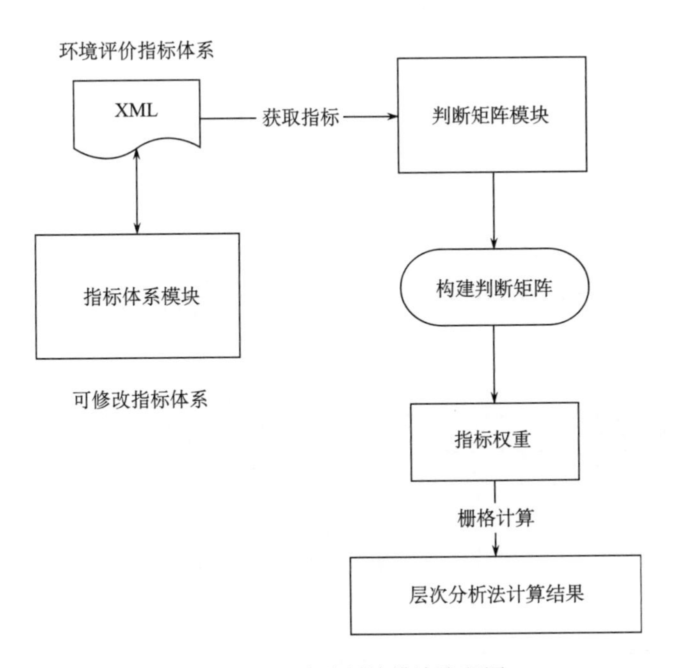

图 6-35　层次分析法模块流程图

6.6.4　系 统 界 面

环境评价系统主界面主要由图层控制、环境评价区域浏览和菜单操作三部分构成(图 6-36)，环境评价指标体系窗口可以显示指标体系的各个因子及其权重，并且可以对指标体系进行修改。

环境综合评价技术应用系统能够实现对生态脆弱区的生态环境综合评价，并将评价结果快速制图发布，其分为 8 个功能模块：指标体系构建、指标权重计算、青藏高原复合侵蚀区、南方红壤丘陵山地区、北方农牧交错区、沿海水陆交接区及西南山地农牧交错区评价模型和专题制图。

指标体系构建模块实现了指标体设置、指标权重计算、指标因子数据导入、评价计算等功能，简单易用，在很大程度上提高了生态脆弱区评价工作的效率(图 6-37)。

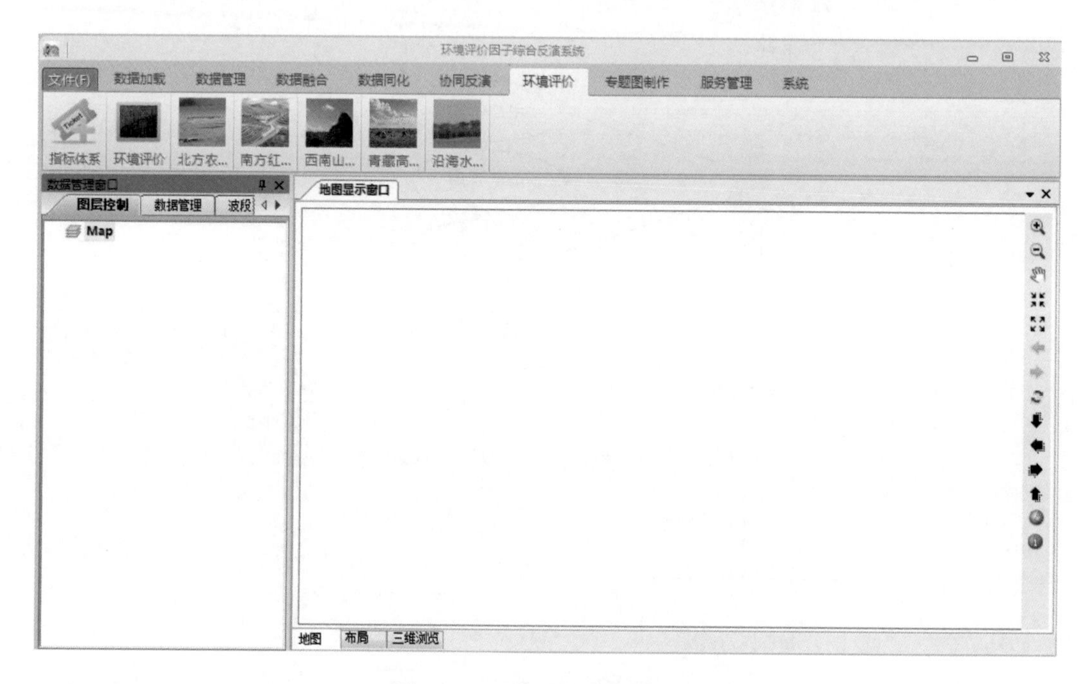

图 6-36　环境评价系统主界面

评价指标体系

第一层指标		第二层指标		累积权重
指标名称	权重	指标名称	权重	
压力指标	0.25	人口密度	0.5	0.125
		建筑用地距离	0.5	0.125
状态指标	0.35	土壤含水量	0.2	0.07
		生物量	0.2	0.07
		景观类型	0.2	0.07
		景观多样性	0.2	0.07
		水体叶绿素浓度	0.2	0.07
响应指标	0.4	斑块破碎度	0.5	0.2
		人均GDP	0.5	0.2

刷新　添加指标　删除指标　更新指标　取消

图 6-37　评价指标体系窗口

建立指标体系后，可以利用矩阵判断模块来实现环境评价功能，其过程包括为各个指标层建立判断矩阵，并检验判断矩阵的一致性，计算各个因子的权重并显示计算结果(图 6-38)。

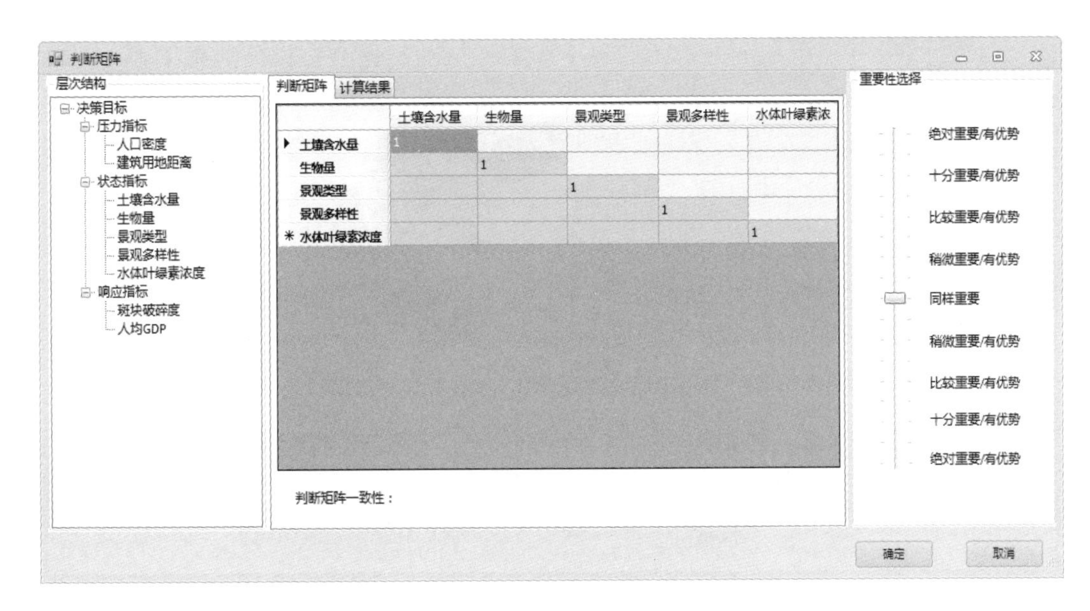

图 6-38　判断矩阵窗口

为了便于演示该项目面向的五大脆弱区的环境评价功能，系统内置北方农牧交错区、青藏高原复合侵蚀区、西南山地农牧交错区、南方红壤丘陵山地区、沿海水陆交接区的环境评价模型。

专题制图模块主要由矢量符号化、栅格渲染、页面设置、插入制图要素、地图输出五部分组成。

矢量符号化主要有两部分组成：一个为唯一值符号化，另一个为分级色彩符号化，它们都是根据矢量数据的字段进行操作，如图 6-39 所示。

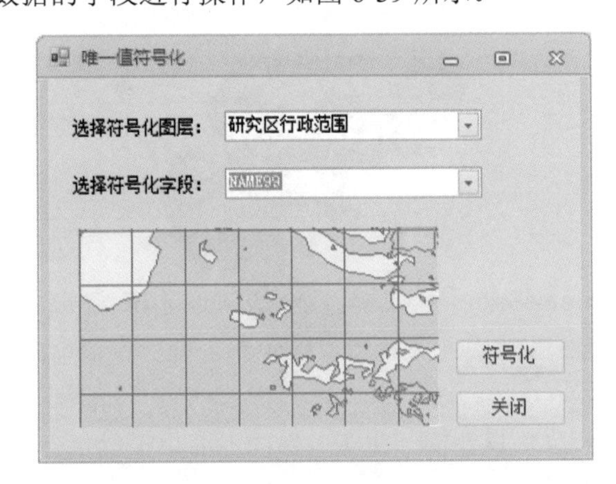

图 6-39　唯一值符号化

插入制图要素主要有插入标题、比例尺、指北针和格网功能，具体效果如图 6-40 所示。出图时选择专题制图地图输出，对地图输出进行相关设置，如图 6-41、图 6-42 所示。

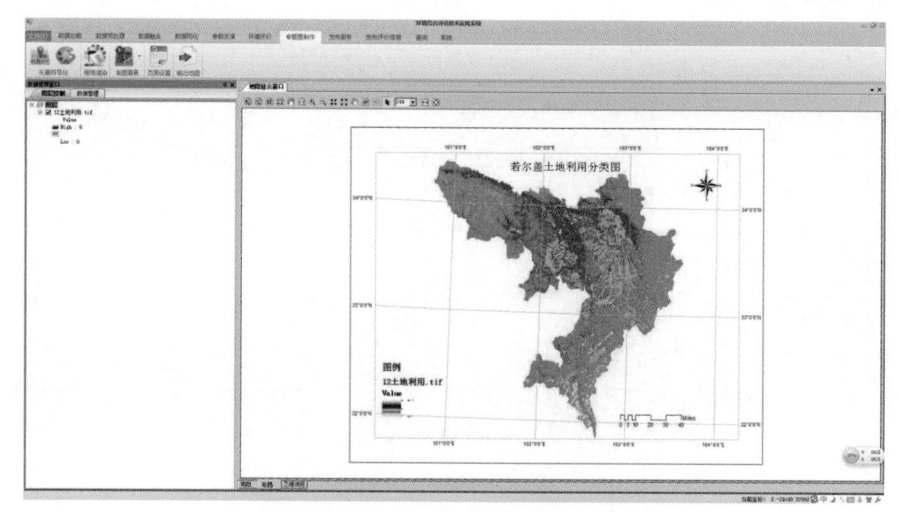

图 6-40　插入制图要素

图 6-41　出图相关设置

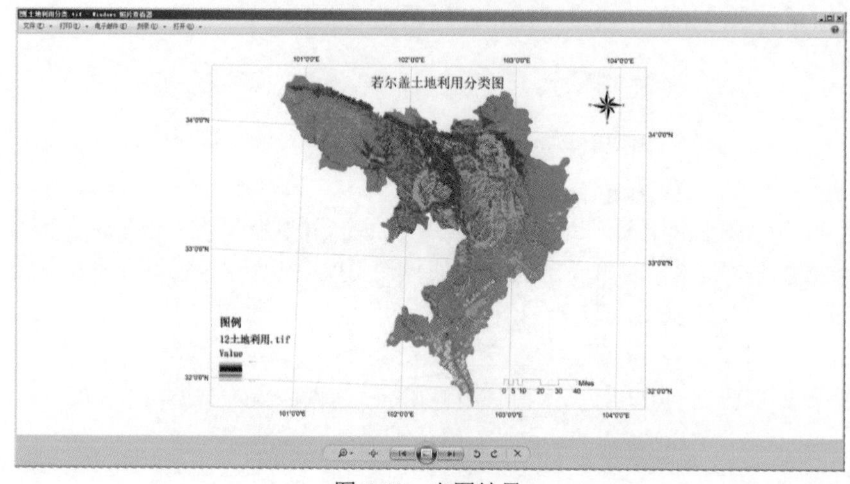

图 6-42　出图结果

6.7 小　　结

本章以环境综合评价技术系统为例，对环境健康遥感诊断系统进行了应用示范，该系统包括生态环境评价数据资源管理系统、多源数据融合系统、数据同化系统、环境评价因子综合反演系统、环境综合评价技术应用系统 5 个部分，本章对这个它们的功能结构、构架、接口、业务流程等进行了深入剖析。

参 考 文 献

靳华安, 王锦地, 柏延臣, 等. 2012. 基于作物生长模型和遥感数据同化的区域玉米产量估算[J]. 农业工程学报. 28 (6) : 162-173.

陶发达. 2011. 多源遥感数据融合处理研究与实现[D]. 长安大学硕士学位论文.

第7章　传染病多维可视化与预测预警系统

传染病多维可视化与预测预警系统(multi-dimensional visualization and prediction system of infections)依托深圳市的多维信息资源，利用数字技术、信息技术、网络技术等交叉学科理论和方法，从多维可视化角度描述传染病空间分布和传播动态，构建合适的数学模型，拟合和预测主要传染病发病趋势，探索数字化城市传染病监测新技术，提高监测系统水平。传染病多维可视化与预测预警系统可以为相关机构进行统一的传染病监测和预防提供支持，为基于传染病的预测和风险研究提供数据基础(曹春香等，2010；钟少波等，2009)。

7.1　系统概述

7.1.1　建设背景

我国经过数十年的努力，已建立起较完备的传染病监测网，积累了大量传染病疫情的信息数据，特别是2004年以来，我国传染病监测实现了基于传染病个案信息采集的网络实时在线报告，大大提高了传染病报告的及时性、敏感性和准确性。另外，各地有很多传染病发病和分布资料，甚至有些地区也进行过不少专题流行病学调查，对传染病的流行有一些描述，但大多是分散、孤立的资料。通过这些资料仅仅能了解传染病的一般情况，难以预测其流行趋势，更谈不上在集成基础上进行有专业深度的数据挖掘，极大地限制了在指导预防、控制策略和措施的制定方面发挥其应有的作用。其根本原因是缺乏统一的数据结构标准和分析技术方法，也就是说，传染病数据、环境因素数据及卫生资源数据没有可以进行比较分析的共同的时间、空间基础。所以，“尽管数据如堆积如山的砖瓦，而不成大厦”，造成信息资源的巨大浪费。

深圳市位于广东省南部地区，南与香港相邻，北与东莞、惠州接壤。深圳市行政辖区内的土地面积为1952.84 km^2，据国家统计局的数据显示，2008年深圳市共有人口855万人，其中流动人口675万人。深圳市作为我国第一个经济特区，由于地理位置特殊，流动人口众多，一直以来都是我国流行病的高发地区，从2004年的SARS到2009年的甲流感，深圳市疫情的爆发时间及规模都位于全国前列。同时，深圳市也是我国基础地理信息系统建设最完善的城市之一，目前全市已经完成了1∶1000比例尺基础地理信息数据库的建设。

因此，在深圳市建立一个能帮助收集和管理传染病数据、环境分布数据及卫生资源数据，为这些数据间的比较分析，以及传染病的预警提供技术支持的系统，并最终实现传染病多维可视化的系统，对于深圳市政府进行传染病监测与应急反应具有非常重要的应用价值。

7.1.2　系 统 模 式

传染病多维可视化与预测预警系统从多维可视化角度描述传染病空间分布和传播动态，并拟合和预测主要传染病发病趋势，提高了数字化城市传染病监测系统的水平。为了提高软件质量，在不同应用环境中开发并使用一致的设计方法是首选的方法。软件设计方法主要有由上至下的功能设计、面向目标设计和数据驱动设计 3 类。针对传染病多维可视化与预测预警系统的特点，在该系统的软件开发过程中，拟采用“由上至下的功能设计”方法，即从功能的观点设计系统，从高层的观点着手，将系统逐步提炼成更具体的设计。结构化设计和阶梯式优化就是使用该方法的例子。为了满足系统的数据共享和系统的集成性，该系统将采用 C/S(客户端/服务器)的设计模式。

传染病多维可视化与预测预警系统的主要业务包括：图层控制与操作、病例查询与编辑、社会与环境要素查询、传染病统计与分析，以及预测与预警，如图 7-1 所示。这 5 个系统模块既相互独立又相互协调，可共享信息。它们在一定的接口规则和集成模式下完成各自独立功能的同时，能够有机地集成在一起，服务于整个系统的信息处理目标；同时，应用系统通过对数据库的合理调度、组织，形成数据的合理流向，完成系统的整体功能，维持系统旺盛的生命力，为整个系统的运行提供保证。

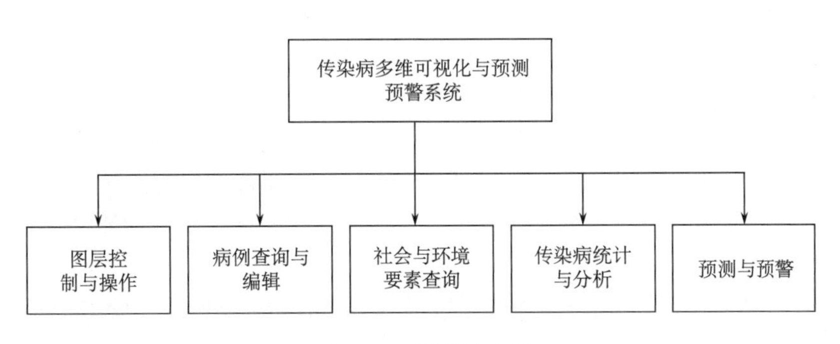

图 7-1　系统模块设置

由于系统采用 C/S 的设计模式，传染病多维可视化与预测预警系统是一个内外网物理隔离的局域网网络系统。根据网络前期的建设基础，只需要进行优化配置即可完成。考虑到网络用户信息点的数量和接入的方式，组网方案为：将一台核心交换机作为网络的核心结点，将连接各部门的接入层交换机作为连接 PC 的接入结点，将存储局域网作为提供数据集中管理和数据服务的数据结点，这样构成星形网络。系统的硬件配置如图 7-2 所示。

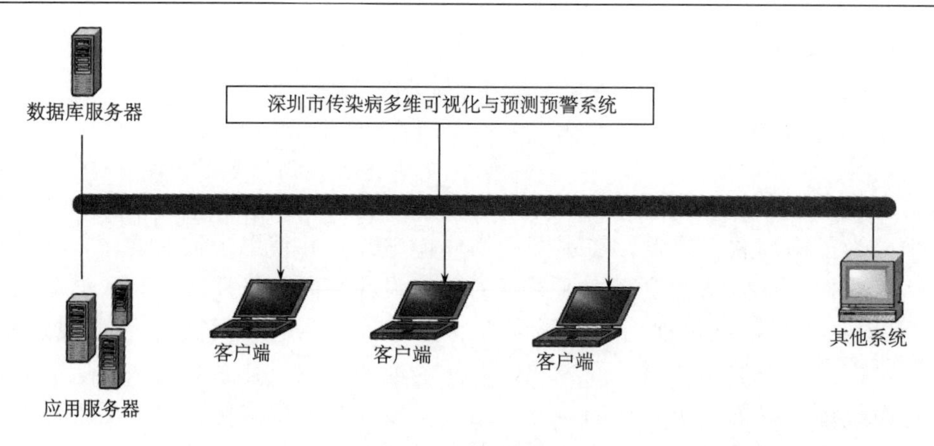

图 7-2　硬件配置图

7.2　系统设计

7.2.1　功能模块设计

传染病多维可视化与预测预警系统应用 GIS、RS、GPS 等现代空间信息技术，为深圳市传染病及其相关流行因素数据的采集、管理和分析提供快速、先进、可靠的手段，不仅能动态分析传染病的时间与空间分布特征，而且可以使我们从全新的角度和方式来研究和认识传染病，从其发生和流行的环境来观察传染病的流行规律，从而可以深化传染病监测、预测和预警，有利于发现重点疫区，为制定适宜的防治策略和措施打下基础，并将为大面积的监测提供经济、有效的方法，为突发疫情的有效控制提供决策依据(徐敏，2011)。

“传染病多维可视化与预测预警系统”在图层控制与操作基本功能模块之上设置了病例查询与编辑、社会与环境要素查询、传染病统计与分析、预测与预警等模块，如图 7-3 所示。其中，图层控制与操作模块包括：图层的加载、删除、放大、缩小、漫游、全图等基本操作功能，以及专题图制作、打印；病例查询与编辑模块包括：出血热、流感、流脑、霍乱、疟疾、血吸虫病、感染性腹泻、手足口病；社会与环境要素查询模块包括：医疗站点、人口、环境、气候、遥感影像；传染病统计与分析模块包括：疫情统计、应急人力资源调配、时序趋势线分析、水源污染扩散、疫情聚集性分析、时空动态分析；预测与预警模块包括：传染病预测、传染病预警功能。

1) 图层控制与操作

图层控制与操作可以实现图层的“加载”“删除”“放大”“缩小”“漫游”“全图”等功能。

2) 病例查询与编辑

病例查询与编辑具备出血热、流感、流脑、霍乱、疟疾、血吸虫病、感染性腹泻、手足口病等当地主要传染病的查询功能，可以选择某一病种，列表显示该病种的所有病例记录，实现病例记录的添加、删除及编辑功能。

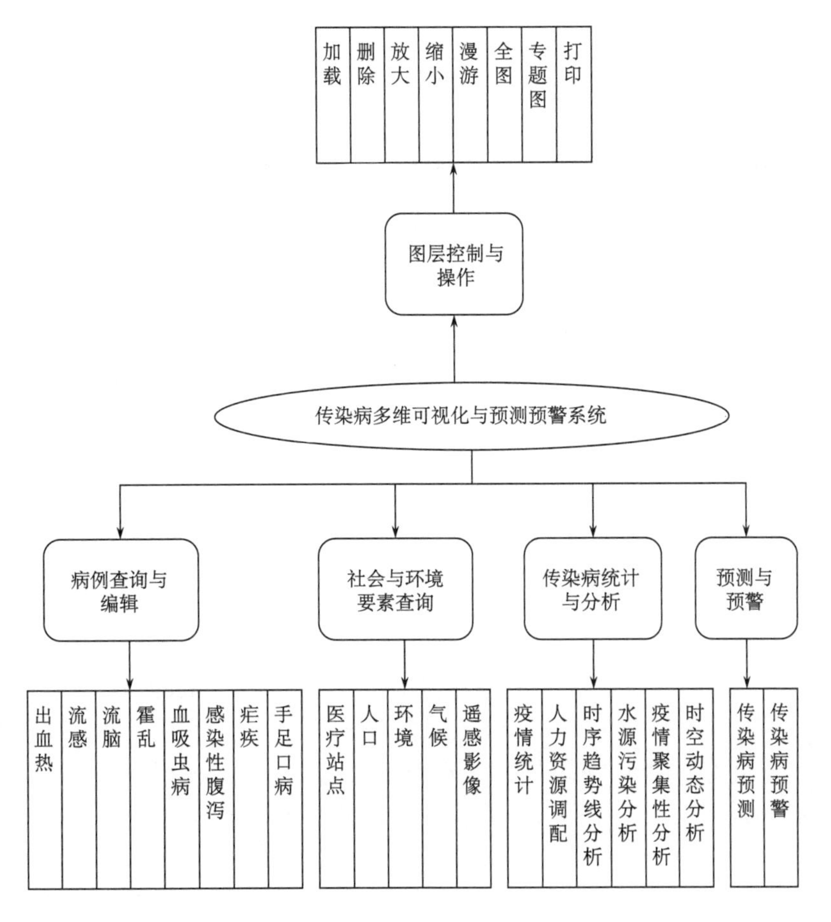

图 7-3 总体功能设计模块

3) 社会与环境要素查询

社会与环境要素查询包括医疗站点、人口、环境、气候、遥感影像。医疗站点查询也就是在视图中加载显示所有综合医院、专科医院、中医院等图层，并可以根据医疗站点查询窗口显示站点的地址、电话、邮编等属性信息；人口查询也就是显示被选街道办事处的“户籍人口”“暂住人口”及“合计人口”数目；环境查询可显示深圳市监测点的 SO_2、NO_2、CO、O_3、PM_{10} 浓度监测信息；气候查询显示深圳市日均降水、温度、湿度、气压信息；遥感影像查询显示某年某月的遥感影像。

4) 传染病统计与分析

传染病统计与分析包括疫情统计、时序趋势线分析、疫情聚集性分析、时空动态分析、水源污染分析和人力资源调配。疫情统计可以实现“分年统计”“分月统计”“分区域统计”“分职业统计”“分年龄统计”；时序趋势线分析分为“月趋势线”和“年趋势线”；疫情聚集性分析利用空间聚类的方法，以街道办为基本单元，对某一段时间某传染病发病数进行聚类；时空动态分析可以实现以月为时间频率、街道办为基本单元，在地图上动态显示该病种的分级渲染图；水源污染分析是假设检测出某水体面(湖泊、水库、河流)带菌体或者被污染，于是搜索出与该水体面相连接的所有水体，利用缓冲区分析的方法在地图上显示受该水源影响的区域(缓冲半径人工给定)；人力资源调配是假设某点发生紧急疫情，根据道路最短路径原则，应从哪个医疗站点派出车辆与人员，并显示最优行车方案。

5) 传染病预测与预警

传染病预警分为实时预警和预测预警，两者均采用移动平均法，不同之处在于实时预警是针对实时发生的病例数进行预警，而预测预警则是针对前面预测出的病例数进行预警。

7.2.2 数据库设计

1. 数据库选取

数据库系统是处理数据库存取和管理、控制的软件。目前，数据库的产品主要有Oracle、Sybase、SQL Server 等。该系统的数据库管理系统选用 Oracle10g 数据库管理系统。

Oracle 开发工具套件 10g 是一套完整的集成开发工具，可用于快速开发使用 Java 和 XML 语言的互联网应用和 Web 服务，支持任何语言、任何操作系统、任何开发风格、开发生命周期的任何阶段，以及所有最新的互联网标准。Oracle 数据库包括 Oracle 数据库服务器和客户端。

Oracle 数据库服务器：Oracle Server 是一个对象关系型数据库管理系统。它提供开放的、全面的和集成的信息管理方法。每个 Server 由一个 Oracle DB 和一个 Oracle Server 实例组成。它具有场地自治性和提供数据存储透明机制，以此可实现数据存储透明性。每个 Oracle 数据库对应唯一的一个实例名 SID，Oracle 数据库服务器启动后，一般至少有以下几个用户：Internal，它不是一个真实的用户名，而是具有 SYSDBA 优先级的 Sys 用户的别名，它由 DBA 用户使用来完成数据库的管理任务，包括启动和关闭数据库；Sys 是一个 DBA 用户名，具有最大的数据库操作权限；System 也是一个 DBA 用户名，权限仅次于 Sys 用户。

Oracle 数据库客户端：为数据库用户操作端，由应用、工具、SQL* NET 组成，用户操作数据库时，必须连接到一个服务器，该数据库称为本地数据库。在网络环境下，其他服务器上的 DB 称为远程数据库。用户要存取远程 DB 上的数据时，必须建立数据库链。

Oracle 数据库的体系结构包括物理存储结构和逻辑存储结构。由于它们是相分离的，所以在管理数据的物理存储结构时并不会影响对逻辑存储结构的存取。

2. 数据管理

利用 Oracle 10g 建立深圳市传染病多维共享数据库，其中空间数据通过 ArcSDE 进行连接管理，以 WGS-84 为地理坐标系，属性数据利用 ADO 的方式进行连接管理。数据库中的数据包括深圳市主要传染病数据、深圳市医疗站点数据、深圳市地理基础信息数据、深圳市环境数据、深圳市气象数据、深圳市人口数据、深圳市遥感数据等。

1) 空间数据库

(1) 地理基础信息数据：深圳市 1∶1 000 比例尺行政区划、道路、水系矢量数据。

(2) 医疗卫生数据：包括综合医院、专科医院、中医院、社区卫生中心、独立门诊、美容保健、大型药店、动物医院、疾病防疫、医疗康复、急救中心等。

(3) 遥感数据：深圳市 TM 影像数据、环境减灾卫星数据。

2) 属性数据库

(1) 传染病数据：2005～2009 年深圳市出血热、流感、流脑、霍乱、疟疾、血吸虫病、感染性腹泻、手足口病 8 种传染病个案数据。

(2) 环境数据：2008～2010 年，深圳市 SO_2、NO_2、CO、O_3、PM_{10} 监测数据。

(3) 气候数据：2005～2009 年深圳市日均降水、温度、湿度、气压数据。

(4) 人口数据：2008 年深圳市人口统计数据(分街道)。

7.2.3　架构设计

传染病多维可视化与预测预警系统采用多层架构模式，分为表现层(user interface，UI)、业务逻辑层(business logical layer，BLL)、数据访问层(data access layer，DAL)，如图 7-4 所示。三层架构的优点是能让项目更容易修改、更有扩展性、更有复用性、可迁移，刚开始是为 C/S 模式而开展的，后来慢慢扩展到 B/S 模式。三层架构并不能提高项目的运行效率，相反由于表现层只能访问业务逻辑层，业务逻辑层再访问数据访问层，因此牺牲了效率。但这一缺陷比起它的优势在现在硬件品质高速发展的时代几乎可以忽略不计。

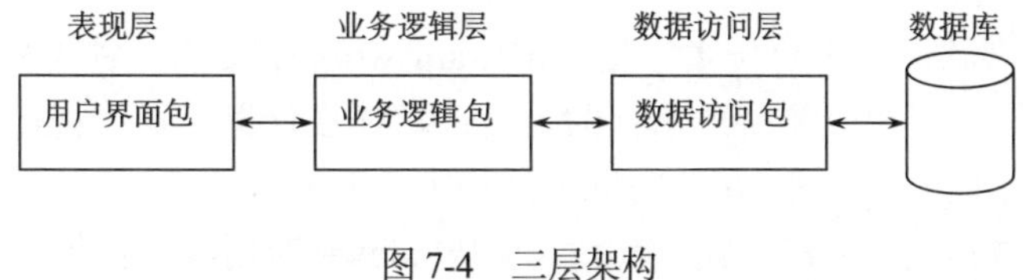

图 7-4　三层架构

1) 表现层

表现层是系统与用户交互的界面，离用户最近。其主要由 .NET 的窗体、窗体控件、用户控件(user control)、ArcGIS Engine 提供的开发控件库等组成。Action 是与界面事件关联的动作对象，采用 Command 模式进行设计。

2) 业务逻辑层

业务逻辑层无疑是系统架构中体现核心价值的部分。它的关注点主要集中在业务规则的制定、业务流程的实现等与业务需求有关的系统设计，也就是说，它与系统所应对的领域(domain)逻辑有关，很多时候也将业务逻辑层称为领域层。

业务逻辑层在体系架构中的位置很关键，它处于数据访问层与表现层中间，起到了数据交换中承上启下的作用。由于层是一种弱耦合结构，层与层之间的依赖是向下的，底层对于上层而言是“无知”的，改变上层的设计对于其调用的底层而言没有任何影响。如果在分层设计时，遵循了面向接口设计的思想，那么这种向下的依赖也应该是一种弱依赖关系，因而在不改变接口定义的前提下，理想的分层式架构应该是一个支持可抽取、可替换的“抽屉”式架构。正因为如此，业务逻辑层的设计对于一个支持可扩展的架构尤为关键，因为它扮演了两个不同的角色。对于数据访问层而言，它是调用者；对于表现层而言，它却是被调用者。依赖与被依赖的关系都纠结在业务逻辑层上，如何实现依赖关系的解耦，则是除了实现业务逻辑之外留给设计师的任务。

3) 数据访问层

数据访问层有时候也称为持久层，其功能主要是负责数据库的访问，可以访问数据库系统、二进制文件、文本文档或是 XML 文档。简单地说法，就是实现对数据表的 Select、Insert、Update、Delete 的操作。如果要加入 ORM 的元素，那么就会包括对象和数据表之间的 mapping，以及对象实体的持久化。

7.3 开发工具与软硬件环境

7.3.1 开 发 工 具

考虑系统的性能和功能需求，我们采用基于 Windows XP 平台的 Oracle 10g 为数据服务器，利用 Visual Studio .net2008 在 ArcEngine 9.3 的组件库上进行二次开发，使用 VB. NET 语言进行编码。

VB. NET 是微软最新平台技术，是 . netframeworkSDK 的一种语言。VB.NET 的特点是它真正成为面向对象及支持继承性的语言；窗体设计器支持可视化继承，并且包含了许多新的特性；直接建立在.NET 的框架结构上，开发人员可以充分利用所有.NET 平台特性，也可以与其他的.NET 语言交互；为 Windows 应用程序提供了 XCOPY 部署，开发者不再需要为 DLL 的版本问题担忧。

ArcEngine 是一组完备的并且打包的嵌入式 GIS 组件库和工具库，开发人员可用来创建新的或扩展已有的桌面应用程序。ArcEngine 除了其内置 120 多种常用工具外，我们还可以根据需要定义自己的工具，其过程大概是创建一个类，使其继承 BaseCommand

或 BaseTool，重写其构造函数和鼠标时间等；最好生成可以复用的 dll。这种自定义工具最大的优点是极大地提高了代码的可重用性，以上生成的 dll 动态链接库可以在任意程序中引用以实现该工具的功能，此外工具的外观和鼠标样式也是可以修改的。

ArcSDE 是 ArcGIS 与关系数据库之间的 GIS 通道。它允许用户在多种数据管理系统中管理地理信息，并使所有的 ArcGIS 应用程序都能够使用这些数据。ArcSDE 是多用户 ArcGIS 系统的一个关键部件。它为 DBMS 提供了一个开放的接口，允许 ArcGIS 在多种数据库平台上管理地理信息。这些平台包括 Oracle、Oracle with Spatial/Locator、Microsoft SQL Server、 IBM DB2 和 Informix。ArcSDE 能够对海量空间数据进行高效存储和检索，能够很好地满足案例创建过程中的案例定位、空间数据查询等操作的需要。

Oracle 是一种适用于大型、中型和微型计算机的关系数据库管理系统，它使用 SQL 作为它的数据库语言。它的特点是引入了共享 SQL 和多线索服务器体系结构；提供了基于角色(role)分工的安全保密管理；支持大量多媒体数据；提供了与第三代高级语言的接口软件 PRO*系列，能在 C、C++等主语言中嵌入 SQL 语句及过程化(PL/SQL)语句，对数据库中的数据进行操纵；提供了新的分布式数据库能力。Oracle 的高效、稳定和安全等特征为传染病多维可视化与预测预警系统的管理提供了良好的支持。Oracle 和 ArcSDE 的使用也大大降低了数据访问编码的困难程度，同时避免了一些潜在的性能问题。

7.3.2　软硬件环境

针对该系统的特点，配置的软硬件环境如下。

1. 硬件环境

1)服务器端

(1)CPU：Xeon 3.0GHz * 2；
(2)内存：4G；
(3)磁盘：1T 以上。

2)客户端

(1)CPU：X86 2.0G；
(2)内存：2G；
(3)磁盘：320G。

2. 软件环境

1)服务器端

(1)Oracle10g Enterprise Edition；
(2)Microsoft Windows Server 2003；

(3) Red Hat Linux Enterprise Server 4.0（内核 2.6.9）x86-32-Bit；

(4) ArcGIS　ArcSDE 9.3。

2) 客户端

(1) Microsoft Windows XP professional；

(2) ArcGIS Engine 9.3；

(3) Microsoft .NET Framework 2.0；

(4) Microsoft Office 2003。

7.4　系 统 界 面

7.4.1　主　界　面

界面设计以简洁、明了为基本设计风格，系统主界面分为标题栏、菜单栏、图层控制栏、窗口显示栏、工具栏及状态栏 6 部分。主界面初始化加载深圳市行政区、街道办事处和道路图层，并实现图层的多级显示，随着比例尺的不断变大，依次显示深圳市行政区、街道办事处和道路图层。系统主界面如图 7-5 所示。

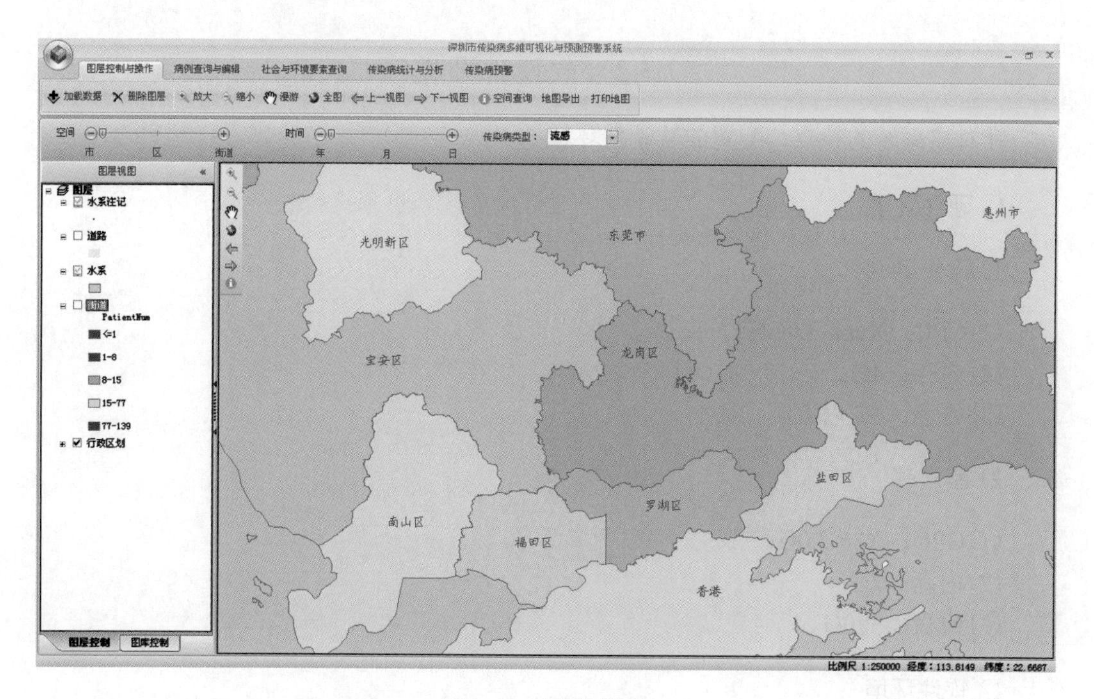

图 7-5　系统主界面

其中，一级菜单栏分为图层控制与操作、病例查询与编辑、社会与环境要素查询、传染病统计与分析、传染病预测与预警。工具栏包括 GIS 常用操作（如地图放大、缩小、漫游、全图、上一视图、下一视图)。图层控制栏分为“图层控制”和“图库控制”两项。

用户通过“图层控制”和“图库控制”标签切换到相应的操作，在“图层控制”中，可以通过 check 或 uncheck 图层名称前的选择框，显示或隐藏有关地图图层。窗口中显示了水系标记、道路、街道、行政区域的信息。

在“图库控制”中，用户可以根据需要选择基础地理数据(水系标记、道路、街道、水系、行政区划)、医疗站点数据(专科医院、中医院、动物医院、医疗康复、大型药店、急救中心、独立门诊、疾病预防、社区卫生中心、综合医院、美容保健)、传染病数据、遥感数据和气象环境数据。

7.4.2　图层控制与操作

系统一级菜单“图层控制与操作”下有“加载数据”“删除图层”“放大”“缩小”“漫游”“全图”“上一视图”“下一视图”等二级菜单。地图导出功能提供地图输出服务，打印功能提供专题图打印服务。以“全图”为例，其窗口显示如图 7-6 所示。

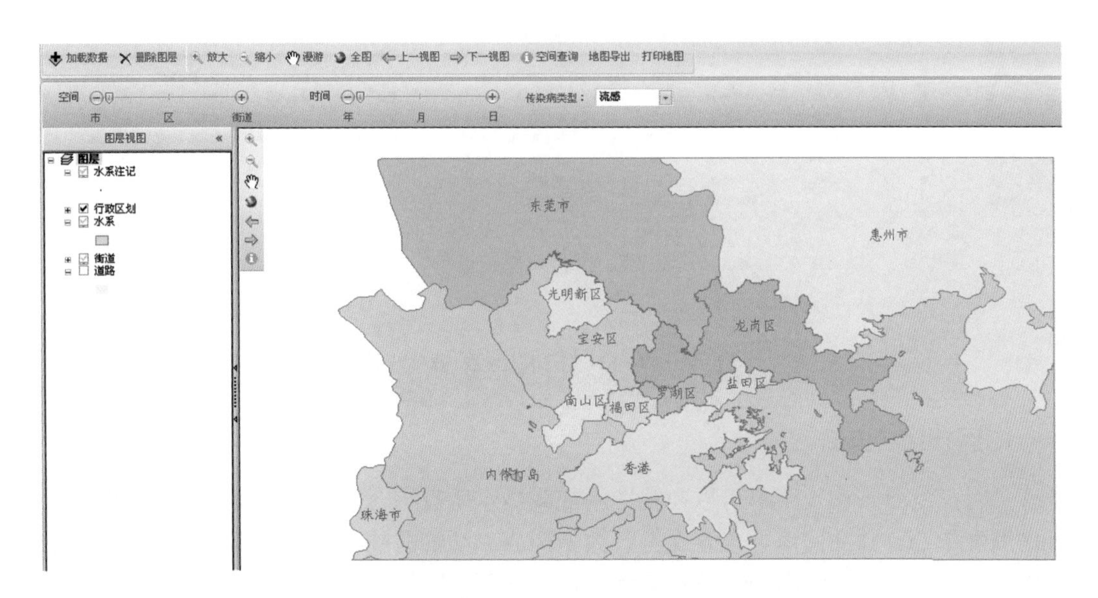

图 7-6　“全图”菜单

7.4.3　病例查询与编辑

系统在二级菜单中设置 8 个病种的查询功能：出血热、流感、流脑、霍乱、疟疾、血吸虫病、感染性腹泻、手足口病。

选择某一病种，选取起止年月日，单击“查询”列表显示该段时间内的所有病例，病例信息有患者姓名、性别、联系电话、出生日期、年龄、现住详细地址、现住地址编码等；同时根据病例的住址所在街道办事处的“地址编码”字段在地图上高亮显示这些病例所在的区域。我们可对列表显示的病例记录进行操作，实现病例记录的添加、删除及编辑功能，如图 7-7 所示。

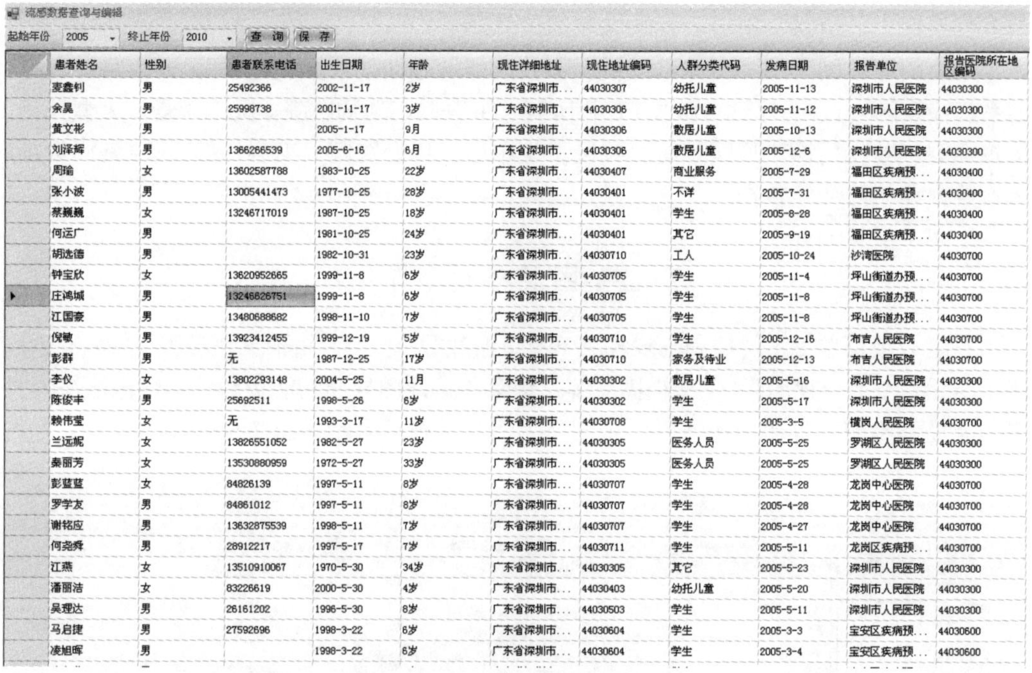

流感数据查询与编辑

起始年份 2005　终止年份 2010　查 询　保 存

患者姓名	性别	患者联系电话	出生日期	年龄	现住详细地址	现住地址编码	人群分类代码	发病日期	报告单位	报告医院所在地区编码
麦鑫钊	男	25492366	2002-11-17	2岁	广东省深圳市...	44030307	幼托儿童	2005-11-13	深圳市人民医院	44030300
余昊	男	25998738	2001-11-17	3岁	广东省深圳市...	44030306	幼托儿童	2005-11-12	深圳市人民医院	44030300
黄文彬	男		2005-1-17	9月	广东省深圳市...	44030306	散居儿童	2005-10-13	深圳市人民医院	44030300
刘泽辉	男	1366266539	2005-6-16	6月	广东省深圳市...	44030306	散居儿童	2005-12-6	深圳市人民医院	44030300
周瑜	女	13602587788	1983-10-25	22岁	广东省深圳市...	44030407	商业服务	2005-7-29	福田区疾病预...	44030400
张小波	男	13005441473	1977-10-25	28岁	广东省深圳市...	44030401	不详	2005-7-31	福田区疾病预...	44030400
蔡巍巍	女	13246717019	1987-10-25	18岁	广东省深圳市...	44030401	学生	2005-8-28	福田区疾病预...	44030400
何运广	男		1981-10-25	24岁	广东省深圳市...	44030401	其它	2005-9-19	福田区疾病预...	44030400
胡选德	男		1982-10-31	23岁	广东省深圳市...	44030710	工人	2005-10-24	沙湾医院	44030700
钟宝欣	女	13620952665	1999-11-8	6岁	广东省深圳市...	44030705	学生	2005-11-4	坪山街道办预...	44030700
庄鸿城	男	13246826751	1999-11-8	6岁	广东省深圳市...	44030705	学生	2005-11-8	坪山街道办预...	44030700
江国豪	男	13480688682	1998-11-10	7岁	广东省深圳市...	44030705	学生	2005-11-8	坪山街道办预...	44030700
倪敏	男	13923412455	1999-12-19	5岁	广东省深圳市...	44030710	学生	2005-12-16	布吉人民医院	44030700
彭群	男	无	1987-12-25	17岁	广东省深圳市...	44030710	家务及待业	2005-12-13	布吉人民医院	44030700
李仪	女	13802293148	2004-5-25	11月	广东省深圳市...	44030302	散居儿童	2005-5-16	深圳市人民医院	44030300
陈俊丰	男	25692511	1998-5-26	6岁	广东省深圳市...	44030302	学生	2005-5-17	深圳市人民医院	44030300
赖伟莹	女	无	1993-3-17	11岁	广东省深圳市...	44030708	学生	2005-3-5	横岗人民医院	44030700
兰远妮	女	13826551052	1982-5-27	23岁	广东省深圳市...	44030305	医务人员	2005-5-25	罗湖区人民医院	44030300
秦丽芳	女	13530880959	1972-5-27	33岁	广东省深圳市...	44030305	医务人员	2005-5-25	罗湖区人民医院	44030300
彭蓝蓝	女	84826139	1997-5-11	8岁	广东省深圳市...	44030707	学生	2005-4-28	龙岗中心医院	44030700
罗学友	男	84861012	1997-5-11	8岁	广东省深圳市...	44030707	学生	2005-4-28	龙岗中心医院	44030700
谢铭应	男	13632875539	1998-5-11	7岁	广东省深圳市...	44030707	学生	2005-4-27	龙岗中心医院	44030700
何尧舜	男	28912217	1997-5-17	7岁	广东省深圳市...	44030711	学生	2005-5-11	龙岗区疾病预...	44030700
江燕	女	13510910067	1970-5-30	34岁	广东省深圳市...	44030305	其它	2005-5-23	深圳市人民医院	44030300
潘丽洁	女	83226619	2000-5-30	4岁	广东省深圳市...	44030403	幼托儿童	2005-5-20	深圳市人民医院	44030300
吴理达	男	26161202	1996-5-30	8岁	广东省深圳市...	44030503	学生	2005-5-11	深圳市人民医院	44030300
马启捷	男	27592696	1998-3-22	6岁	广东省深圳市...	44030604	学生	2005-3-3	宝安区疾病预...	44030600
凌旭晖	男		1998-3-22	6岁	广东省深圳市...	44030604	学生	2005-3-4	宝安区疾病预...	44030600

图 7-7　病例编辑与查询

7.4.4　社会与环境要素查询

1. 医疗站点查询

“医疗站点查询”菜单可以在视图中加载显示所有综合医院、专科医院、中医院、社区卫生中心、独立门诊、美容保健、大型药店、动物医院、疾病防疫、医疗康复、急救中心站点图层，并弹出医疗站点查询窗口，在查询窗口内设置下拉框可以选择要查询的图层，如“疾病预防”，在另一个下拉框中导入所有“疾病预防”站点名称，选择其中某个站点名称，如“深圳市疾病预防控制中心”，则显示该站点的地址、电话、邮编、法人代表、职工人数、成立时间等属性信息，同时在视图中高亮显示该站点的所在位置，其结果如图 7-8 所示。

2. 人口查询

“人口查询”二级菜单窗口内设置下拉框，可以选取深圳市所有街道办事处名称。选取某个街道办，如“东湖街道”，则显示该街道办事处的“户籍人口”“暂住人口”及“合计人口”数目，同时，根据“街道办”名称这一字段，与街道面状图层相连接，高亮显示该街道区域(图 7-9)。

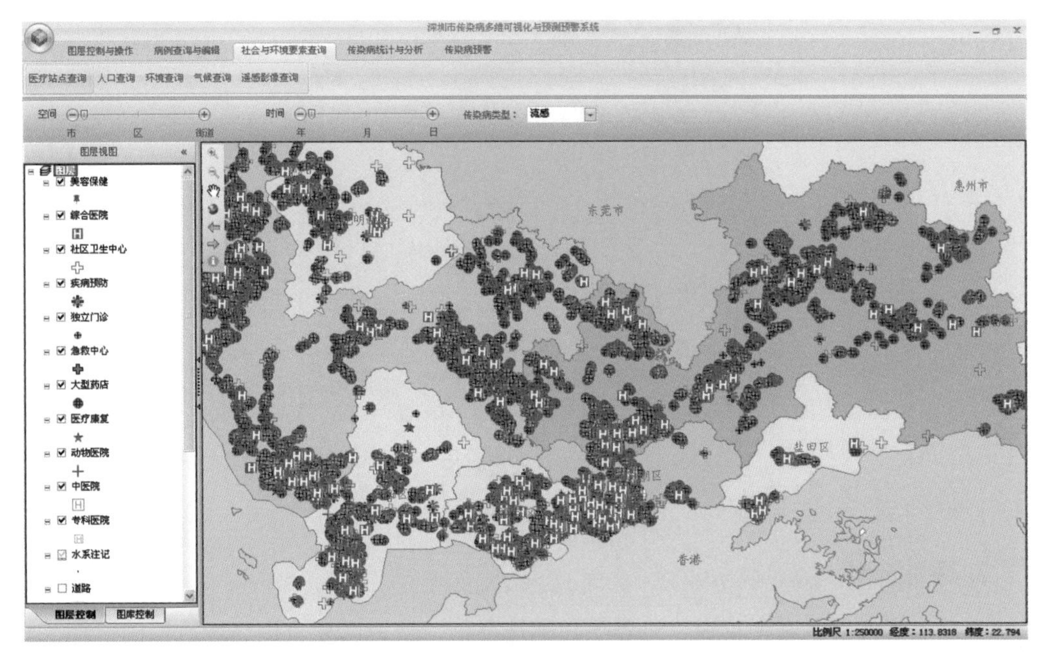

(a) 医疗站点图层

(b) 医疗站点查询窗口

图 7-8　医疗站点查询

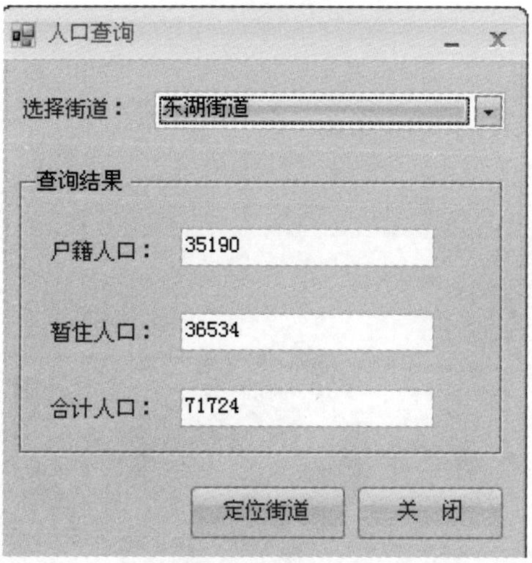

人口查询

选择街道：东湖街道

查询结果

户籍人口：35190

暂住人口：36534

合计人口：71724

定位街道　　关　闭

图 7-9　人口查询

3. 环境查询

“环境查询”二级菜单窗口设置了日期选择框，选取所要查询环境数据的日期，则列表显示深圳市“宝安”“盐田”“荔园”“荔香”“南湖”“华侨城”“洪湖”“南油”“龙岗”9 个环境监测点的 SO_2、NO_2、CO、O_3、PM_{10}浓度监测信息。单击某环境站点的记录，则在地图上高亮显示该站点位置(图 7-10)。

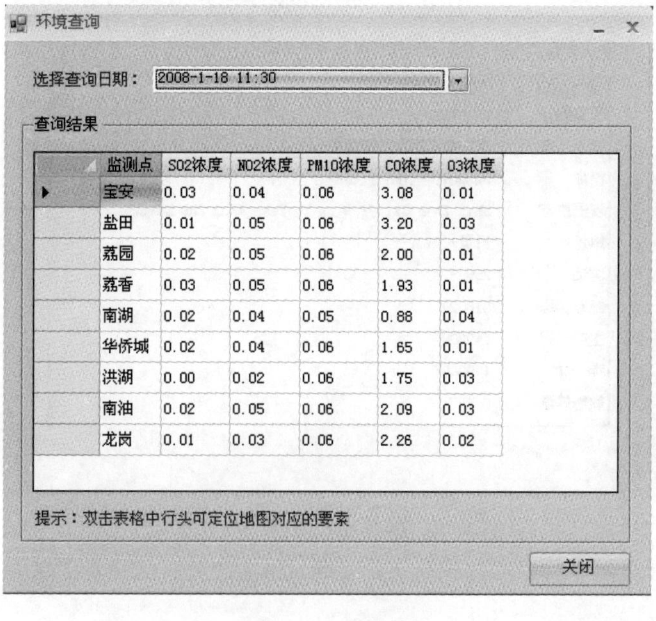

环境查询

选择查询日期：2008-1-18 11:30

查询结果

监测点	SO2浓度	NO2浓度	PM10浓度	CO浓度	O3浓度
宝安	0.03	0.04	0.06	3.08	0.01
盐田	0.01	0.05	0.06	3.20	0.03
荔园	0.02	0.05	0.06	2.00	0.01
荔香	0.03	0.05	0.06	1.93	0.01
南湖	0.02	0.04	0.05	0.88	0.04
华侨城	0.02	0.04	0.06	1.65	0.01
洪湖	0.00	0.02	0.06	1.75	0.03
南油	0.02	0.05	0.06	2.09	0.03
龙岗	0.01	0.03	0.06	2.26	0.02

提示：双击表格中行头可定位地图对应的要素

关闭

图 7-10　环境查询

4. 气候查询

“气候查询”二级菜单窗口设置了日期选择框，选取所要查询气候数据的日期，则列表显示深圳市日均降水、温度、湿度、气压、风速等信息(图 7-11)。

气候查询

起始日期：2005- 1- 1　截止日期：2010-12-31　查询　关闭

	平均气压(hPa)	日最高气压(hPa)	日最低气压(hPa)	平均气温(℃)	最高气温(℃)	最低气温(℃
1	1025.30	1028.70	1021.70	7.40	12.10	3.40
2	1020.90	1024.30	1017.80	9.90	13.20	7.70
3	1016.80	1018.60	1014.50	13.10	18.20	8.70
4	1018.50	1020.60	1017.10	15.70	18.60	14
5	1019.30	1021.50	1017.50	16.40	18.60	14.30
6	1018.40	1020.70	1016.10	17.40	23	14.40
7	1018.70	1021.30	1016.70	18.10	24.20	15
8	1019.20	1022.30	1017.30	17.30	20.30	15.50
9	1020.10	1023.20	1018.10	14.70	18.40	10.90
10	1020	1023.10	1017.50	13.60	18.60	9.70
11	1019.70	1021.10	1017.40	16.30	20.90	12.70
12	1019.20	1022.20	1016.20	14.60	18.50	11.60
13	1018.20	1020.40	1016.50	9.90	15.70	8.30

记录数：2007

图 7-11　气候查询

5. 遥感影像查询

“遥感影像查询”二级菜单可以弹出遥感影像选取窗口，选择年月，则在视图中加载显示该年月的遥感影像(环境减灾卫星，tif 格式)(图 7-12)。

图 7-12　遥感影像查询

7.4.5　传染病统计与分析

1. 疫情统计

“疫情统计”二级菜单可以弹出“疫情统计”窗口，在窗口中设置需统计的病种下拉框，同时，设置“分年统计”“分月统计”“分区域统计”“分职业统计”“分年龄统计”5个单选框，利用饼图的形式显示统计结果，如图7-13所示。

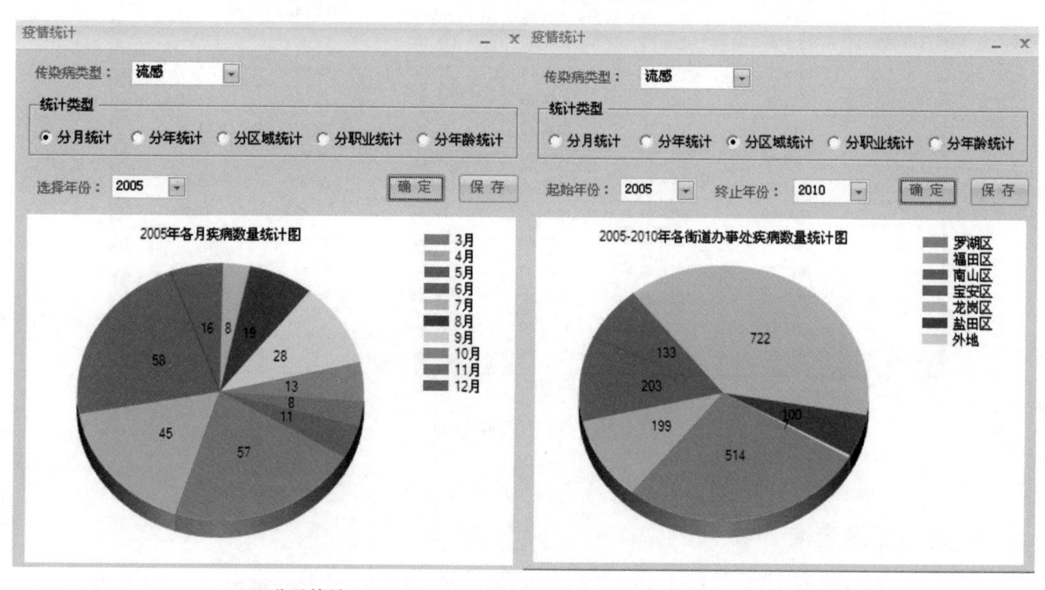

(a) 分月统计　　　　(b) 分区域统计

图7-13　疫情统计

2. 时序趋势线分析

“时序趋势线分析”二级菜单可以弹出趋势线分析窗口，设置所要查看的传染病病种下拉选择框，以及趋势线类型单选框，分“月趋势线”和“年趋势线”进行选择，如图7-14所示。

3. 疫情聚集性分析

疫情聚集性分析主要是利用空间聚类的方法，以街道办为基本单元，对某一段时间某传染病发病数进行聚类。

“疫情聚集性分析”二级菜单可以弹出“疫情聚集性分析”窗口，设置好传染病类型，选择起止时间段下拉框后，系统显示聚类结果(图7-15)。

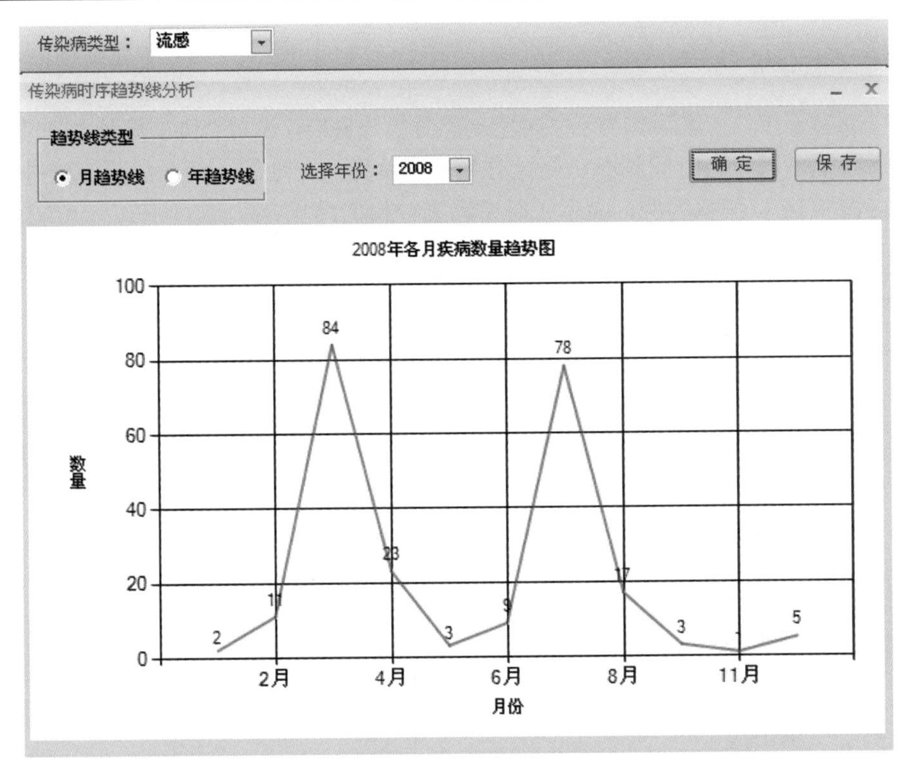

图 7-14　时序趋势线分析

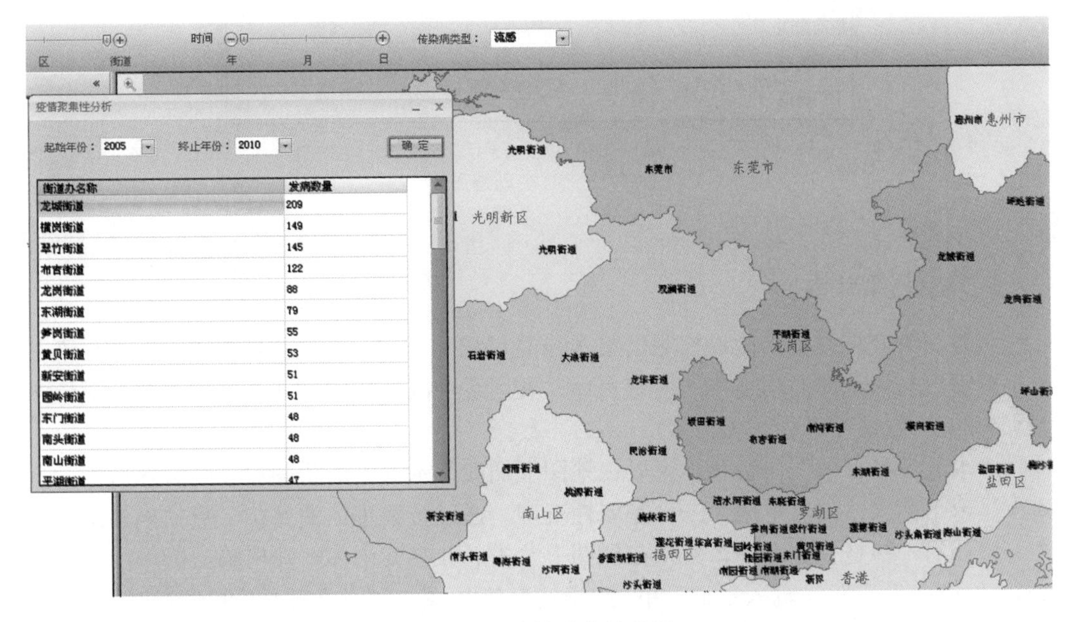

图 7-15　疫情聚集性分析

4. 时空动态分析

“时空动态分析”二级菜单显示“时空动态分析”窗口，设置“传染病种类”及“起至年月”下拉框，以月为时间频率、街道办为基本单元，在地图上动态显示该病种的分级渲染图。图 7-16 以流感为例，显示了时空动态分析的结果。

图 7-16　时空动态分析

5. 水源污染分析

水源污染分析主要是假设检测出某水体面(湖泊、水库、河流)带菌体或者被污染，于是搜索出与该水体面相连接的所有水体，利用缓冲区分析的方法在地图上显示受该水源影响的区域(缓冲半径人工给定)。

“水源污染分析”二级菜单可以在地图上加载显示水体面状图层，同时提供两种方式来显示带菌水体的发生地，一种是属性查询，通过带菌水体的名称，查找到该水体所在位置；另一种是空间查询，直接在地图上单击选取带菌水体，弹出输入影响半径的窗口(单位最好为千米)，输入数值后单击“确定”，在地图上显示水源污染所影响的范围(根据水体的边界延伸某一距离来作为缓冲区，即不规则形状)(图 7-17)。

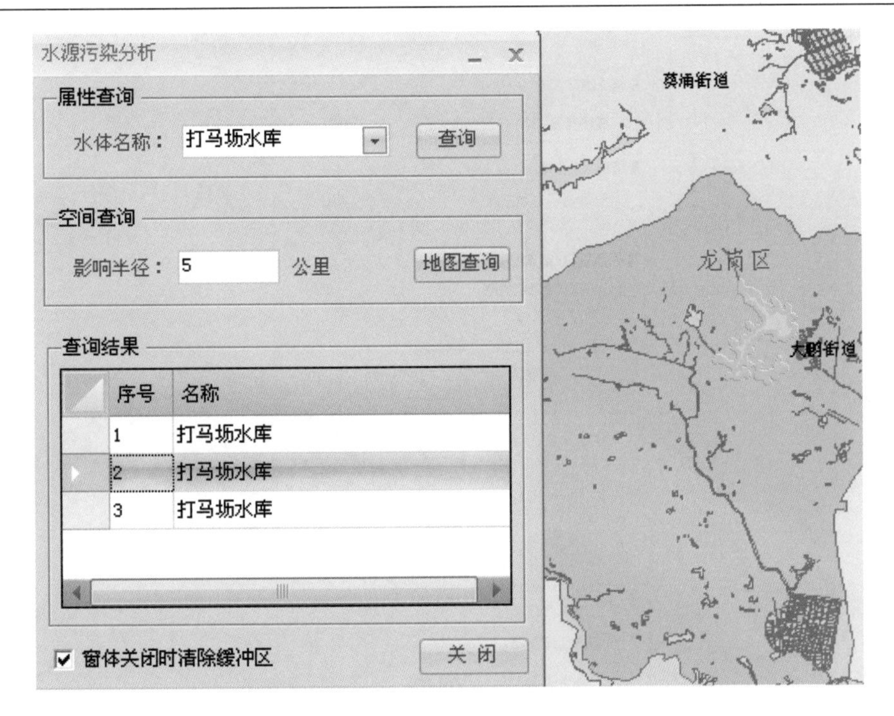

图 7-17　水源污染分析

6. 人力资源调配

人力资源调配功能在此处主要是假设某点发生紧急疫情，根据道路最短路径原则应从哪个医疗站点派出车辆与人员，并显示最优行车方案。

“人力资源调配”提供两种方式来显示疫情发生地：一种是通过属性查询，选择或输入疫情爆发点所在的道路，以该道路面作为紧急疫情点；另一种通过空间选择的方式，单击地图上某一点(作为紧急疫情点)，在弹出配送医疗站点图层选择窗口，选取所需派出人员的图层，如“综合医院”或“疾病预防”等，然后加载该图层所有站点，搜索出离该紧急疫情点最近的站点作为需要派出车辆与人员的医疗点，同时利用最短路径分析方法，在地图上显示从该医疗站点到该紧急疫情点的最短行车路线(图 7-18)。

7.4.6　传染病预测与预警

1. 传染病预测

该系统主要是利用差分自回归移动平均模型(autoregressive integrated moving average model，ARIMA)来进行传染病的预测，每种病的预测都是以月为基本单位。以下表示要预测的当月病例数的值，x_{t-1} 表示前一个月的病例数，依次类推，x_{t-12} 表示前第 12 个月的病例数。预测结果以曲线的形式给出，即给出本月之前 11 个月的实际发病数曲线(用实线把这 11 个月的实际发病数连接)，而预测到的这个月的值(预测值)与上个

(a) 属性查询

(b) 空间选择

图 7-18　人力资源调配

月的实际值用虚线连接，同时给出一条预警线作为参考，预警线上每个月的预警值以2005～2008 年该月及前后 1 个月共 12 个数据的 P75 位为预警值，如 2 月预警控制线上的值为 2005 年 1～3 月、2006 年 1～3 月、2007 年 1～3 月、2008 年 1～3 月的值的 P75 百分位。

图 7-19 以血吸虫病发病数为例，设定预测年月后，系统给出了预测曲线和预警基线。

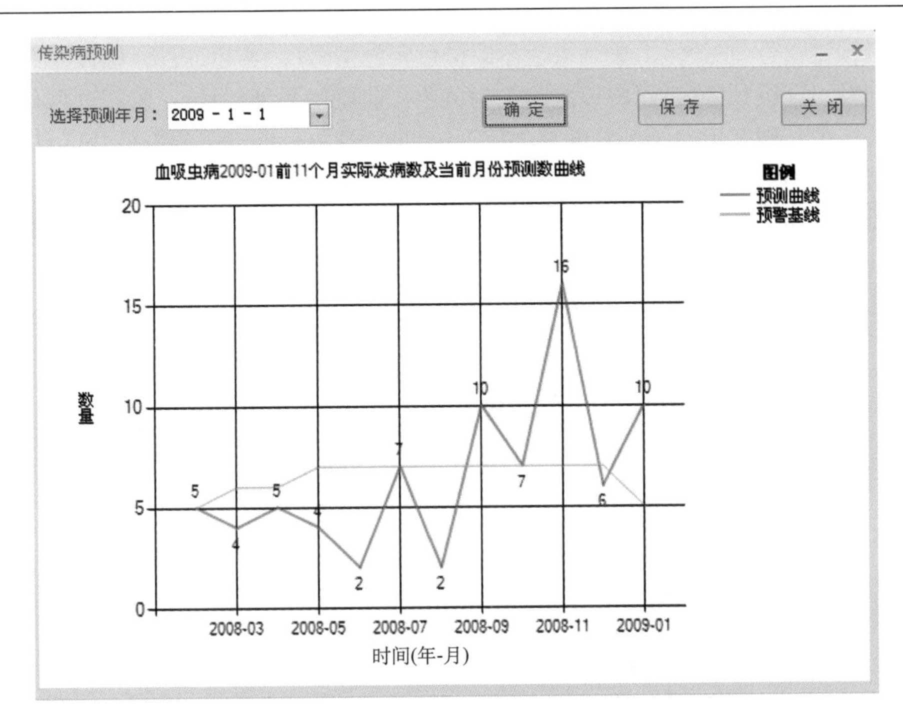

图 7-19　传染病预测

2. 传染病预警

传染病预警分为实时预警和预测预警，两者均主要采用移动平均法，不同之处在于实时预警是针对实时发生的病例数进行预警，而预测预警则是针对前面预测出的病例数进行预警。

实时预警主要是基于前 4 年的历史数据，以各区为基本单元来分别构造基线值，对每天数据进行预警。对这 8 种疾病使用两种方法来进行预警：“单病例预警”和“移动百分位数法预警”。

(1)“霍乱”和“血吸虫病”这两种特殊传染病采用“单病例预警”的方法，只要有发病病例就发出红色预警信号。

(2)“流感”“感染性腹泻”“流脑”“疟疾”“出血热”和“手足口病”采用“移动百分位数法预警”。以“流感”为例，用前 4 年该日及前后移动 3 日内的数据，共 7×4=28 日的数据来构造预警控制线，如要对 2010 年 12 月 11 日进行预警，则以区为基本预警空间单元。例如，对宝安区(根据地理编码的前几位可以判断病例是否属于宝安区)预警，则统计 2009 年/2008 年/2007 年/2006 年 12 月 8 日/9 日/10 日/11 日/12 日/13 日/14 日宝安区的发病数来作为基线数据，采用百分位数的方法，如果 2010 年 12 月 11 日宝安区的流感发病数超过百分位数为 P100 的基线值(即前面统计的 28 天数据中的百分位数为 100 的值，在这里即最大值)，则发出一级预警信号(将该区渲染为红色，即红色预警型号)；若超过百分位数为 P90 的基线值(即 100 个数从小到大排列，排在第 90 位的数值)，则发出二级预警信号(将该区渲染为橙色，即橙色预警型号)；若超过百分位数为 P70 的基线值，则发出三级预警信号(将该区渲染为黄色，即橙色预警型号)；若超过百分位数为 P50 的基线值，则发出四级预警信号(将该区渲染为蓝色，即蓝色预警型号)。每个区都独立根据各自的历史 4 年数据发出预警信号，最后输出的是各区不同预警颜色渲染的图。

基线数据如果没有搜到记录，则各百分位数都为 0；只要有病例发生就按最高级别的预警(即红色预警)对待。如果没有预警就弹框提示“无预警信号”。

图 7-20 以手足口病发病数为例，设定好预警日期后，系统给出了预警结果。

图 7-20　实时监测预警

7.5　小　　结

本章主要以传染病多维可视化与预测预警系统为例，对环境健康遥感诊断系统的应用案例进行了介绍。传染病多维可视化与预测预警系统应用 GIS、RS、GPS 等现代空间信息技术，为传染病及其相关流行因素数据的采集、管理和分析提供快速、先进、可靠的手段，不仅能动态分析传染病的时间与空间分布特征，而且可以使我们从全新的角度和用全新的方式来研究和认识传染病，从其发生和流行的环境来观察传染病的流行规律，可以为疾控卫生部门对重大传染病的预防提供决策支持。

参 考 文 献

曹春香，徐敏，常超一，等. 2010. 基于元模型的高致病性禽流感传播风险研究[J].科学通报，55: 3205-3213.

徐敏. 2011. 基于空间信息技术的中国霍乱时空分布及预测研究[D]. 中国科学院遥感应用研究所博士学位论文.

钟少波，张毛磊，郑金勇，等. 2009. 复杂空间接触模式下传染病蔓延模拟建模[J]. 清华大学学报(自然科学版)，(2): 183-186.

第 8 章　总结与展望

8.1　总　　结

环境是社会经济可持续发展的基础，环境健康状况的定量评价是实施区域可持续发展战略的重要依据。人类活动正日益影响和改变着全球土地利用结构、布局、方式和强度，使得环境健康状况有了显著变化，部分地区的环境健康明显退化，需要引入新的技术和方法来动态地监测环境健康状况的变化。传统的环境健康评价主要由应用领域的专家通过手工或半自动的方法开展，他们将获得的调查数据，采用某种算法，辗转若干个软件，通过手动或半自动的方式得出评价结果。随着遥感技术的发展，可以获得的遥感监测数据及反演参数越来越多，对于这些海量数据如何利用、如何方便快捷地开展任意区域、任意专题的自动诊断，一直是困扰研究人员的一个难题。目前，国内外很多学者从各自的研究领域出发，建立了区域环境健康的评价方法。但是这些方法往往是针对特定区域、选择特定的评价模型来进行的，适用范围较小，相关参数过于复杂，同时受数据获取的影响，不便于多次动态重复观测，而且非空间信息领域的人员在综合利用空间信息技术方面存在不足，以遥感为主的空间信息技术并未很好地融于相关业务中。为了解决上述问题和技术难点，本书提出利用遥感反演得到敏感参数作为环境健康诊断指标，并根据不同生态区的特点建立相应的诊断模型，在此基础上开发集遥感监测与评价功能于一体的环境健康遥感诊断系统，并以典型应用领域全球定量遥感专题产品生产系统、环境综合评价技术系统和传染病多维可视化与预测预警系统为例，分别从环境健康诊断遥感产品的生产、环境综合评价及人类健康的分析 3 个方面介绍了当前环境健康遥感诊断的最新研究成果，这些成果的广泛应用必将大大促进和支撑我国环境健康诊断工作。当前环境健康遥感诊断系统的进一步发展存在以下技术壁垒。

1. 海量多源异构数据的组织调度

为了更好地体现全球范围下的尺度效应，环境健康遥感诊断系统以全球尺度为整个系统数据调度的基础。面向全球尺度的遥感专题产品生产的数据基础是多种分辨率的遥感数据、各种基础地理数据，以及全球范围内各领域的专题数据，这些数据具有海量、多源、异构的特点。这些数据将以系统平台为载体进行组织和调度，如何实现环境健康遥感诊断平台下的多源海量异构数据的有效组织与高效调用是系统研发中的难点与重点。

2. 基于 SOA 的系统软件集成框架

环境健康遥感诊断系统是一个集成了数据生产、数据管理、诊断预警及可视化的集成应用系统。为此，具备可扩展集成能力的系统软件框架研发是该系统的一个重要的研究内容。基于“拆分自由、协同运行”的原则，实现基于SOA架构的公共功能接口的抽象和专有功能模块的建模，将业务逻辑与系统运行基础设施分离，使得各个分系统既可以独立安装和运行，也可以整体安装彼此协作运行，并通过这个框架实现系统中各分系统之间的数据调用和功能协同，以及各分系统在系统上的“即插即用”，提高系统的可扩展性。

3. 基于分布式架构的系统运行体系

环境健康遥感诊断系统是由多个实现不同业务功能的分系统集成的，所以其运行体系需要解决高数据量分析计算与服务发布的效率问题，这就势必要采用分布式的数据管理与服务架构。为此，需要提出系统分布式服务的负载均衡策略、任务调度策略和协同工作机制，提高系统的资源利用率，减少任务平均响应时间；研究分布式服务的容错机制，保证在系统出错时能够在可接受范围内继续发布服务。

4. 全球尺度下的诊断预警可视化表达

系统需具备基于全球尺度的环境健康遥感诊断及预警的可视化方法，在全球视野下，通过地理信息系统提供的信息导航、数据探查、时空关系分析等功能进行遥感专题产品的热点区域专题展示、区域之间的比较、时间维度上的变化等关键技术的研究，实现环境健康遥感诊断数据结果直观高效的表达。

5. 集成系统的容灾备份方案

环境健康遥感诊断系统涉及不同类型的数据，并且分中心部署，为各方面的用户提供服务。为了确保数据的安全性、完备性和业务服务的连续性，需建立完善的容灾备份方案来解决。在此，建立本地及异地容灾备份系统，各自分别通过SAN存储网络，以及SRDF技术来进行数据同步，并利用心跳检测、服务漂移来保证服务的连续性。

8.2 展　望

遥感具有应用领域广泛、服务用户规模庞大的特点。当前的遥感应用系统存在重用性低、灵活性不足、重复投入的问题，缺乏面向“一体化、跨应用领域”的工程化技术复用体系。本书中介绍的环境健康遥感诊断系统设计与开发工作的开展是实现全球变化敏感区生态环境研究的业务化运行的基础，尤其是全球生态环境遥感监测与诊断专题产品生产系统实现了按需生产全球范围的生态环境遥感专题产品，产品包括20种全球生态环境遥感监测产品。生产的全球生态环境监测与诊断专题产品都是生态环境评价的因子，可以为我国生态环境监测与保护工作提供丰富的信息，服务于生态环境保护部门，如草原干旱指数能够全面地评估草原生态系统的干旱状况及干旱持续时间，因此能为草原生态系统的干旱监测、干旱预防及管理提供重要的科学依据。虽然草原干旱指数只针对草原生态系统，但其全面分析大气-植被-土壤水分含量的思路能够为其他土地覆盖类型的干旱全面监测提供有价值的参考依据。此外，目前鲜有全球范围的综合型干旱指数产品，因此综合多源信息的全球草原干旱指数能够为全球范围，特别是草原区域的干旱评估发挥其全面监测的作用。

近些年来，全球环境遥感监测计划纷纷出台，诸如 NASA 的地球观测计划、美国农业和资源环境空间遥感计划、欧空局地球观测计划、加拿大全球雷达卫星计划、日本地球观测计划等综合性大型卫星系统。这对影响全球环境变化的物理、化学、生物及社会等因素的认知，综合分析并预测全球环境变化，区分与评估自然和人类活动对地球环境的影响等有重要的借鉴作用。随着信息技术的进步，“智能”“云”等概念逐步渗透到了遥感应用领域。“智能”强调对任务或工作语义层的理解和灵活性，体现在遥感应用处理过程中数据、软件、硬件等资源按照规则的灵活、自动的组织；“云”强调按需服务，体现在遥感应用过程处理中的多个环节的功能都可以以服务方式提供、资源可以动态扩展。“智能”“云”等新技术与环境健康遥感诊断系统不仅为全球变化敏感区的生态环境变化与评估研究奠定了技术基础，也为相关研究提供了技术支持。同时，生态环境遥感产品相关成果不仅可以服务于行业部门，也可以服务于普通民众和研究人员。